普通高等教育"十一五"国家级规划教材

工业和信息化"十三五"高职高专人才培养规划教材

操作系统

第5版

宗大华 宗涛 陈吉人 编著

Operating System

人民邮电出版社

北 京

图书在版编目（CIP）数据

操作系统 / 宗大华，宗涛，陈吉人编著. —— 5版
. —— 北京：人民邮电出版社，2020.9
工业和信息化"十三五"高职高专人才培养规划教材
ISBN 978-7-115-53979-3

Ⅰ．①操… Ⅱ．①宗… ②宗… ③陈… Ⅲ．①操作系
统－高等职业教育－教材 Ⅳ．①TP316

中国版本图书馆CIP数据核字(2020)第077773号

内 容 提 要

　　"操作系统"是计算机专业的一门必修课程。本书从资源管理的角度出发，介绍了计算机系统中各种软、硬件资源管理的概念、原理和技术。

　　本书共有 8 章内容。第 1 章是对操作系统的概述；第 2 章至第 5 章是对计算机中的各种资源（硬件资源：处理器、存储、设备；软件资源：文件）管理的策略和技术做全面、深入、准确的讲述；第 6 章介绍正确实现操作系统时必须要面对和解决的问题，它是使计算机充分发挥工作效率的关键所在。这 6 章涉及的是操作系统的基础。第 7 章和第 8 章，是对两个操作系统（Windows XP 和 Linux）的分析，以便使读者对操作系统能够有一个较为完整和实际的了解。这两章是对操作系统学习的一种提高。

　　本书可作为高职高专计算机专业操作系统课程的教材，也可供广大读者自学参考。

◆ 编　著　宗大华　宗　涛　陈吉人
　　责任编辑　桑　珊
　　责任印制　王　郁　马振武

◆ 人民邮电出版社出版发行　　北京市丰台区成寿寺路 11 号
　　邮编　100164　电子邮件　315@ptpress.com.cn
　　网址　https://www.ptpress.com.cn
　　固安县铭成印刷有限公司印刷

◆ 开本：787×1092　1/16
　　印张：16　　　　　　　　　　　2020 年 9 月第 5 版
　　字数：439 千字　　　　　　　　2025 年 1 月河北第 8 次印刷

定价：49.80 元

读者服务热线：(010)81055256　印装质量热线：(010)81055316
反盗版热线：(010)81055315
广告经营许可证：京东市监广登字 20170147 号

第5版前言 PREFACE

本书全面贯彻党的二十大精神，以社会主义核心价值观为引领，传承中华优秀传统文化，坚定文化自信，使内容更好体现时代性、把握规律性、富于创造性。

"操作系统"是当今计算机、智能手机等必不可少的一种系统软件。本书主要介绍这种软件的功能、原理和设计技术。

全书内容可以划分成两个部分：基础与提高。

1. 基础部分

第 1 章是关于操作系统定义、类型及功能等的概略性阐述，从中可以了解操作系统这类软件在计算机系统中的地位与作用。

第 2 章~第 5 章从资源管理的角度出发，对操作系统的基本原理进行详细介绍，具体包括：处理器管理（含作业管理）、存储管理、设备管理和文件管理，其中第 2 章~第 4 章是针对计算机硬件资源的，第 5 章是针对计算机软件资源的。

第 6 章分析进程之间的相互制约关系，讲述正确实现操作系统这种系统软件时，必须要面对和解决的互斥、同步、死锁等重要问题。

2. 提高部分

第 7 章和第 8 章是对两个操作系统（Windows XP 和 Linux）的分析，介绍了它们的一些主要实现技术。将这一部分与基础部分进行对照、比较，可以使读者对操作系统有一个更为完整和实际的认识。

本书在写作上，一如既往地采取了如下措施：

（1）对内容尽量做到重点突出、有取有舍，而不面面俱到；

（2）对关键问题的讲述尽量细致，分析尽量透彻；

（3）尽可能多地举例，以加深对所述问题的理解；

（4）每章后面有大量习题，供读者自测使用。

2002 年 2 月，本书第一版问世后，受到了广大老师和同学们的欢迎和青睐，这让编者由衷地感到欣慰和感激。2006 年 5 月本书做了第一次修订，成为第二版；2010 年 10 月，本书做了第二次修订，成为第三版；2014 年 6 月，本书出版了第四版。当前，又根据教学上的需要，本书做了第四次修订，将成为本书的第五版。

这次修订，是在第四版的框架上进行的，仍然保持"浅显流畅、简明易懂、精炼准确"的成书特点。只是在内容上做了一些小的调整：在第 2 章里集中了有关"线程"概念的叙述；在第 7 章里，只把线程作为例子出现。这样的调整，是为了更加符合人们的认知逻辑。

由于编者水平有限，书中不妥之处在所难免，恳请同行和读者们不吝赐教。

编　者

2023 年 5 月

目录 CONTENTS

参考文献

第1章
操作系统概述

计算机是人类社会 20 世纪最伟大的创造之一。自 1946 年诞生第一台计算机至今，在短短的 70 多年中，其技术得到了突飞猛进的发展。目前它不仅被广泛应用于科学计算、过程控制及数据处理等领域，而且渗透到办公、教育和家庭等方方面面，已成为社会信息化的重要支柱和人类文明高度发展的象征。

本章将讲述以下 3 个方面的内容：

（1）计算机必备的系统软件——操作系统的形成过程；

（2）操作系统的 4 大功能；

（3）6 类基本操作系统。

1.1　计算机系统

1.1.1　硬件与软件

一个完整的计算机系统由硬件系统和软件系统两大部分组成。

计算机硬件是各种物理设备的总称，是完成工作任务的物质基础。

一台计算机由处理器（CPU）、内存储器和输入/输出（I/O）模块 3 大部件组成，它们之间按一定的方式通过系统总线进行互联，从而实现执行程序、完成用户需求的各项任务。计算机硬件的基本构成如图 1-1 所示。

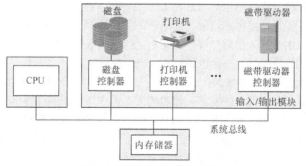

图 1-1　计算机硬件的基本构成

（1）处理器：处理器的作用是控制计算机的操作，执行数据处理任务。在计算机系统只有一个处理器时，处理器通常就是指中央处理器（CPU），也称中央处理机。

（2）内存储器：内存储器的作用是存储程序和数据，它由一组顺序编号的存储单元组成，编号为存储单元的地址。每个单元可以存放一个二进制数，该数通常被解释成是一条指令或一个数据。

（3）输入/输出模块：输入/输出（I/O）模块的功能是实行计算机与外部设备之间的数据传输。外部设备有打印机、显示器、终端、辅助存储器（硬盘）、通信设备等。

计算机软件是指程序和与程序相关的文档的集合。软件按功能可分为系统软件和应用软件两类。系统软件是指由计算机生产厂家提供、具有通用功能的软件，比如操作系统、语言处理程序（如 C 语言编译程序）、数据库管理系统，以及具备各种服务功能的程序，都划归为系统软件。应用软件是指为解决实际问题而研制的软件，涉及计算机应用的各个领域，比如各种管理软件、用于工程计算的软件包、辅助设计软件，以及过程控制软件等。

1.1.2 操作系统的形成

通常，把未配置任何软件的计算机称为"裸机"。如果让用户直接面对裸机，事事都深入到计算机的硬件中去，那么他们的精力绝不可能集中在如何用计算机解决自己的实际问题上，计算机本身的效率也不可能充分发挥出来。

举例说，要在一台 PC 上进行硬盘读操作，使用者至少应该把磁盘地址（告诉从哪里读）、内存地址（告诉读到哪里去）、字节数（告诉要读的数据量）和操作类型（读/写）等具体值装入特定的硬件寄存器中，否则根本谈不上完成预定的输入/输出任务。实际上，许多 I/O 设备往往会要求比这更多的操作参数；在输入/输出结束后，还需要对设备返回的诸多状态加以判别。

又如，某计算机内存可供用户使用的容量为 576KB。若现在装入的用户程序占用其中的 360KB，那么余下的 216KB 被闲置了。想象一下，如果能够在内存中装入多个程序，比如在余下的 216KB 中再装一个需要 116KB 存储量的程序，当第一个程序等待输入/输出完成、暂时不用 CPU 时，让第二个程序投入运行，那么，整个计算机系统的利用率就会比原来的大为提高。理由是：

（1）内存浪费少了，原来浪费 216KB，现在只浪费 100KB。

（2）CPU 比原来更加忙碌了。在第一个程序等待输入/输出完成的时候，原来 CPU 只能采取空转的方式来等待，现在它可以去执行第二个程序。

（3）在 CPU 执行第二个程序时，第二个程序与第一个程序启动的 I/O 设备呈现并行工作的态势。

可见，为了从复杂的硬件控制中脱身，合理有效地使用计算机系统，为用户使用计算机提供更多的方便，较好的解决办法就是开发一种软件，通过它来管理整个系统，达到扩展系统功能、方便用户使用的目的。这就是"操作系统"软件呼之欲出的根本原因。

第一台电子管计算机出现后的若干年（1946～1958），计算机上并没有名为"操作系统"的这种软件。那时计算机的运行速度虽然极慢，但由于外部设备少，程序的装入、调试，以及控制程序的运行等工作，都可以由上机人员通过操作控制台上的一排排开关和按钮来实现。这一时代的计算机特点是人工完成上、下机操作，一台计算机被一个用户所独占。

1958 年，计算机进入了晶体管时代（1958～1964）。这时计算机的运算速度、存储容量、外部设备的功能和种类等都有了很大的发展，慢速的人工操作与快速的计算机处理能力之间显得很不协调，出现了所谓的"人—机矛盾"。例如，有一个程序通过 3 分钟的安装等手工操作后，在运算速度为 1 万次/秒的计算机上用 1 小时得到了结果。这时手工操作与程序运行的时间之比为 1：20。把这个程序拿到运算速度为 60 万次/秒的第二代机器上运行，只需占用 CPU 1 分钟时间即可得到结果。如果在这种高速的机器上仍然用手工操作，其与程序运行的时间之比为 3：1，这个比例是让人难以接受的。

正是这种"人—机矛盾"，向软件设计人员提出了"让计算机自动控制用户作业的运行，废除上、下机手工交接"的要求。为了达到这个目的，需要用户一方在编写程序时，还要编写"作业说明书"，详细规定程序运行的步骤，与程序、数据一起提交给系统；而系统一方则需要设计一个"管理程序"（也称监督程序），它的功能是从磁盘上读入第一个作业的说明书，按照它的规定控制该作业的执行。这个作业运行结束后，它又从磁盘上读入第二个作业的说明书，继而执行之。这一过程一直进行到提交给系统的一批作业全部执行完毕，如图 1-2 所示。由于这种系统一次集中处理一批用户作业，故被称为"批处理系统"，其管理程序就是现今操作系统的雏形。这个时代的特点是对一批作业自动进行处理，没有人工交接，在一个用户作业运行时，仍独占计算机。

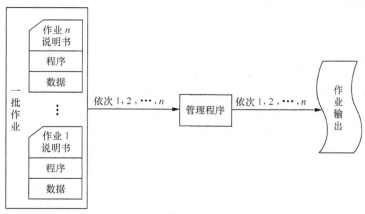

图 1-2　批处理系统示意

1964 年后，计算机进入了集成电路和大规模集成电路时代。这时，硬件又有了长足的发展，中断和通道技术的出现，为 I/O 设备和 CPU 的操作奠定了物质基础。另外，计算机应用的日益广泛，也要求进一步发展管理程序的功能，使其能够最大限度地挖掘计算机系统的潜在能力。这时，人们开始把 CPU、存储器、外部设备及各种软件，都视为是计算机系统的"资源"，提出不仅要合理地、而且要高效地使用这些资源。为此，在软件设计方面出现了"多道程序设计"技术，即在计算机内存中同时存放几个相互独立的程序，让它们去"共享"、去"竞争"系统中的这些资源，使这些资源尽可能地满负荷工作，从而提高整个计算机系统的使用效率。具有这种功能的软件就是"操作系统"。

操作系统可以被看作是计算机系统的核心，统管整个系统的资源，制定各种资源的分配策略，调度系统中运行的用户程序，协调它们对资源的需求，从而使整个系统在高效、有序的环境里工作。

1.1.3　操作系统发展的动力

如前所述，批处理系统中的管理程序是操作系统的雏形。从它的出现到现在，过去了半个多世纪。这期间，操作系统经过了这样一个发展过程：由无到有，由简单到复杂，再到成为计算机中不可或缺的核心系统软件。总体来看，推动操作系统取得如此辉煌成就的动力，有如下几个方面。

（1）提高计算机资源利用率的需要。CPU、存储器、外部设备，以及各种软件都是计算机系统的"资源"，任何时候它们的价格都是不菲的。要想把计算机技术应用到各个领域，就必须想方设法提高系统中各种资源的利用率，以降低整个系统的成本。

（2）方便用户使用计算机的需要。如果编程序要用二进制机器码，上机操作要与具体的硬件打交道，就会大大制约计算机的普及与推广。因此，人们就想方设法改善用户上机和调试程序的条件。只有这样，计算机技术才能真正推广开来。

（3）硬件技术不断发展的需要。各种新的元、器件及设备的出现，使计算机的性能不断提高，也就促使操作系统性能和功能不断改进。

（4）计算机体系结构发展的需要。每一次计算机体系结构的发展（比如出现了计算机网络），就会产生出一种新的操作系统与其相适应（比如有了网络操作系统）。

1.2 操作系统的定义与功能

1.2.1 操作系统的定义

如图 1-3 所示，操作系统是在裸机上加载的第一层软件，是对计算机硬件系统功能的首次扩充。从用户的角度看，计算机配置了操作系统后，由于操作系统隐蔽了硬件的复杂操作细节，用户会感到机器使用起来更简单、更容易了。通常说，操作系统为用户提供了一台功能经过扩展的机器或"虚拟机"，因为现实生活中并不存在具有这种功能的真实机器，它只是用户的一种感觉而已。从计算机系统的角度看，由于操作系统的组织与管理，系统中的各种软硬件资源得到了更有效的利用，机器的工作流程更为合理与协调。因此，操作系统是现今计算机系统中不可缺少的软件。

图 1-3　操作系统提供了一台虚拟机

至此，我们可以把操作系统定义为：操作系统是控制和管理计算机硬件和软件资源、合理地组织计算机工作流程，以及方便用户使用计算机的一个大型程序。

1.2.2 操作系统的功能

从资源管理的角度看，操作系统应该具有 5 个方面的功能：处理器管理、存储管理、设备管理、文件管理，以及作业管理。这 5 大功能相互配合，协同工作，实现对计算机系统的资源管理，控制程序的执行。本书将处理器管理与作业管理合并在一起介绍。于是，下面将从 4 个方面对操作系统的功能做一个简略的说明。

1. 处理器管理和作业管理

中央处理器（CPU）是计算机系统中一个举足轻重的资源。用户程序进入内存后，只有获得CPU，才能真正得以运行。如前已经提及的，为了提高 CPU 的利用率，系统必须采用多道程序设计技术，使内存中同时有几个用户作业程序存在。这样一来，当一个程序因等待某事件（如输入/输出）的完成而暂时放弃使用 CPU 时，操作系统就可以把 CPU 重新分配给其他可运行的作业程序，从而提高它的利用率。

处理器管理的主要工作如下。

（1）记住系统中当前每个作业程序的状态，这样，在需要对 CPU 重新进行分配时，就在候选的程序中选取。

（2）指定处理器调度策略，它是在候选程序中进行挑选时应遵循的原则。

（3）实施 CPU 分配（也就是处理器调度），以便让获得 CPU 的作业程序真正投入运行。

处理器总是把 CPU 分配给参与 CPU 竞争的那些作业程序使用。那么，究竟哪些作业程序有资格来参与对 CPU 的竞争，这就涉及作业管理的问题。

实行多道程序设计可以提高 CPU 的利用率，但需要"适度"。内存中可运行的作业程序多了，参与系统资源竞争的对手也就多了。面对"僧多粥少"的局面，不控制"僧"的数量，肯定会影响系统效率的发挥。所以有的操作系统实行处理器的两级调度：第一级是作业调度，涉及作业管理；第二级才是处理器调度，属于处理器管理。

作业管理的主要工作如下。

（1）记住提交给系统的诸作业（一般存放在磁盘）的状态，以及对系统资源的需求信息。

（2）制定作业调度策略，在需要时，从磁盘的候选作业中选择作业进入内存，参与对 CPU 的竞争。

（3）为用户提供一个使用系统的良好环境，以便有效地组织自己的工作流程。

2. 存储管理

存储器是计算机的记忆装置。在计算机系统中，存储器可分为内存储器（也称主存储器）和外存储器（也称辅助存储器）两种。内存储器（简称内存）工作速度快，价格昂贵，CPU 可以直接访问，用于存放计算机当前正在运行的程序和数据；外存储器（简称外存）工作速度相对较慢，价格低廉。CPU 不能直接对外存储器进行访问，因此一般将其作为内存的延伸和后援，存放暂时不用的程序和数据。

因为多道程序运行时竞争的存储资源是内存，所以操作系统中的存储管理是针对内存而言的。也就是说，存储管理的对象是内存，其主要工作如下。

（1）记住内存各部分的使用情况，如哪些已经分配，哪些待分配。

（2）制定内存的分配策略，实施内存的具体分配和回收。

（3）保证内存中各独立作业程序的安全及互不侵扰。

（4）解决"作业程序比内存大时，也能正确运行"的存储扩充问题。

3. 设备管理

计算机系统中，除了处理器和内存，全都是设备管理的对象，主要是一些 I/O 设备和外存。由于外部设备品种繁多，性能千差万别，因此设备管理是操作系统中最为复杂、庞大的部分。

设备管理的主要工作如下。

（1）记住各类设备的使用状态，按各自不同的性能特点进行分配和回收。

（2）为各类设备提供相应的设备驱动程序、启动程序、初始化程序及控制程序等，保证输入/输出操作的顺利完成。

（3）利用中断、通道等技术，尽可能地使 CPU 与外部设备、外部设备与外部设备之间并行工作，以提高整个系统的工作效率。

（4）根据不同的设备特点，采用优化策略，从而使具体设备的使用更趋合理和有效。

4. 文件管理

程序与数据都是以文件的形式存放在外存（如硬盘、软盘）上，是计算机系统的软件资源。用户是通过文件的名称来访问所需要的文件的，这就是所谓的"按名存取"方式。为了满足用户的这种需求，操作系统文件管理的主要工作如下。

（1）维持一个目录表，里面登记了每一个文件的名称和有关信息（这就是该文件的目录项）。当用户通过文件名来访问某文件时，可以通过查目录表找到它的目录项，从而完成所需的读/写操作。

（2）由于文件都存放在外存上，要随时记住外存上文件存储空间的使用情况，哪些已经分配，哪些待分配。

（3）制定文件存储空间的分配策略，实施具体的分配和回收。

（4）确保存放在外存上文件的安全、保密和共享。

（5）提供一系列文件的使用命令，以便用户能对文件进行存取、检索和更新等操作。

1.3 操作系统的种类

1.3.1 批处理操作系统

在讲述操作系统的形成过程时，曾提及批处理系统。在那里，要求系统配置管理程序，以保证一个个作业程序能自动地进入内存加以处理，此时人工不得干预。这其实就是早期被称为"单道批处理操作系统"的操作系统。"单道"的意思是指一次只让一个作业程序进入系统内存加以运行，也可以说它是一个单用户操作系统。

在单道批处理操作系统的控制和管理下，计算机系统的工作过程如下。

用户为自己的作业编写程序和准备数据，同时编写控制作业运行的作业说明书。然后将它们一并交给操作员。

（1）操作员将收到的一批作业信息存入辅助存储器中等待处理。

（2）单道批处理操作系统从辅助存储器中依次选择作业，按其作业说明书的规定自动控制它的运行，并将运行结果存入辅助存储器。

（3）操作员将该批作业程序的运行结果打印输出，并分发给用户。

单道批处理操作系统有如下特点。

（1）单路性：每次只允许一个作业程序进入内存。

（2）独占性：整个系统资源被进入内存的一个程序独占使用，因此资源利用率不高。

（3）自动性：作业程序一个一个地自动接受处理，期间任何用户不得对系统的工作进行干预。由于没有了作业上、下机时用户手工操作耗费的时间，提高了系统的吞吐量。

（4）封闭性：在一批作业处理过程中，用户不得干预系统的工作。即便是某个程序执行中出现一个很小的错误，也只能等到这一批作业全部处理完毕后，才能进行修改，这给用户带来不便。

在单道批处理的基础上，引入多道程序设计技术，就产生了多道批处理操作系统。配置多道批处理操作系统的本质仍然是批处理，不同的是采用了多道程序设计技术，允许若干个作业程序同时装入内存，造成对系统资源共享与竞争的态势。用户为自己的作业编写程序和准备数据，同时编写控制作业运行的作业说明书，然后将它们一并交给操作员。其工作过程如下。

（1）操作员将收到的一批作业信息存入辅助存储器中等待处理。

（2）多道批处理操作系统中的作业调度程序，从辅助存储器里的该批作业中选出若干合适的作业装入内存，使它们不断地轮流占用 CPU 来执行，使用各自所需的外部设备。若内存中有作业运行结束，再从辅助存储器的后备作业中选择对象装入内存执行。

（3）操作员将该批作业的运行结果打印输出，分发给用户。

多道批处理操作系统有如下特点。

（1）多路性：每次允许多个程序进入内存，它们轮流交替地使用 CPU，提高了内存储器和 CPU 的利用率。

（2）共享性：整个系统资源被进入内存的多个程序共享使用，因此整个系统资源的利用率较高。

（3）自动性：作业处理期间，任何用户不得对系统的工作进行干预。由于没有了作业上、下机时用户手工操作耗费的时间，提高了系统的吞吐量。

（4）封闭性：在一批作业处理过程中，用户不得干预系统的工作。即便是某个程序执行中出现一个很小的错误，也只能等到这一批作业全部处理完毕后才能进行修改，这给用户带来不便。

1.3.2　分时操作系统

　　将多道程序设计技术与分时技术结合在一起，就产生了分时操作系统。配有分时操作系统的计算机系统称为分时系统。

　　所谓分时系统，即一台计算机与多个终端设备连接，最简单的终端可以由一个显示器和一个键盘组成。每个用户通过终端向系统发出命令，请求系统为其完成某项工作。系统根据用户的请求完成指定的任务，并把执行结果返回。这样，用户可以根据运行结果，再次通过终端向系统提出下一步请求。重复这种交互会话的过程，直至每个用户实现自己的预定目标。图 1-4 所示为分时系统工作过程的示意。

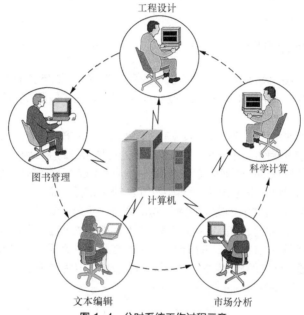

工程设计

图书管理

计算机

科学计算

文本编辑　　市场分析

图 1-4　分时系统工作过程示意

　　分时系统之所以能在较短的时间内响应用户的请求，同时为多个终端用户提供服务，主要是因为在分时操作系统中采用了"时间片轮转"的处理器调度策略。这种调度策略是把处理器时间划分成一个个很短的"时间片"，对提出请求的每个联机用户终端，系统轮流分配一个时间片给其使用。若在一个时间片内，用户所请求的工作未能全部做完，就会被暂时中断执行，等待下一轮循环再继续做，让出的 CPU 被分配给另一个终端使用。由于计算机的处理速度很快，只要时间片的间隔取得适当，用户就不会感觉到从一个时间片跨越到另一个时间片之间的"停顿"，好像整个系统全由他"独占"使用似的。例如，若时间片为 100ms，系统中有 10 个用户终端分享 CPU，并假定忽略操作系统为实现用户终端之间的切换所需耗费的时间，那么每个用户平均响应时间（即从用完一个时间片到获得下一个时间片所需的时间间隔）为 1s。这 1s 的"停顿"，用户是完全感觉不出来的。

　　不难看出，分时系统有如下特点。

　　（1）多路性：在一台主机上连接多个用户终端。从宏观上看，多个用户同时工作，共享系统的资源；从微观上看，各终端程序是轮流使用一个时间片的。多路性提高了系统资源的整体利用率。

　　（2）交互性：用户在终端上能随时通过键盘与计算机进行"会话"，从而获得系统的各种服务，并控制作业程序的运行。交互性使用户能随时掌握自己作业程序的执行情况，为用户调试、修改及控制程序的执行提供了极大的便利。

（3）独立性：每个用户在自己的终端上独立操作，互不干扰，感觉不到其他用户的存在，就如同自己"独占"该系统似的。

（4）及时性：用户程序轮流执行 CPU 的一个时间片，但由于计算机的高速处理能力，能保证在较短和可容忍的时间内，响应和处理用户请求。

在分时系统中，一台主机常会连接多达数十台终端。考虑到 CPU 处理速度极快，且大部分终端并不会一直在运行程序，因此 CPU 的处理能力还可以进一步挖掘。为了改善系统性能，操作系统研究者就提出让计算机配置的操作系统既有分时的交互能力，又有批处理的能力。在这种系统中，把要求运行时间短、经常需要交互会话的终端用户任务视为"前台"作业；把要求运行时间长、很少进行交互会话的终端用户任务视为"后台"作业。操作系统总是按分时系统的方式运行前台作业，只有无前台作业运行或无前台作业请求运行时，才按批处理方式运行后台作业。也就是说，前台作业的运行优先于后台作业。

1.3.3 实时操作系统

计算机应用范围日益扩大，比如在控制飞机飞行及冶炼轧钢等生产过程中采用了实时控制系统，在飞机订票、银行业务中采用了实时信息处理系统，它们都打破了只把计算机用于科学计算和数据处理等方面的格局。

所谓"实时"，是指能够及时响应随机发生的外部事件，并对事件做出快速处理的一种能力。而"外部事件"是指与计算机相连接的设备向计算机发出的各种服务请求。因此，实时操作系统是能对来自外部的请求和信号在限定的时间范围内做出及时响应和相应处理的操作系统。

图 1-5 所示为一个用计算机系统控制化学生产反应堆的例子。A、B 两种原料通过阀门进入反应堆。反应堆中的各种传感装置周期性地把所测得的温度、压力、浓度等测量信号传送给计算机系统。计算机中的实时操作系统及时接收这些信号，并调用指定的处理程序对这些数据进行分析，然后给出反馈信号，控制两种原料 A、B 的流量，确保反应堆中的诸原料参数维持在正常范围之内。若参数超过极限允许值，就立即发出警报，甚至关闭反应堆，以免发生事故。

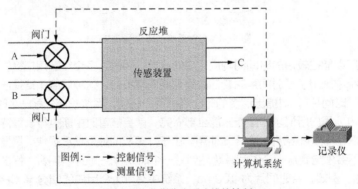

图 1-5 化学生产反应堆的控制

配置实时操作系统的计算机系统称为实时系统。这种系统有如下特点。

（1）实时性：分时系统的"及时性"，是一种在用户可以容忍的时间内响应用户请求的时间性能。对于实时系统而言，这种及时性应该表现得更高，对外部事件信号的接收、分析处理及给出反馈信号进行的控制，都必须在严格的时间限度内完成。因此，这时的及时性称为"实时性"。

（2）可靠性：无论是实时控制系统还是实时信息处理系统，都必须有高度的可靠性。例如对于后者，计算机在接收到远程终端发来的服务请求后，系统应该根据用户提出的问题，对信息进行检索和处理，并在有限的时间内做出正确的回答。

1.3.4　网络操作系统

所谓计算机网络，是指把地理上分散的、具有独立功能的多个计算机和终端设备，通过通信线路加以连接，以达到数据通信和资源共享目的的计算机系统。如图 1-6 所示，计算机网络是计算机技术和通信技术在高度发展的基础上相结合的产物。

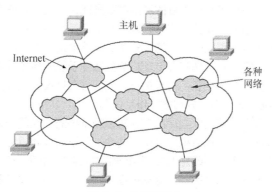

图 1-6　计算机网络

分时系统提供的资源共享有两个限制：一个是限于计算机系统内部；另一个是限于同一地点（或地理位置很近）。计算机网络在分时系统的基础上，又大大前进了一步。

在网络范围内，用于管理网络通信和共享资源，协调各计算机上任务的运行，并向用户提供统一的、有效方便的网络接口的程序集合，就称为"网络操作系统"。要说明的是，在网络中各台计算机仍有自己的操作系统，由它管理着自身的资源。只有计算机间进行信息传递，要使用网络中的可共享资源时，才会涉及网络操作系统。

网络操作系统有如下 4 个基本功能。

（1）网络通信：为通信双方建立和拆除通信通路，实施数据传输，对传输过程中的数据进行检查和校正。

（2）资源管理：采用统一、有效的策略，协调诸用户对共享资源的使用，用户使用远地资源如同使用本地资源一样。

（3）提供网络服务：向用户提供多项网络服务，比如电子函件服务，它为各用户之间发送与接收信息，提供了一种快捷、简便、廉价的现代化通信手段。比如远程登录服务，它使一台计算机能登录到另一台计算机上，使自己的计算机就像一台与远程计算机直接相连的终端一样进行工作，获取与共享所需要的各种信息。再比如文件传输服务，它允许用户把自己的计算机连接到远程计算机上，查看那里有哪些文件，然后将所需文件从远程计算机复制到本地计算机，也可以将本地计算机中的文件复制到远程计算机中。

（4）提供网络接口：向网络用户提供统一的网络使用接口，以便用户能方便地上网，使用共享资源，获得网络提供的各种服务。

计算机网络系统有如下特点。

（1）自治性：在网络中的每台计算机都有自己的内存和 I/O 设备，装有自己的操作系统，因此具有很强的自治性，能独立承担分配给它的任务。

（2）分散性：系统中的计算机分布在不同的地域。

（3）互联性：网络中分散的计算机及各种资源，通过通信线路实现物理上的连接，进行信息传输和资源共享。

（4）统一性：网络中的计算机，使用统一的网络命令。

网络操作系统要求网络用户在使用可共享的网络资源时，必须了解这些资源，即必须知道网络中各独立计算机的功能与配置、网络文件结构、软件资源等情况。如果用户要读一个可共享的文件，就必须知道该文件放在哪一台计算机的哪一个目录下。

1.3.5　分布式操作系统

网络向人们提供的，是一种不尽如人意的资源共享方式。无疑，用户希望面对的，不只是一个功能强大的计算机网络，而是一个有统一界面，以标准接口使用系统中各种资源，能完成各自所需操作的计算机网络。这个任务，可以由所谓的"分布式操作系统"来实现。

如果一个计算机网络系统，其处理和控制功能被分散在系统的各个计算机上，系统中的所有任务可动态地分配到各个计算机中，使它们并行执行，实现分布处理。这样的系统被称为"分布式系统"，其上配置的操作系统，被称为"分布式操作系统"。

在分布式系统里，其操作系统是以全局的方式来管理系统的。当用户把自己的作业交付给系统后，分布式操作系统会根据需要，在系统里选择最适合的若干台计算机去并行完成这项任务；在执行任务的过程中，分布式操作系统会随意调度使用网络中的各种资源；在完成任务后，分布式操作系统会自动把结果传送给用户。这样的一个处理过程，对用户来说都是隐蔽的。也就是说，用户根本感知不到有多个计算机为自己服务。

在分布式操作系统的管理下，用户只需要提出他需要什么（例如，访问一个文件），不需要具体指出他所需要的资源在哪里。这是一种高水平的资源共享，计算机网络提供的那种低级资源共享无法与它相比。

分布式操作系统具有的特点如下。

（1）并行性：分布式系统采用并行处理技术来提高性能。一方面，系统内有多个实施处理的部件（比如计算机），可以进行真正的并行操作；另一方面，分布式操作系统的功能也被分解成多个任务，分配到系统的多个处理部件中同时执行，系统只需保证处理过程中的一致性。这样的特点，提高了系统的吞吐量，缩短了响应时间。

（2）扩展性：随着用户在功能、性能上需求的增加，操作系统需要增加新的部件或新的功能模块。分布式系统可以方便地满足这方面的需要。比如，当公司业务增加到一定程度时，原先的计算机系统可能不再胜任。解决的办法有两种，要么用更大型的机器去代替，要么再增加一台大型机器。这两种做法都会引起公司运转的混乱。但如果采用分布式系统，只需为系统增加一些处理器就可以解决问题。

（3）可靠性：由于分布式系统把工作负担分散到众多的机器上，单个部件的故障最多只会影响到一台机器，其他机器不会受到干扰。比如，理想情况下，若某一时刻系统中有5%的计算机出现故障，那么系统只不过损失5%的性能，仍然可以继续工作。

（4）共享性：分布式系统在全系统范围内实现资源的动态分配，平衡负载，用户只需提出需要什么，无须知道他所使用的资源在何处。这样的资源共享，能够使系统的性能得到最佳的发挥。

（5）健壮性：由于分布式系统的处理和控制功能是分布的，所以任何站点发生的故障都不会给整个系统造成太大的影响。另外，当系统中的设备出现故障时，可以通过容错技术实现系统的重构，以保证系统的正常运行。这表明，分布式系统具有健壮性。

1.3.6　嵌入式操作系统

有一种特殊的计算机应用，就是把计算机嵌入某种设备中，对其进行实时监控和管理。在这种应用中，所有的计算机软件都事先保存在 ROM 里，不允许用户在应用时安装软件。这样的系统称为"嵌入式系统"。运行在嵌入式系统中的操作系统，称为"嵌入式操作系统"。

早先，嵌入式系统离人们的日常生活比较远，基本接触不到。比如，航空航天等。随着信息技术的发展，嵌入式系统逐渐大众化，一点点地进入了家庭和日常生活中。比如，各类家用电器（微波炉、电视机、电冰箱、MP3 播放器、手机等）都是典型的嵌入式系统。

嵌入式操作系统除了具备一般操作系统最为基本的功能（如任务调度、同步机制、中断处理、文件功能），通常还要求设计得非常小巧而有效，它必须面向用户、面向产品、面向应用。它应该具有如下特点。

（1）实时性：嵌入式系统广泛应用于过程控制、数据采集、通信、多媒体信息处理等要求获得快速响应的设备中。因此，嵌入式操作系统都应该是实时操作系统。

（2）可靠性：嵌入式系统一旦开始运行，用户就很少干预。因此，负责系统管理的嵌入式操作系统必须稳定、可靠，不能有任何差错。

（3）可操作性：嵌入式系统的操作应该便捷、简单，有友好的用户界面，易学易用。

（4）专业性：嵌入式的硬件平台多种多样，应用更是繁多。但是，对某一个个体的应用场合而言，一旦确定，就不能轻易改变。

（5）微型性：嵌入式操作系统的运行平台不是普通的计算机，而是嵌入在设备中的特殊计算机，它没有太多的内存可用，几乎不使用辅助存储器。因此，嵌入式操作系统必须做得非常小，以尽量少占用系统资源。嵌入式系统中的软件，都被固化在存储器芯片或单片机中。

（6）可剪裁性：基于应用的多样化，嵌入式操作系统应该具有很强的适应能力，能够根据应用系统的特点和要求灵活配置，方便剪裁，伸缩自如。

习题

一、填空

1. 计算机系统由_____系统和_____系统两大部分组成。
2. 按功能划分，软件可分为_____软件和_____软件两种。
3. 操作系统是在_____上加载的第一层软件，是对计算机硬件系统功能的_____扩充。
4. 操作系统的基本功能是_____管理、_____管理、_____管理和_____管理。
5. 在分时和批处理系统结合的操作系统中引入"前台"和"后台"作业的概念，其目的是_____。
6. 分时系统的主要特征为_____性、_____性、_____性和_____性。
7. 实时系统与分时及批处理系统的主要区别是_____性和_____性。
8. 若一个操作系统具有很强的交互性，可同时供多个用户使用，则它应该是_____操作系统。
9. 如果一个操作系统在用户提交作业后，不提供交互能力，只追求计算机资源的利用率、大吞吐量和作业流程的自动化，则它应该属于_____操作系统。
10. 采用多道程序设计技术，能充分发挥_____和_____并行工作的能力。
11. 计算机网络是在_____技术和_____技术高度发展基础上相结合的产物。
12. 在计算机网络中，各计算机仍使用_____操作系统，由它管理自身的资源。只有各计算机间进行_____，以及使用网络中的_____时，才会涉及网络操作系统。
13. 如果一个计算机网络系统，其处理和控制功能被分散在系统的各个计算机上，系统中的所有任务可动态地分配到各个计算机中，使它们并行执行，实现分布处理。这样的系统被称为"_____"，其上配置的操作系统，被称为"_____"。

二、选择

1. 操作系统是一种_____。
   A. 通用软件　　B. 系统软件　　　　C. 应用软件　　　　D. 软件包

2. 操作系统是对_____进行管理的软件。

    A 系统软件   B．系统硬件   C．计算机资源   D．应用程序

3. 操作系统中采用多道程序设计技术，以提高 CPU 和外部设备的_____。

    A．利用率   B．可靠性   C．稳定性   D．兼容性

4. 计算机系统中配置操作系统的目的是提高计算机的_____和方便用户使用。

    A．速度   B．利用率   C．灵活性   D．兼容性

5. _____操作系统允许多个用户在其终端上同时交互地使用计算机。

    A．批处理   B．实时   C．分时   D．多道批处理

6. 如果分时系统的时间片一定，那么_____，响应时间越长。

    A．用户数越少   B．内存越少   C．内存越多   D．用户数越多

7. _____不是实时系统的基本特点。

    A．安全性   B．公平响应   C．实时性   D．可靠性

三、问答

1. 什么是"多道程序设计"技术？它对操作系统的形成起到了什么作用？

2. 怎样理解"虚拟机"的概念？

3. 对于分时系统，怎样理解"从宏观上看，多个用户同时工作，共享系统的资源；从微观上看，各终端程序是轮流运行一个时间片"？

4. 分布式系统为什么具有健壮性？

5. 为什么嵌入式操作系统必须具有可裁剪性？

第 2 章

处理器管理

02

计算机系统中，最宝贵的资源是 CPU。若在内存中存放多个程序，就可以提高 CPU 的利用率，进而也就改善了存储器和外部设备等系统资源的利用率。因此，需要引入多道程序设计的概念。

当内存中同时有多个程序存在时，肯定和只存放一个程序不同。不难想象，当系统中的资源数不能完全满足各个程序的需要时，它们就会产生对资源的争夺：各个程序要抢着占有 CPU；各个程序要抢着进入内存；各个程序要抢着使用外部设备……

这样，如不对人们熟悉的"程序"概念加以扩充，就无法刻画多个程序共同运行时系统呈现出的特征，就无法确保各个程序在系统中正常、有序地运行。本章将给出操作系统中的重要概念——"进程"，它将成为在多道程序运行环境下系统资源分配和独立运行的基本单位。

本章着重讲述 5 个方面的内容：

（1）进程的概念；

（2）进程的组成与管理；

（3）进程的调度算法；

（4）线程的概念；

（5）处理器的二级调度与作业管理。

2.1 进程

2.1.1 多道程序设计

所谓"程序"，是一个在时间上严格有序的指令集合。程序规定了完成某一任务时，计算机所需做的各种操作，以及这些操作的执行顺序。在没有引入"多道程序设计"的概念之前，不去严格区分"程序"和"程序的运行"两者之间的不同。这是因为任何一个程序运行时，都是单独使用系统中的一切资源，如处理器（指它里面的指令计数器、累加器、各种寄存器等）、内存、外部设备及软件等，计算机中没有任何一个竞争对手与它争夺或共享这些资源。

于是，在单道程序设计环境下，系统具有如下特点。

（1）资源的独占性：任何时候，位于内存中的程序可以使用系统中的一切资源，不可能有其他程序与之竞争。

（2）执行的顺序性：内存中每次只有一个程序，且各个程序是按次序执行的，即做完一个，再做下一个。绝对不可能在一个程序运行过程中，又夹杂进另一个程序执行。图 2-1（a）所示，对程序执行的顺序性做出了解释。假定有 3 个程序，每个程序都是前后占用 CPU 执行一段时间，中间要求打印输出。具体情况是：程序 A 所需时间为（4，2，3），程序 B 所需时间为（5，4，2），程序 C 所需时间为（3，3，4）。不难看出，总共需要 30 个时间单位，才能把它们执行完毕。从横坐标上看，在时间区间（4~6）、（14~18）和（23~26）中，CPU 为了等待打印结束，只能在那里空闲等待。

（3）结果的再现性：只要执行环境和初始条件相同，重复执行一个程序，获得的结果总是一样的。

但是，在多道程序设计环境下，内存中允许有多个程序存在，它们轮流地使用着 CPU。这时，上述的 3 个特点就荡然无存了。

"资源的独占性"被打破了。比如，内存不再只由一个程序占用，而是分配给若干个程序使用；又比如，原来内存中的程序进行输入/输出时，CPU 就只能空转，以等待输入/输出操作的完成。现在，当程序 A 等待输入/输出操作完成时，就可以把空转的 CPU 分配给内存中的另一个可运行的程序 B 去使用。这样，CPU 在运行程序 B，外部设备在为程序 A 服务。图 2-1（b）中的时间区间（4~6）正好是这种情况。

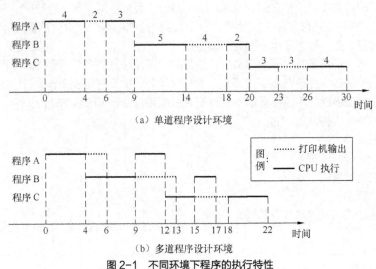

（a）单道程序设计环境

（b）多道程序设计环境

图 2-1 不同环境下程序的执行特性

"执行的顺序性"被打破了。从图 2-1（b）中可以看出，时刻 6 程序 A 打印完毕，按说应该继续执行，但由于 CPU 已经分配给了程序 B，因此程序 A 只能等到时刻 9，在程序 B 请求打印时，才能重新获得 CPU。这就是说，在程序 A 的执行过程中，夹杂进了程序 B 的执行，打破了程序执行的顺序性，内存中多个程序的执行过程被交织在一起。从宏观上看，好几个程序都在运行着（比如，在时间区间 4~12，程序 A 和程序 B 都在做着自己的事情；在时间区间 12~17，程序 B 和程序 C 都在做着自己的事情）；而从微观上看，每个时刻 CPU 只能为一个程序服务，运行着的程序都是走走停停。总之，在多道程序设计环境下，各个程序的执行不再可能完全依照自己的执行次序执行了。

"结果的再现性"被打破了。举例来说，为了了解某单行道的交通流量，在路口安放一个监视器，功能是有车通过该路段时，就向计算机发送一个信号。工作人员为计算机系统设计了两个程序：程序 A 的功能是接收到监视器的信号时，就在计数单元 COUNT 上加 1；程序 B 的功能是每隔半小时，将计数单元 COUNT 的值打印输出，然后清零。COUNT 初始时为 0，两个程序的描述如下所示。

```
程序 A              程序 B
while(1)            while(1)
{                   {
```

```
A1:收到监视器的信号;               B1:延迟半小时;
A2:COUNT=COUNT+1;                 B2:打印 COUNT 的值;
}                                 B3:COUNT=0;
                                  }
```

因为是多道程序设计环境，程序 A 和程序 B 同时存在于内存中。当然，内存中可能还有其他的程序存在。由于执行的顺序性被打破了，这些程序的执行过程被交织在一起，没有任何规律可循。为了深入理解，单单挑出程序 A 和程序 B 来研究。在它们之间，不排除会有这样的执行顺序发生：A1→A2→B1→B2→A1→A2→B3，即在程序 B 做了 B1 和 B2 后，没有直接执行 B3，而是中间插入了程序 A 的两个操作，这就出现了问题。假定系统在履行这一执行顺序前，情况一直正常，计数器 COUNT 里的值是 9。现在由 A1 收到监视器发来的第 10 辆车通过的信息，于是由 A2 在 COUNT 上完成加 1 的操作，使得计数器 COUNT 取值为 10。紧接着在 B1 延迟半小时后，由 B2 将 COUNT 中的 10 打印输出。这时又做 A1，它收到的是第 11 辆车到达的信息，通过 A2，COUNT 里的值成为 11。接下去做 B3，把 COUNT 清零。结果该系统把第 11 辆车漏掉了，少计了一辆车。要重现这一情况是困难的，因为无法弄清楚何时会出现这种执行顺序，这正好说明了"结果再现性"已不复存在。

通过以上的分析，可以看出在多道程序设计环境下，系统具有如下特点。

（1）执行的并发性：从宏观上看，同时在内存中的多个程序都在执行着，都在按照自己程序规定的步骤向前推进；从微观上看，由于 CPU 在任何时刻只能执行一个程序，因此这些程序轮流占用 CPU，交替地执行着。我们把"逻辑上相互独立的程序，在执行时间上相互重叠，一个程序的执行还没有结束，另一个程序的执行已经开始"的这种特性，称为程序执行的并发性。

（2）相互的制约性：内存既然运行着多个程序，这些程序又共享系统内的资源，相互之间必然会呈现出各种各样的制约。一种是间接制约关系，比如由于系统中某种资源个数有限，不可能同时满足每个程序的需要，当一种资源已经分配给某个程序使用时，另一个程序就可能申请不到，从而影响了它的执行。一种是直接制约关系，比如两个程序共同配合来完成一项任务，如果一个程序要等另一个程序发来信息后才能运行，那么前一个程序就受制于后一个程序。如果后一个程序没有先于前一个程序运行并发出信息，那么前一个程序就无法运行。

（3）状态的多变性：由于诸多程序在系统中并发执行，它们之间在运行过程中存在着各种各样的制约关系，造成内存中每一个程序的状态总处于不断的变化之中。它们时而获得 CPU 而处于运行状态，时而由于输入/输出或申请某种资源未得到满足而只好等待，走走停停，停停走走，交替式地向前推进，直至先后抵达各自的终点。

如上所述，在多道程序设计环境下，"程序"和"程序的运行"有了与单道程序设计环境下截然不同的含义。为了保持程序"是一个在时间上严格有序的指令集合"这个概念的原有含义，又为了能够刻画出多个程序共同运行时呈现出的"执行的并发性""相互的制约性""状态的多变性"这些特征，在操作系统中，就基于以往的"程序"这个概念，又引入了"进程"这一新的概念。

2.1.2 进程的定义

"进程（Process）"是现代操作系统设计中的一个最为基本而重要的概念，也是一个管理实体。它最早被用于美国麻省理工学院的 MULTICS 系统和 IBM 的 CTSS/360 系统，不过那时称其为"任务（Task）"，它们其实是两个等同的概念。

迄今为止，人们对于进程还没有一个非常确切和普遍认可的描述。有的人称"进程是任何一个处于执行的程序"，有的人称"进程是可以并行执行的计算部分"，有的人称"进程是具有一定独立功能的程序在某个数据集合上的一次运行活动"，也有的人称"进程是一个实体，当它执行一个任务时，将要分配和释放各种资源"。

综合起来看，可以从如下 3 个方面来描述进程。

（1）进程是程序的一次运行活动。

（2）进程的运行活动是建立在某个数据集合之上的。

（3）进程在获得资源的基础上从事自己的运行活动。

据此，本书将进程的定义描述为：所谓"进程"，是指一个程序在给定数据集合上的一次执行过程，是系统进行资源分配和运行调度的独立单位。

例 2-1 了解驼峰溜放控制过程中的进程。

图 2-2 给出的是利用计算机进行铁路货车编组的控制示例：机车头从车尾把到达场里的货车推向驼峰，在那里按照不同去向（即进路）把车厢间的挂钩摘开，一组车厢（称一勾车）借助驼峰的高度，将根据自己的去向溜到编组场的不同轨道，组成一列新的货车。

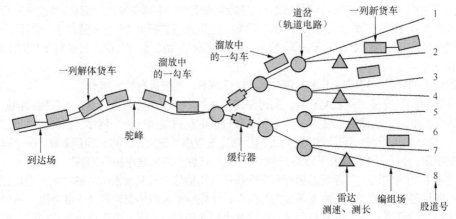

图 2-2　驼峰溜放示例

在整个溜放过程中，要编写的程序主要有如下几个。

（1）扳道岔程序，它将根据一勾车的去向（即股道号），控制具体道岔的扳向。

（2）缓行器控制程序，它将根据一勾车下滑的速度和距离，决定是抱闸或是松闸。

（3）雷达测速程序，由它测出一勾车的下滑速度，并将测得结果传递给缓行器程序。

（4）雷达测长程序，由它测出一勾车的溜放距离，并将测得结果传递给缓行器程序。

（5）巡回检测程序，由它检测出当前有哪一勾车要经过哪一个道岔，将该信息发送给扳道岔程序。

这是一个实时控制系统。开始工作时，最先工作的是巡回检测进程（执行巡回检测程序），它不断定时地对道岔进行测试。当发现有一勾车要经过第 1 个道岔时，就让扳道岔进程（执行扳道岔程序）、雷达测速进程（执行雷达测速程序）及雷达测长进程（执行雷达测长程序）开始工作；然后把当前测得的速度和溜放的距离发送给缓行器进程（执行缓行器控制程序），以便确定是否需要对缓行器进行控制，以及进行什么样的控制。当巡回检测进程测得有一勾车要经过其他道岔时，就只需要让扳道岔进程工作。

在多道程序设计系统中，既运行着操作系统程序，又运行着用户程序，因此整个系统中存在着两类进程，一类是系统进程，另一类是用户进程。操作系统中用于管理系统资源的那些并发程序，形成了一个个系统进程，它们提供系统的服务，分配系统的资源；可以并发执行的用户程序段，形成了一个个用户进程，它们是操作系统的服务对象，是系统资源的实际享用者。可以看出，这是两类不同性质的进程，主要区别如下。

（1）系统进程之间的相互关系由操作系统负责协调，从而有利于增加系统的并发性，提高资源的整体利用率；用户进程之间的相互关系要由用户自己（在程序中）安排。不过，操作系统会向用户提供一定的协调手段（以命令的形式）。

（2）系统进程直接管理有关的软、硬件资源的活动，用户进程不得插手资源管理。在需要使用某种资源时，必须向系统提出申请，由系统统一调度与分配。

（3）系统进程与用户进程都需要使用系统中的各种资源，它们都是资源分配与运行调度的独立单位，但系统进程的使用级别应该高于用户进程。也就是说，在双方出现竞争时，系统进程有优先获得资源、优先予以运行的权利。只有这样，才能保证计算机系统高效、有序地工作。

2.1.3　进程的特征

进程是程序的一次执行过程，程序是进程赖以存在的基础，这就是说，进程与程序之间存在一种必然的联系，但进程又不等同于程序，它们是两个完全不同的概念。进程的主要特征及其与程序的区别有如下几个方面。

（1）"进程"是一个动态的概念。进程强调的是程序的一次"执行"过程，因此，它是一个动态的概念；程序是一组有序指令的集合，在多道程序设计环境下，它不涉及"执行"，是一个静态的概念。可以这么来理解，一套电影相当于一个程序，它可以长期保存；该电影在电影院的一次放映，就相当于一个进程。

比如在驼峰溜放示例中，编写好的各个程序都被静态地存放着，不会自动去执行。只有当巡回检测进程发现有一勾车要经过某个道岔时，才会在去向数据的基础上执行一次扳道岔程序，这就产生了一个进程。

（2）不同进程可以执行同一个程序。由进程的定义可知，区分进程的条件一是所执行的程序，二是数据集合。即使多个进程执行同一个程序，只要它们运行在不同的数据集合上，就是不同的进程。例如，一个编译程序同时被多个用户调用，各个用户程序的源程序是编译程序的处理对象（即数据集合）。于是系统中形成了一个个不同的进程，它们都运行编译程序，只是每个加工的对象不同。由此可知，进程与程序之间，不存在一一对应的关系。

又比如在驼峰溜放示例中，巡回检测进程有可能发现有若干勾车要求经过不同道岔的情形。这时，相应每个道岔都会有一个进程，它们都执行相同的扳道岔程序，只是去向数据不同、所扳道岔各异而已。

（3）每一个进程都有自己的生命期。既然进程的本质是程序的一次执行过程，当系统要完成某一项工作时，它就"创建"一个进程，以便执行事先编写好的、完成该工作的那段程序。程序执行完毕，完成预定的任务后，系统就"撤销"这个进程，收回它所占用的资源。一个进程创建后，系统就感知到它的存在；一个进程撤销后，系统就无法再感知到它。于是，从创建到撤销，这个时间段就是一个进程的"生命期"。

比如在驼峰溜放示例中，当巡回检测进程发现有一勾车要经过某个道岔时，就为其创建一个扳道岔进程；在道岔扳动完成后，这个进程就被撤销。

（4）进程之间具有并发性。在一个系统中，同时会存在多个进程。于是与它们对应的多个程序同时在系统中运行，轮流占用 CPU 和各种资源。这正是多道程序设计的初衷，说明这些进程在系统中并发执行着。

比如在驼峰溜放示例中，巡回检测进程、扳道岔进程、雷达测速进程、雷达测长进程、缓行器控制进程等，都可能同时存在，交替并发地得到 CPU 的服务。

（5）进程间会相互制约。由于进程是系统中资源分配和运行调度的单位，因此在对资源进行共享和竞争中，必然会相互制约，从而影响各自向前推进的速度。

比如在驼峰溜放示例中，一勾车的车尾还没有离开某一个道岔时，有可能又有一勾车需要扳动这个道岔，于是前勾车显然会影响到后一勾车的处理。

2.1.4　进程的状态及状态变迁

1．进程的基本状态和状态变迁

进程间共同协作和共享资源，导致了其生命期中的状态不断发生变化。

任何时刻，系统中的进程或者正在执行，或者没有执行。因此，一个进程可以处于两种状态之一：运行状态和未运行状态。这样的划分，未免简单了一些，因为系统中还会有另外的一些进程，它们虽然都没有运行，但或者已经就绪可以运行，或者由于等待某事件的出现（比如 I/O 的完成）即使让其运行也不行。所以，应该将未运行状态细分成两个状态：就绪状态和阻塞状态。这样，加上创建和撤销，系统中的进程应该具有 5 种状态：创建、运行、就绪、阻塞和终止，如图 2-3 所示。5 种状态的含义分别讲述如下。

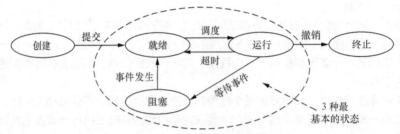

图 2-3　进程的 5 种状态模型

（1）创建状态：一个进程正在初创时期，操作系统还没有把它列入可执行的进程行列中。

（2）就绪状态：一个进程已经具备了运行的条件，只要有机会获得 CPU，它就可以投入运行。

（3）运行状态：一个进程获得了 CPU，正在执行中。若系统中只有一个 CPU，那么任何时候系统中最多只有一个进程处于运行状态。

（4）阻塞状态：进程正在等待某个事件（比如 I/O 的完成）的发生。在事件到来之前，即使把 CPU 分配给这个进程，它也无法运行。阻塞状态有时也被称为"等待状态"。

（5）终止状态：一个进程或正常结束，或因某种原因被强制结束。这时，系统为其进行善后处理。

进程从一个状态变到另一个状态，称为进程状态的"变迁"。图 2-3 实线箭头上标注的文字，就是引起状态变迁的原因。要注意的是，并不是所有的进程状态之间都可以发生变迁。可能的变迁如下所列。

（1）创建→就绪：一个进程创建完毕，就可被列入到可执行的进程行列中。于是，系统通过提交，把它的状态从创建变为就绪。

（2）就绪→运行：在需要一个新的进程投入运行时，操作系统就在处于就绪状态的进程里挑选目标，选中者的状态就从就绪变为运行。实行挑选进程任务的，是操作系统中的进程调度程序。所以，引起一个进程从就绪状态变到运行状态的原因是"调度"。

（3）运行→就绪：引起一个进程的状态从运行变到就绪，最常见的原因是"超时"。比如分时系统里提及的"时间片"，就规定了正在运行的进程能够"不被打断执行"的最长时间段。还有其他的原因可以导致进程从运行状态变为就绪状态，比如，操作系统赋予进程不同的执行优先级。当进程运行时，若一个优先级更高的进程成为就绪状态，操作系统就允许它抢占 CPU 运行。于是，它的状态就由就绪变为运行，而原先运行进程的状态就由运行变为了就绪。

（4）运行→阻塞：如果一个运行进程必须等待某个事件的发生而暂时无法再运行，它的状态就由运行变为阻塞。这种需要进程等待的事件是很多的。比如进程发出一个系统调用命令，操作系统却无法立即提供服务；比如进程发出一个资源请求，却一时无法得到满足；又比如进程要等待 I/O

的完成、等待另一个进程提供的输入数据、等待来自另一个进程的消息等，都会使进程的状态从运行变为阻塞。

（5）阻塞→就绪：当进程等待的事件发生时，处于阻塞状态的进程就变成了就绪。

（6）运行→终止：正在运行的进程完成了自己的工作，或由于其他原因必须异常结束，该进程就会被撤销，由运行状态变为终止状态。

不难看出，在这 5 种状态里，最基本、最实质性的是 3 种状态：就绪、运行、阻塞。进程并发时表现出来的"走走停停"，其实主要是在这 3 种状态之间不断地发生变迁。

一个正处于运行状态的进程，会因其提出输入/输出请求而使状态变为阻塞。因为这是进程自己提出的请求，它"知道"到这里就会被阻塞，以等待输入/输出的完成，所以这属于进程自身推进过程中引起的状态变化。在输入/输出操作完成后，会使某个进程的状态由阻塞变为就绪。由于被阻塞的进程并不知道它的输入/输出请求何时能够完成，因此这属于由于外界环境的变化而引起的状态变化。

处于就绪状态与阻塞状态的进程，虽然都"暂时无法运行"，但两者有着本质上的区别。前者已做好了运行的准备，只要获得 CPU 就可以投入运行；而后者要等待某事件（比如输入/输出）完成后才能继续运行，即使此时把 CPU 分配给它，它也无法运行。

例 2-2 图 2-3 所示的进程状态变迁图，在什么条件下会发生下面列出的 3 个因果变迁（意为由一个进程的状态变迁必定引起另一个进程的状态变迁）？判断以下说法是否正确。

（1）一个进程从运行状态变为就绪状态，一定会引起另一个进程从就绪状态变为运行状态。

（2）一个进程从运行状态变为阻塞状态，一定会引起另一个进程从运行状态变为就绪状态。

（3）一个进程从阻塞状态变为就绪状态，一定会引起另一个进程从就绪状态变为运行状态。

解：（1）一个进程从运行状态变为就绪状态时，一定会无条件地引起另一个进程从就绪状态变为运行状态。这是因为当一个进程从运行状态变为就绪状态时，CPU 空闲，系统重新分配处理器，从而引起另一个进程的状态从就绪变为运行。要注意的是，即使就绪队列为空，在一个进程从运行状态变为就绪状态时，也一定会引起另一个进程从就绪状态变为运行状态，只不过"另一个进程"就是它自己罢了。

（2）这种因果变迁是绝对不可能发生的，因为一个 CPU 不可能真正同时运行两个进程。

（3）一个进程从阻塞状态变为就绪状态时，如果当前就绪队列为空，CPU 在空闲等待，那么一定会引起另一个进程从就绪状态变为运行状态，并且"另一个进程"就是这个进程本身。但如果就绪队列不空，那么只有当系统采用的是剥夺式调度算法，且变为就绪状态的那个进程的优先权为最高时，才会引起另一个进程从就绪状态变为运行状态，并且就是这个进程本身。也就是说，一个进程从阻塞状态变为就绪状态，不一定会引起另一个进程从就绪状态变为运行状态。如果要引起，也就是该进程本身。（"剥夺式调度"等概念将在 2.3 节中介绍。）

2. 对进程状态更细致的划分

一个进程被阻塞，整个进程（有关它的管理信息，它执行的程序代码等）仍然占据着分配给它使用的内存。这时，可以将 CPU 分配去运行别的进程。但由于 CPU 的处理速度很快，比如要比通过外部设备进行的 I/O 快得多，于是就有可能出现这样的情形：内存中现有的进程都在等待 I/O 的完成，CPU 只能空闲运转。

其实，允许某些进程长时间地占据着内存等待 I/O 的完成，让 CPU 空闲运转，绝对是对系统资源的一种浪费。若这时内存有空余空间，那么从磁盘调进可投入运行的进程，就能达到提高 CPU 利用率的目的；若内存没有空余空间，那么从内存调出阻塞的进程，腾出一定的空间，再从磁盘调入可运行进程，也能达到提高 CPU 利用率的目的。

为了能使用这种磁盘（辅存）与内存之间的交换技术，可以在进程 5 种状态模型的基础上增加两种状态，即"就绪/挂起"状态和"阻塞/挂起"状态。处于这两种状态，都表示进程是在辅存而不是内存。只有通过"激活"，才可以使这些进程的状态变迁为"就绪"或"阻塞"，从而进入内存。增加了新的状态后，这时的进程状态模型如图2-4所示（我们后面的讨论，都只涉及进程的3种基本状态）。

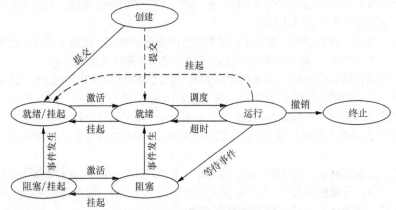

图 2-4　有挂起状态的进程状态模型

新增加的两个状态的含义如下所述。

（1）就绪/挂起状态：进程在辅存。只要被激活，进程就可以调入内存，如果获得 CPU，就可以投入运行。

（2）阻塞/挂起状态：进程在辅存等待事件的发生。只要被激活，进程就可以调入内存里去等待事件的发生。

这时，比较重要的变迁如下所列（图 2-4 中的虚线，表示是可能但不是必需的变迁）。

（3）阻塞→阻塞/挂起：如果当前没有就绪进程可运行，且内存又缺少空闲区域装入新的进程，就可以从内存换出一个阻塞进程到辅存，使其状态成为阻塞/挂起，从而腾出必需的内存区域。

（4）阻塞/挂起→就绪/挂起：如果一个处于阻塞/挂起状态的进程所等待的事件发生了，那么它的状态将变迁成为就绪/挂起状态，进程仍在辅存。

（5）就绪/挂起→就绪：如果当前没有就绪状态的进程可以调度，操作系统就应该把具有就绪/挂起状态的进程调入内存（即激活），让它能够投入运行。于是，它的状态就由就绪/挂起变迁成为就绪。另外，当一个处于就绪/挂起状态的进程的优先级比处于就绪状态的所有进程的优先级都高时，也可以进行这种状态的变迁。

（6）就绪→就绪/挂起：由于就绪状态的进程能够立即投入运行，所以通常尽量不把就绪状态变迁成为就绪/挂起状态，而是倾向于通过把阻塞状态进程变迁成为阻塞/挂起状态，来达到腾出内存空间的目的。但当通过挂起一个就绪进程来释放内存是唯一可取的方法时，这种进程状态的变迁也是可取的。

（7）创建→就绪/挂起及创建→就绪：创建一个新进程时，这个进程的状态可以是就绪的，也可以是就绪/挂起的。为了提高 CPU 的利用率，人们希望能够更多地创建进程。但创建的进程过多，就有可能出现内存不够的情形。于是，可以让一部分进程成为就绪/挂起状态。因为它们通过激活调入内存，就可以投入运行。

（8）阻塞/挂起→阻塞：这种状态变迁很少出现，因为处于阻塞/挂起状态的进程，首先是阻塞的，是不能运行的，把它调入内存没有任何意义。但考虑有这样的情形：一个进程终止了，释放了它所占用的内存空间。阻塞/挂起状态的进程中，如果有一个进程比就绪/挂起状态的所有进程的优先级都高，且它所等待的事件即将发生，那么把这个阻塞/挂起进程调入内存，可能比把就绪/挂起进程调入内存更合理一些。

（9）运行→就绪/挂起：通常，运行进程超时的时候，其状态是由运行转换成就绪。但是，在一些特殊情况下，如果有必要，也可以把这个运行进程的状态转换成就绪/挂起，以达到腾出所占内存空间的目的。

2.2 进程控制块

2.2.1 进程的 3 个组成部分

一个进程创建后，需要有自己对应的程序及该程序运行时所需的数据，这是不言而喻的。但仅有程序和数据还不行，我们知道，进程在其生命期内是走走停停、停停走走的。暂时停下来以后，至少要有一个由它专用的地方，用以记录暂停时的运行现场。这样，它再次被投入运行时，才能借助这个被保留的运行现场，从上次被打断的地方继续运行下去。

因此，为了管理和控制进程，操作系统在创建每一个进程时，都为其开辟一个专用的存储区，用来随时记录它在系统中的动态特性。当一个进程被撤销时，系统就收回分配给它的这个存储区。通常，这个专用存储区被称为进程控制块（Process Control Block，PCB）。

由于 PCB 是随着进程的创建而建立，随着进程的撤销而取消的，因此系统是通过 PCB 来"感知"一个个进程的。PCB 是进程存在的唯一标志。

这样，在计算机系统内部，一个进程要由 3 个部分组成：程序、数据集合及 PCB。图 2-5 所示为进程 3 个组成部分的可能关联情形。其中图 2-5（a）表示程序和数据集合存放在一个连续存储区的情形；图 2-5（b）表示程序和数据集合在不连续存储区的情形；图 2-5（c）表示同一个程序运行在不同数据集合上时，形成两个进程的情形。

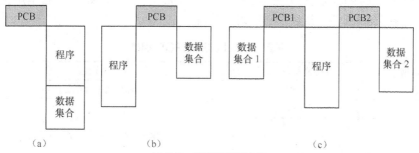

图 2-5　进程的不同表示

2.2.2 进程控制块

1. 进程控制块的内容

随操作系统的不同，PCB 的格式、大小以及内容也不尽相同。通常，在 PCB 中大致应包含图 2-6 中所示的 4 方面信息。

（1）标识信息：在创建进程时，系统会为其分配一个唯一的编号，以此作为它的标识。"标识"代表了一个进程的身份，是系统内部区分不同进程的依据。

（2）说明信息：这些信息随时反映进程的情况。其中，"进程状态"是指进程当前所处状态是运行、就绪还是阻塞；"程序存放位置"指出该进程所执行的程序在内存的物理地址；"数据存放位置"指出程序执行时的工作区，用来存放要处理的数据集合及最终的处理结果。

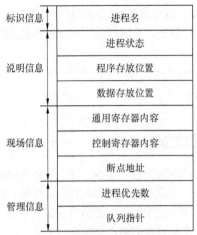

图 2-6　PCB 所包含的信息

（3）现场信息：当由于某种原因迫使进程暂时让出处理器时，必须把当前各种现场信息保存在 PCB 的固定单元中。保存的信息应该有 CPU 中各个通用寄存器的内容、控制寄存器的内容、软中断时的断点地址等。只有这样，当进程再次获得处理器时，才可以把这些信息置入处理器的相应寄存器中，恢复到被中断时的状态，从而保证进程继续正常执行，就像从未被中断过一样。

（4）管理信息："进程优先数"指出进程使用处理器的紧迫程度，它可以由用户提供或系统设置。在进程生命期间，其优先数可以保持不变，也可以根据情况动态修正。优先数是系统分配处理器的一个重要依据。操作系统总是通过队列来管理处于相同状态的进程，具体地说就是通过 PCB 中的"队列指针"，把相同状态的进程链接在一起，形成一个个队列。

一个名为 RTOS 的实时操作系统中 PCB 的具体构成见表 2-1。每个 PCB 占用 22 个字节的存储区，2 个字节为 1 个字，各字的内容和作用如下。

表 2-1　RTOS 的 PCB 组成

位移量	助记符	内容
0	TPC	保护指令计数器内容
2	TAC0	保护寄存器 AC0～AC3 的内容
4	TAC1	
6	TAC2	
8	TAC3	
10	TPRST	进程状态和优先级
12	TDELAY	进程延迟时间
14	TLNK	队列指针
16	TUSP	堆栈指针
18	TELN	PCB 扩展区指针
20	TID	进程标识

（1）TPC：随时记录该进程所对应的程序执行地址。最初它是程序的入口地址，随后是进程暂停时的断点地址。

（2）TAC0～TAC3：该操作系统运行的主机共有 4 个工作寄存器 AC0～AC3。进程程序暂停执行时，就将工作寄存器的当前内容保存在此，所以这 4 个字加上 TPC 就构成了进程 PCB 中的现场保护区。

（3）TPRST：记录该进程运行过程中的状态变化和进程的优先数。

（4）TDELAY：当要主动让进程推迟一段时间再执行时，在此存放所需要延迟的时间间隔。

（5）TLNK：这是 PCB 的队列指针，里面总是存放队列中下一个进程的 PCB 地址。若该 PCB 位于队列尾，则 TLNK = −1。

（6）TUSP：该进程专用的堆栈指针，是进程程序运行时的工作区。

（7）TELN：若本 PCB 不够用，可以开辟一个 PCB 扩展区，并用这个指针指向扩展区的起始地址。

（8）TID：进程的标识，也就是该进程的名字。

2. 进程间的切换

所谓"进程间的切换"，是指将 CPU 的执行从一个进程切换到另一个进程。在有的书里，进程间的切换被称为"进程间的上下文切换"。操作系统是通过进程 PCB 中的现场保护区来实现进程间的切换的，如图 2-7 所示。

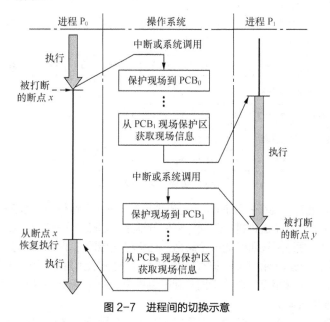

图 2-7　进程间的切换示意

比如，CPU 先执行左边的进程 P_0。若在运行到点 x 处时，进程 P_0 的执行被打断。为了充分利用 CPU，必须将 CPU 分配给别的进程使用，即要进行进程间的切换，让 CPU 从执行一个进程转而去执行另一个进程。为此进入操作系统。若现在是要运行进程 P_1，就先把当前 CPU 的运行现场保护到进程 P_0 的 PCB 里，然后用进程 P_1 的 PCB 里的现场信息对 CPU 进行加载（即恢复进程 P_1 的运行现场）。这样，CPU 就开始运行右边的进程 P_1 了。等到达点 y 时，进程 P_1 的运行被打断，于是又进入操作系统去做进程间的切换。若现在是要运行进程 P_0，那么先把当前 CPU 的运行现场保护到进程 P_1 的 PCB 里，然后用进程 P_0 的 PCB 里的现场信息对 CPU 进行加载（即恢复进程 P_0 的现场）。这样，CPU 就开始从点 x 往下运行右边的进程 P_0 了。

2.2.3　进程控制块队列

在多道程序设计环境里，同时会创建多个可并发执行的进程。当计算机系统只有一个 CPU 时，每次只能让一个进程运行，其他的进程或处于就绪状态，或处于阻塞状态。为了对这些进程进行管理，操作系统要做 3 件事。

（1）把处于相同状态的进程的 PCB，通过各自的队列指针链接在一起，形成一个个队列。

（2）为每一个队列设立一个队列头指针，它总是指向排在队列之首的进程的 PCB。

（3）排在队尾的进程的 PCB，它的"队列指针"项内容应该为"-1"，或一个特殊的符号，以表示这是该队的队尾 PCB。

对于单 CPU 系统，任何时刻系统中都只有一个进程处于运行状态，因此运行队列中只能有一个 PCB。系统中所有处于就绪状态的进程的 PCB 排成一队，称其为"就绪队列"。通常，就绪队列中会有多个进程的 PCB 排在里面，它们形成处理器分配时的候选对象。如果就绪队列里没有 PCB 存在，则称该队列为空。所有处于阻塞状态进程的 PCB，应该根据阻塞的原因进行排队，每一个都称为一个"阻塞队列"。比如等待磁盘输入/输出进程的 PCB 排成一个队列，等待打印机输出进程的 PCB 排成一个队列等。系统中可以有多个阻塞队列，每个阻塞队列中可以有多个进程的 PCB，也可以为空。图 2-8 所示是进程各队列的示意。

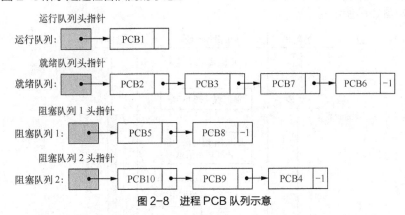

图 2-8　进程 PCB 队列示意

从图 2-8 中可以看出，现在名为 PCB1 的进程正在 CPU 上运行，因为它的 PCB 排在运行队列中。现在就绪队列中有 4 个进程排在里面，它们分别是 PCB2、PCB3、PCB7 和 PCB6。要注意，进程名只是创建进程时系统所给的一个编号，它与进程标识符是不一样的。系统正常运行时，谁的 PCB 排在队列的前面，谁的 PCB 排在队列的后面，是无法预料的。现在进程 PCB5 和 PCB8 排在阻塞队列 1 中，它们被阻塞的原因相同。现在进程 PCB10、PCB9 和 PCB4 排在阻塞队列 2 中，它们被阻塞的原因相同。

假定现在又创建了一个进程，名为 PCB11。对于一个刚被创建的进程，系统总是赋予它"就绪"状态，因此它的 PCB 应该排在就绪队列中。至于 PCB11 应该排在队列的什么位置，那将由系统所采取的处理器分配策略来确定。假定我们把它排在队列之尾，那么图 2-8 中的就绪队列就变为图 2-9 所示的情形。

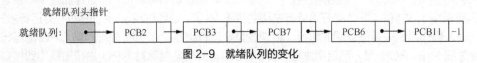

图 2-9　就绪队列的变化

2.3　进程的调度与管理

2.3.1　进程调度算法

当系统中有多个进程就绪时，必须决定先执行哪一个。也就是说，必须决定把 CPU 分配给谁使用。操作系统中做出这一决定的程序称为"进程调度程序",该程序中采用的调度方法,称为"进程调度算法"。

常用的进程调度算法有先来先服务、时间片轮转、优先数及多级队列等 4 种。

1. 先来先服务调度算法

先来先服务调度算法的基本思想是:以到达就绪队列的先后次序为标准来选择占用处理器的进程。一个进程一旦占有处理器,就一直使用下去,直至它正常地结束或因等待某事件的发生而让出处理器。采用这种算法时,应该这样来管理就绪队列:到达的进程的 PCB 总是排在就绪队列末尾;调度程序总是把 CPU 分配给排在就绪队列中的第一个进程使用。图 2-10 所示为先来先服务调度算法示意。

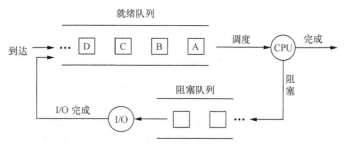

图 2-10　先来先服务调度算法示意

先来先服务可能是一种最为简单的调度算法。从次序的角度看,它对在就绪队列中的任何进程不偏不倚,因此是公平的。但从周转的角度看,对要求 CPU 时间短的进程或输入/输出请求频繁的进程来讲,就显得不公平了。例如,现在就绪队列中依次来了 3 个进程 A、B、C,A 进程需要运行24ms,B 和 C 各需要运行 3ms。按照先来先服务的顺序,进程 A 先占用处理器,然后是 B,最后是 C。于是 B 要在 24ms 后才能得到运行,C 要在 27ms 后才能得到运行,显然 B 和 C 等待的时间太长。按照这种调度顺序,它们 3 个的平均等待时间是:(0+24+27)/3 = 17ms。假定换一种调度顺序,比如 B、C、A,那么它们的平均等待时间是:(0+3+6)/3 =3ms。

2. 时间片轮转调度算法

时间片轮转调度算法的基本思想是:为就绪队列中的每一个进程分配一个称为"时间片"的时间段,它是允许该进程占用 CPU 的最长时间长度。在使用完一个时间片后,即使进程还没有运行完毕,也要强迫其释放处理器,让给另一个进程使用。它自己则返回到就绪队列末尾,排队等待下一次调度的到来。采用这种调度算法时,对就绪队列的管理与先来先服务完全相同。主要区别是进程每次占用处理器的时间由时间片决定,而不是只要占用处理器就一直运行下去,直到运行完毕,或为等待某一事件的发生而自动放弃。图 2-11 所示为时间片轮转调度算法示意。

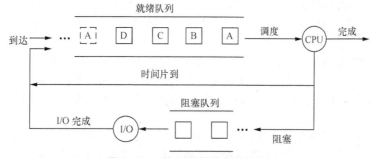

图 2-11　时间片轮转调度算法示意

时间片轮转调度算法经常用在分时操作系统中。在那里,多个用户通过终端设备与计算机系统进行交互会话。操作系统随时接收用户发来的请求，为其创建进程，进行分时处理。处理完毕后，把结果返回给用户，然后撤销相应进程，等待用户下一个请求的到来。

轮转过程中，时间片可以是固定长度的，也可以是可变长度的。

固定时间片轮转的特征是，就绪队列里的所有进程都以相等的速度向前推进。比如，就绪队列里有 n 个进程，分配的时间片长为 q，那么每个进程在长为 $t=n\times q$ 的时间里，可以获得长为 q 的CPU 时间。这表明，每个进程在获得一个时间片 q 之后，要经过 t 这么长的时间，才能获得下一个时间片 q。t 是系统对每一个进程的响应时间。这时，系统中的每一个进程，都以 $1/n$ 的实际 CPU速度在处理器上运行。这表明，就绪队列的长短决定了进程以什么样的速度向前推进。

另一方面，时间片大小的设定也影响着系统效率的发挥。时间片 q 的计算公式如下：

$$q=t/n \qquad\qquad (2\text{-}1)$$

从公式中可以看出，时间片如果设定得太大，大到一个进程足以完成其全部工作所需的时间，则此时该算法就退化成为先来先服务了；若时间片设定得太小，则调度程序的执行频率上升，系统耗费在调度上的时间增加，真正用于运行用户程序的时间就减少了。粗略地看，时间片值应略大于大多数分时用户的交互时间。即当一个交互式终端在工作时，给每个进程的时间片值应能使它足以产生一个输入/输出请求为佳，通常为 100ms 或更大。

固定时间片轮转的优点是简单。但由于这时只有一个就绪队列，调度的质量并不理想，因此产生了可变时间片轮转的策略。采用这种轮转策略时，每当新的一轮调度开始，系统就根据就绪队列中已有的进程数，计算出这次的时间片 q 值，然后进行轮转。在此期间到达的进程，都暂时不进入就绪队列，而要等到此次轮转完毕后，才一并加以考虑。那时，系统将会根据就绪队列中的进程数重新计算出 q 值，开始下一轮调度。

例 2-3 有一个分时系统，允许 10 个终端用户同时工作，时间片设定为 100ms。若对用户的每一个请求，CPU 将耗费 300ms 的时间进行处理，做出回答。试问终端用户提出两次请求的时间间隔最少是多少？

解：因为时间片长度是 100ms，有 10 个终端用户同时工作，所以轮流一次需要花费 1s。这就是说在 1s 内，一个用户可以获得 100ms 的 CPU 时间。又因为对终端用户的每一次请求，CPU都要耗费 300ms 进行处理后才能做出应答，于是终端用户要获得 3 个时间片，才能得到系统做出的回应。所以，终端用户两次请求的时间间隔最少应为 3s，在此期间内提出的请求，系统就无暇顾及，不可能予以处理。

3. 优先数调度算法

优先数调度算法的基本思想是：为系统中的每个进程规定一个优先数，就绪队列中具有最高优先数的进程有优先获得处理器的权利；如果几个进程的优先数相同，则对它们实行先来先服务的调度。采用这种调度算法时，就绪队列应该按照进程的优先数大小来排列。新到达就绪队列进程的PCB，应该根据它的优先数插入到队列的适当位置。这样，进行调度时，总是把 CPU 分配给就绪队列中的第 1 个进程，因为它在当时肯定是队列中优先数最高者。优先级是由优先数确定的。在操作系统中，常是优先数越小者优先级越大。

如何确定进程的优先数（也就是进程的优先级）可以从如下几个方面考虑。

（1）根据进程的类型。比如说，系统中有系统进程和用户进程，系统进程完成的任务是提供系统服务、分配系统资源，因此，给予系统进程较高的优先数，不仅合乎情理，也能够提高系统的工作效率。

（2）根据进程执行任务的重要性。每个进程所完成的任务，就其重要性和紧迫性讲，肯定不会完全一样。比如，系统中处理紧急情况的报警进程的重要性是不言而喻的，所以赋予报警进程高的优先数，一旦有紧急事件发生，让它立即占有处理器投入运行，谁也不会提出异议。

（3）根据进程程序的性质。一个 CPU 繁忙的进程，由于需要占用较长的运行时间，影响系统整体效率的发挥，因此只能给予较低的优先数。一个输入/输出繁忙的进程，给予它较高的优先数后，就能充分发挥 CPU 和外部设备之间的并行工作能力。

（4）根据对资源的要求。系统资源有处理器、内存和外部设备等。可以按照一个进程所需资源的类型和数量，确定它的优先数。比如给予占用 CPU 时间短或内存容量少的进程以较高的优先数，这样可以提高系统的吞吐量。

（5）根据用户的请求。系统可以根据用户的请求，给予它的作业及相应进程很高的优先数，做"加急"处理。

进程的优先数可以分为静态和动态两类。所谓静态，即指在进程的整个生命期内优先数保持不变。其优点是实现简单，但欠灵活。所谓动态，是指在进程的整个生命期内可随时修正它的优先级别，以适应系统环境和条件的变化。有名的 UNIX 操作系统就是一个采用动态优先数算法的操作系统。

例 2-4　一个动态优先数的例子。

在早期的 UNIX 操作系统里，为了动态改变一个进程的优先数，采取了设置和系统计算并用的方法。设置方法用于当一个进程变为阻塞状态时，系统会根据不同的阻塞原因，赋予阻塞进程不同的优先数。这个优先数将在进程被唤醒后发挥作用。计算进程优先数的公式是：

$$p\_pri=\min\{127, (p\_cpu/16+PUSER+p\_nice)\} \tag{2-2}$$

其含义是在 127 和 p_cpu/16+PUSER+p_nice 两个数之间取最小值。其中 PUSER 是一个常数；p_nice 是用户为自己的进程设定的优先数，反映该用户进程工作任务的轻重缓急程度；p_cpu 是进程使用处理器的时间。

这里最关键的是 p_cpu。系统通过时钟中断来记录每个进程使用处理器的情况。时钟中断处理程序每 20ms 做一次，每做一次就将运行进程的 p_cpu 加 1。到 1s 时，依次检查系统中所有进程的 p_cpu。如果这个进程的 p_cpu<10，表明该进程在这 1s 内占用处理器的时间没有超过 200ms，于是就把它的 p_cpu 修改为 0；如果这个进程的 p_cpu>10，表明该进程在这 1s 内占用处理器的时间超过了 200ms，于是就在它原有 p_cpu 的基础上减 10。图 2-12 给出了 p_cpu 的变化对进程优先数的影响，即影响了进程被调度到的可能性。

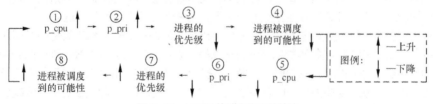

图 2-12　UNIX 的动态优先数算法

可以按照从左到右、从上到下的顺序来观察图 2-12。如果一个进程逐渐地占用了较多的处理器时间，那么它 PCB 里的 p_cpu 值就逐渐加大，呈上升的趋势（见图 2-12①）。由于 p_cpu 增加，根据公式（2-2）计算出来的进程优先数也呈上升的趋势（见图 2-12②）。进程优先数的上升，意味着它获得处理器的优先级下降（见图 2-12③），也就是被调度到的可能性减少（见图 2-12④）。由于调度到的可能性减少了，使用处理器的机会就少了，于是 p_cpu 值下降（见图 2-12⑤）。p_cpu 值下降，意味着由公式（2-2）计算出来的进程优先数也呈下降的趋势（见图 2-12⑥）。一个进程优先数减少，表示它的优先级上升（见图 2-12⑦），也就是这个进程获得处理器的机会增多（见图 2-12⑧）。可见，通过这样的处理，UNIX 让每个进程都有较为合理的机会获得处理器的服务。

4. 多级队列调度算法

多级队列调度算法也称"多级反馈队列调度算法"，它是时间片调度算法与优先数调度算法的结合。实行这种调度算法时，系统中将维持多个就绪队列，每个就绪队列具有不同的调度级别，可以获得不同长度的时间片，如图 2-13 所示。第 1 级就绪队列中进程的调度级别最高，可获得的时间片最短。第 n 级就绪队列中进程的调度级别最低，可获得的时间片最长。

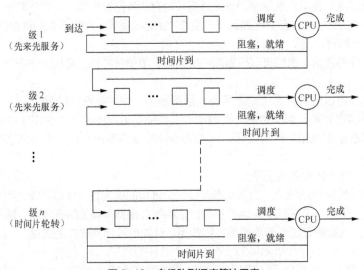

图 2-13　多级队列调度算法示意

具体的调度方法是：创建一个新进程时，它的 PCB 将进入第 1 级就绪队列的末尾。对于在第 1 级到第 $n-1$ 级队列中的进程，如果在分配给它的时间片内完成了全部工作，就撤离系统；如果在时间片没有用完时提出了输入/输出请求，或要等待某事件发生，就进入相应的阻塞队列里等待。在所等待的事件出现时，仍回到原队列末尾，参与下一轮调度（也就是每个队列实行先来先服务调度算法）；如果用完了时间片还没有完成自己的工作，那么只能放弃对 CPU 的使用，降到低一级队列的末尾，参与那个队列的调度。对位于最后一个队列里的进程，实行时间片轮转调度算法。整个系统最先调度 1 级就绪队列，只有在上一级就绪队列为空时，才去调度下一级队列。当比运行进程更高级别的队列中到达一个进程（可以肯定在此之前比运行进程级别高的所有队列为空）时，系统将立即停止当前进程的运行，让它回到自己队列的末尾，转去运行级别高的那个进程。

可以看出，多级队列调度算法优先照顾输入/输出繁忙的进程。输入/输出繁忙的进程在获得一点 CPU 时间后，就会提出输入/输出请求，因此它们总是被保持在 1、2 级等较前面的队列中，总能获得较多的调度机会。对于占用 CPU 繁忙的进程，它们需要较长的 CPU 时间，因此会逐渐地由级别高的队列往下降，以获得更多的 CPU 时间，它们"沉"得越深，被调度到的机会就越少。而一旦被调度到，就会获得更多的 CPU 时间。由此可知，多级调度算法采用的是"你要得越多，你就必须等待越久"的原则来分配处理器的。

例 2-5　如图 2-14 所示，通过进程状态变迁图描述了一个进程调度算法。试分析该图，说明该调度算法的基本思想。

解：从图中可以看出，该系统维持了两个就绪队列：一个是高优先级的就绪队列，一个是低优先级就绪队列。系统总是把 CPU 优先分配给位于高优先级就绪队列中的进程使用，只有在高优先级就绪队列为空时，才把 CPU 分配给位于低优先级就绪队列中的进程。

当一个进程未用完时间片时产生了输入/输出请求，就进入阻塞队列等待。当输入/输出完成后，该进程就进入高优先级就绪队列参与对处理器的竞争；在一个进程用完一个时间片而被迫放弃处理器时，它进入的是低优先级就绪队列，在那里参与对处理器的竞争。由此可见，在该系统高优先级就绪队列中的都是输入/输出繁忙的进程，它们不需要很多的 CPU 时间；在该系统低优先级就绪队列中的都是占用 CPU 繁忙的进程，它们需要很多的 CPU 时间。于是，通过该调度程序的调度，试图将输入/输出繁忙和占用 CPU 繁忙的进程分开，总是尽量地优先照顾输入/输出繁忙的进程。通过这种调度，可以使 CPU 尽可能地与外部设备并行工作，达到提高系统工作效率的目的。

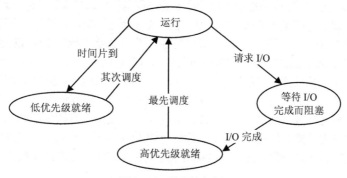

图 2-14　进程状态变迁

有人把进程调度程序比作一个多路开关，通过它把一个 CPU 分配给多个进程使用，使人产生有多个逻辑 CPU 的空幻印象，只是每个逻辑 CPU 的运行速度要比真正的物理 CPU 来得慢一些。图 2-15（a）所示为多个进程竞争一个物理的 CPU；图 2-15（b）表示由于进程调度程序的作用，将一个物理的 CPU 变成多个逻辑的 CPU，给人带来每个进程都有一个 CPU 使用的空幻印象。

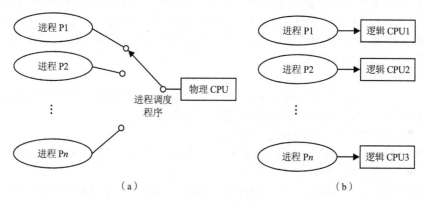

图 2-15　进程调度程序的作用

进程调度程序应该具有以下几个方面的主要功能。

（1）记录系统中所有进程的有关情况，比如进程的当前状态、优先数等。

（2）确定分配处理器的算法，这是它的一项主要工作。

（3）完成处理器的分配。要注意，在操作系统中，是进程调度程序实施处理器的具体分配的。

（4）完成处理器的回收。

可以看出，进程调度程序负责具体的处理器分配，完成进程间的切换工作，因此它的执行频率是相当高的，是一个操作系统的真正核心。通常，在发生下述情况时，会引起进程调度程序的工作。

（1）一个进程从运行状态变成了阻塞状态（如请求进行输入/输出操作）。

（2）一个进程从运行状态变成了就绪状态（如在分时系统中，已经运行满一个时间片）。

（3）一个进程从阻塞状态变成了就绪状态（如等待的输入/输出操作完成）。

（4）一个进程正常运行结束后被撤销。

要注意，（1）（4）两种情况肯定会引起进程调度程序工作，它将从就绪队列里选择一个进程占用处理器，完成进程间的切换；（2）（3）两种情况可能会引起进程调度，也可能是继续运行原进程，这与系统所采用的调度算法有关。

从所介绍的几种进程调度算法可以看出，把处理器分配给进程后，还有一个允许它占用多长时间的问题，具体有两种处理方式，一种是不可剥夺（或不可抢占）方式，另一种是剥夺（或抢占）方式。所谓"不可剥夺方式"，即只能由占用处理器的进程自己自愿放弃处理器。比如进程运行结束，自动归还处理器；或进程由于某种原因被阻塞，暂时无法运行而交出处理器。在进程调度算法中，先来先服务调度算法属于不可剥夺方式。所谓"剥夺方式"，即当系统中出现某种条件时，就立即从当前运行进程手中把处理器抢夺过来，重新进行分配。在进程调度算法中，时间片轮转调度算法属于剥夺方式。当一个进程耗费完分配给它的一个时间片，还没有运行结束时，就强抢下它占用的处理器，让它回到就绪队列的末尾，把处理器分配给就绪队列的首进程使用。至于进程调度算法中的优先数调度算法，既可以设计成是剥夺方式的，也可以设计成是不可剥夺方式的。如果在有比当前运行进程更高级别的进程抵达就绪队列时，为确保它能得到快速的响应，允许它把处理器抢夺过来，这就是可剥夺方式的优先数调度算法，否则就是不可剥夺方式的优先数调度算法。

2.3.2 进程管理的基本原语

为了对进程进行有效的管理和控制，操作系统要提供若干基本的操作，以便能创建进程、撤销进程、阻塞进程和唤醒进程。这些操作对于操作系统来说是最为基本、最为重要的。为了保证执行时的绝对正确，要求它们以一个整体出现，不可分割。也就是说，一旦启动了它们的程序，就要保证做完，中间不能插入其他程序的执行序列。在操作系统中，把具有这种特性的程序称为"原语"。

为了保证原语操作的不可分割性，通常总是利用屏蔽中断的方法。也就是说，在启动它们的程序时，首先关闭中断，然后去做创建、撤销、阻塞或唤醒等工作，完成任务后，再打开中断。下面对这 4 个原语的功能做简略描述。

1. 创建进程原语

需要时，可以通过调用创建进程原语建立一个新的进程，调用该原语的进程被称为父进程，创建的新进程被称为子进程。创建进程原语的主要功能有 3 项。

（1）为新建进程申请一个进程控制块 PCB。

（2）将创建者（即父进程）提供的信息填入 PCB 中，比如程序入口地址、优先数等，系统还要给它一个编号，作为它的标识。

（3）将新建进程设置为就绪状态，并按照所采用的调度算法，把 PCB 排入就绪队列中。

图 2-16 所示给出了创建进程原语的流程，其中，"屏蔽中断"和"打开中断"操作是为了保证其不被分割而设置的。屏蔽中断后，这 3 项任务才能作为一个整体（即原语）一次做完。

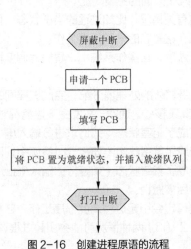

图 2-16 创建进程原语的流程

2. 撤销进程原语

一个进程在完成自己的任务之后，应该及时撤销，以便释放占用的系统资源。撤销进程原语的主要功能是收回该进程占用的资源，将该进程的 PCB 从所在队列里摘下，将 PCB 所占用的存储区归还给系统。可以看到，当创建一个进程时，为它申请一个 PCB；当撤销一个进程时，就收回它的 PCB。正是如此，才表明操作系统确实是通过进程的 PCB 来"感知"一个进程的存在的。

通常，总是由父进程或更上一级的进程（有时称为祖先进程）通过调用撤销进程原语，来完成对进程的撤销工作。

3. 阻塞进程原语

一个进程通过调用阻塞进程原语，或将自己的状态由运行变为阻塞，或将处于就绪状态的子孙进程改变为阻塞状态，而不能通过调用阻塞进程原语，把别的进程族系里的进程加以阻塞。阻塞进程原语的主要功能是将被阻塞进程的现场信息保存到 PCB 中，把状态改为阻塞，然后将其 PCB 排到相应的阻塞队列中。如果被阻塞的是自己，那么调用该原语后，就应该转到进程调度程序去，以便重新分配处理器。

4. 唤醒进程原语

在等待的事件发生后，就要调用唤醒进程原语，以便把某个等待进程从相应的阻塞队列里解放出来，进入就绪队列，重新参与调度。很显然，唤醒进程原语应该和阻塞进程原语配合使用，否则被阻塞的进程将永远无法解除阻塞。

唤醒进程原语的主要功能是在有关事件的阻塞队列中，寻找到被唤醒进程的 PCB，把它从队列上摘下，将它的状态由阻塞改为就绪，然后插入到就绪队列中排队。

例 2-6 通过对驼峰溜放控制过程的简略描述，理解进程控制原语的应用。

无疑，驼峰溜放现场最重要的是对道岔的管理与控制。为此，下面先给出所需的一些预备知识。

● 对每个道岔，都装有所谓的"轨道电路"硬件设施，每当一勾车的第一对车轮从进入方向压到轨道电路时，它会传递一个消息给计算机；当这一勾车的最后一对车轮从出清方向压到轨道电路时，它也会传递一个消息给计算机，如图 2-17 所示。

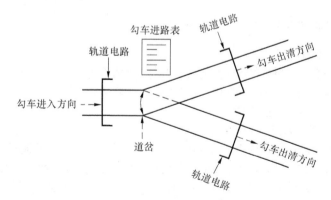

图 2-17　道岔轨道电路示意

● 图 2-2 所示的驼峰编组场共有 8 股道，每股道是一个"进路"。假定以溜放方向为基准，道岔向左扳动为 1，向右扳动为 0，那么每个进路都有一个由 0 和 1 组成的进路编码相对应。股道编号与进路编码之间的对应关系是：

1——111;　　2——110;　　3——101;　　4——100;
5——011;　　6——010;　　7——001;　　8——000。

对于任何一个道岔，知道所来勾车的进路编码，就能够知道当前道岔应该是往左扳动还是往右扳动。

● 系统为每一个道岔开设一张勾车进路表，保存所来勾车的进路编码。

有了这些预备知识后，就可以描述驼峰溜放的整个过程了。初启时，系统首先通过调用创建进程原语，创建一个名为"巡回检测"的进程，它对整个系统中的轨道电路进行定时巡查，以便确定是否需要创建"扳道岔"进程。在对所有轨道电路状态做了一次巡查以后，它就成为阻塞状态。经过一定的时间间隔，该进程将由时钟中断处理程序唤醒。

巡查时，若"巡回检测"进程发现某个道岔进入方向的轨道电路被置位，则表示有一勾车的第一对车轮踏上了该轨道电路，于是调用创建进程原语，创建一个"扳道岔"进程，该进程将根据勾车进路表里的记录，对轨道实施扳动。若"巡回检测"进程发现某个道岔出清方向的轨道电路被置位，则表示有一勾车的最后一对车轮踏上了该轨道电路，于是调用创建进程原语，创建一个"出清道岔"进程，它的功能是清除这一勾车在进路表里的相关信息，调用撤销进程原语，将相应的"扳道岔"进程撤销，然后撤销自己。

巡查时，若"巡回检测"进程发现现场第一个道岔进入方向的轨道电路被置位，那么除了需要创建"扳道岔"进程外，还要创建"雷达测长""雷达测速"及"缓行器控制"3个进程。"缓行器控制"进程创建后就处于阻塞状态，它要等待"雷达测长"和"雷达测速"两个进程发来的消息。"雷达测长"和"雷达测速"两个进程在获取数据并向"缓行器控制"进程发送后，就自行撤销。"缓行器控制"进程只有在获得了所需的两个消息时，才被唤醒。它将根据传送来的数据进行计算，以确定是否需要对缓行器进行必要的控制。完成控制后，进程自行撤销。

在整个驼峰溜放现场，一个"巡回检测"进程，多个"雷达测长""雷达测速""缓行器控制"，以及"扳道岔"进程并发地工作着，它们共享和争夺着系统中的所有资源。这就是多道程序设计，这就是进程在多道程序设计环境下所起的作用。

2.4 线程

2.4.1 线程的概念

1. 引入线程的原因

如前所述，进程是一个程序在给定数据集合上的一次执行过程，是系统进行资源分配和运行调度的独立单位。由这个概念出发，表明进程具有如下两个属性。

（1）进程是系统资源分配的单位。

（2）进程是系统调度运行的单位。

对于传统的操作系统来说，这两个特点正是进程的本质所在。作为资源分配的单位，一个进程拥有对资源的所有权，这些资源是指使用的内存空间（里面有程序段、数据、堆栈、PCB 等），以及其他资源（如所需使用的输入/输出设备、打开的文件、调用的子进程、传递的信号、统计的信息等）；作为调度运行的单位，系统将根据进程的状态和优先级，决定当前运行的对象，对 CPU 实施分配，完成从一个进程到另一个进程的切换。

既然进程是一个资源的拥有者，因此在进程的创建、撤销及状态变迁的诸多过程中，系统都要为此在时间和空间上付出很多的开销（比如分配和回收存储空间、保护运行现场、执行程序的调入和调出等）。于是，一方面是人们希望通过引入进程，更好地发挥它们之间的并发执行能力；但另一方面却由于进程间的频繁切换，内耗掉了很多宝贵的 CPU 时间。随着计算机技术的发展，以及包含多个处理器的计算机结构的出现，很多新的需要解决的问题就产生了。

其实，资源分配和调度运行这样的两个属性，彼此之间是独立的。为了提高进程的并发执行程度，减少系统在进程切换时所花费的开销，在现代的很多操作系统中，出现了与进程管理相关联的更高级的概念：线程。关键的做法是将原来赋予进程的两个属性拆分开来，给两个不同的实体：进程这个实体只作为"资源拥有者"，而"调度和运行"则赋予新的实体——线程。线程的出现，使 CPU 的利用率能够得到更多的提高，使系统的效率能够得到更加充分的发挥。

在引入线程的操作系统中，线程是进程中的实体，在实施 CPU 分配时，是把 CPU 分配给进程中可以并发执行的线程。因此，如果把进程理解为是操作系统在逻辑上需要完成的一个任务，那么线程则是完成该任务时可以并发执行的多个子任务。图 2-18 给出了进程和线程之间的各种关系。

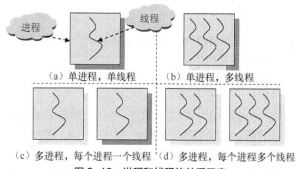

图 2-18　进程和线程的关系示意

图 2-18（a）表示的是单进程（方框）、进程里只有一个线程（曲线）的情形。有了线程概念后，就可以把原来的传统进程理解为是这种只有一个线程的进程情形。

图 2-18（b）表示的是单进程、多线程的情形。比如图中进程所要完成的任务被划分成三个可以并发执行的子任务。这时的三个子任务成为进程里的三个线程，在共享进程资源的基础上并发执行。这时，在这些线程之间进行调度切换时，无须跳出进程的地址空间，节省了系统在时间和空间上所需的花费和开销。

图 2-18（c）表示的是多进程、每个进程只有一个线程的情形，这实际上就是传统操作系统下多个进程并发执行时的情形。

图 2-18（d）表示的是多进程、每个进程多个线程的情形。这时，系统在进程之间进行切换，仍然要花费很多的时间和空间开销；但若是在同一进程的线程之间进行切换，就可以节省很多这方面的系统开销。

2．线程的定义

所谓"线程（thread）"，是指进程中实施处理器调度和分配的基本单位。有了线程后，人们有时就把原先的进程称为"重载进程（Heavyweight Process，HWP）"，把线程称为"轻载进程（Lightweight Process，LWP）"。

线程概念引入之后，就可以通过在进程中创建多个线程的方法，来达到提高系统并发执行能力的目的。

举例说，网页服务器要接收关于网页、图像、声音等数据的请求，一个网页服务器可能同时会有来自很多客户对它的访问。按照原先进程的模式来进行处理，那么系统就要为每一个客户请求创建一个相应的进程，虽然它们都运行着同一个网页服务器程序。系统要为每一个客户分配运行时所需的资源，要花费大量时间在各客户进程间进行切换，客户也不得不耐着性子等待系统的响应和处理。有了线程，就有了另外一种解决问题的方法：让网页服务器进程是多线程模式的。即在该进程内，先创建一个专门用来接收客户请求的线程。当有请求产生时，就由这个线程创建一个新线程（注意，不是创建新进程）来处理该请求。这些在进程中创建的各个线程共享进程拥有的同一份程序和资源。很明显，这样的做法提高了系统的资源利用率，提高了系统的并发执行能力。

线程具有如下优点。

（1）由于在进程内的线程共享程序和资源，因此创建线程无须进行资源分配，比创建一个进程要顺利和快捷得多；这也使得撤销线程比撤销一个进程所花费的时间短。

（2）同一进程里线程间的切换是在进程的地址空间里进行的，因此比进程间不同地址空间中的切换开销要少得多。

（3）进程里的线程可以随时访问该进程拥有的所有资源，无须做任何切换工作。

（4）同一进程中的诸多线程共享内存区域和文件，因此它们之间可以直接进行通信，不必通过系统内核。

3. 线程的状态

有了线程后，操作系统对进程的管理会影响到进程中的所有线程，使这些线程的状态发生变化。线程在系统里，会在如下 3 种基本状态中变迁。

（1）创建：当创建一个新进程时，同时为该进程建立一个主线程，它可以再创建其他线程，新线程被排在就绪队列中。

（2）阻塞：当线程等待一个事件时，它将被阻塞，CPU 转而去执行另一个就绪的线程。要注意，线程的阻塞引起的是同进程的线程间的调度和 CPU 的分配，进程的阻塞引起的是不同进程间的重新调度和 CPU 的分配。由于进程中的所有线程共享该进程的存储空间，因此一个进程的阻塞，会导致其所有线程阻塞；而进程中的一个线程的阻塞，不会影响整个进程的运行。

（3）唤醒：当线程等待的事件发生时，该线程由阻塞转为就绪，插入就绪队列中。

例 2-7　下面的说法中，不正确的是____。

A．一个进程可以创建一个或多个线程　　B．一个线程可以创建一个或多个线程

C．一个线程可以创建一个或多个进程　　D．一个进程可以创建一个或多个进程

解：线程可以创建线程，进程可以创建进程和线程，但因为线程是进程里的实体，因此它不能创建进程。所以这里应该选择 C。

例 2-8　下面的说法中，正确的是____。

A．线程是比进程更小的可独立运行的基本单位

B．引入线程可以提高程序并发执行的程度

C．线程的引入增加了程序执行时的时空开销

D．一个进程一定包含多个线程

解：线程的运行要有进程的支撑，要用到进程的资源、内存空间等，所以它不可能独立运行；正因为如此，它的执行不会增加系统的时空开销；在引入线程的系统里，一个进程至少有一个线程，但不一定有多个线程。所以，这里正确的选择应该是 B。

2.4.2　线程的实现

从实现的角度出发，可以把线程分为用户级和内核级两种线程。因此，线程的实现，也就有用户级线程方法和内核级线程方法两种。

1. 用户级线程方法

如果有关线程的管理工作（比如线程的创建、撤销，线程间的消息和数据传递，线程的调度和现场保护及恢复等），都是由运行在用户空间的应用程序完成，那么这样的线程称为"用户级线程"。那些完成线程管理的应用程序，称为"线程库"，它将被系统中的所有用户程序共享使用，如图 2-19（a）所示。

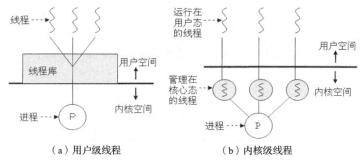

图 2-19　用户级线程和内核级线程

这时，用户程序被创建成为一个由内核管理的进程，与这个进程相对应的线程则在用户空间里运行。该线程通过调用线程库里的"创建线程"程序，为新线程分配线程控制块 TCB（见 2.4.3 小节），并根据调度算法将 CPU 分配给处于就绪状态的某个线程。注意，在一个线程调用线程库里的管理程序时，需要把当前线程的现场（即由各寄存器、程序计数器和栈指针等组成的"上下文"）保存在线程自己的 TCB 里；当从线程库里出来决定调用某个线程运行时，要从 TCB 里恢复那个线程的现场。这样，新建的线程就可以与原有的线程一起，运行在同一个进程提供的环境中。

可以看出，上述的一切活动都是针对一个进程发生的，并且都是发生在用户空间里，系统一点也感知不到这些活动的存在。这时的系统内核，仍然只是以进程为单位管理和调度进程，指定其所处的状态（就绪、运行、阻塞）。

2．内核级线程方法

如果有关线程管理的所有工作都是由内核完成的，用户空间里没有任何进行线程管理的程序，只是向应用程序提供相应的系统调用和应用程序编程接口，以便用户程序可以创建、执行、撤销线程，那么这样的线程称为"内核级线程"。

图 2-19（b）给出了纯粹的内核级线程方法。采用这种方法，用户程序的所有线程都在一个进程内。内核为该进程以及内部的每一个线程（深色圆圈）维护上下文信息，调度在内核基于线程架构的基础上完成，线程运行则在用户空间进行。

与内核级线程相比，使用用户级线程会有如下几个优点。

（1）由于涉及（同一个进程的）线程管理的数据结构都在进程的地址空间里，所属线程间的切换无须要求 CPU 从用户态变为核心态，这就节省了在这两种工作模式间进行切换（从用户态到核心态，从核心态到用户态）的开销。

（2）在进程的线程里进行 CPU 分配时，可以根据需要选择不同的调度算法，而不会扰乱操作系统内核中所实行的调度原则。

（3）用户级线程与底层操作系统无关，因此可在任何操作系统中运行，具有可移植性。

与内核级线程相比，使用用户级线程会有如下几个缺点：

（1）在操作系统中，许多系统调用都会引起阻塞。因此，当用户级线程执行一个系统调用时，不仅这个线程会被阻塞，而且进程中的所有线程都会被阻塞。

（2）在用户级线程中，一个多线程的用户程序却不能利用多处理技术，这是因为内核是以进程来分配处理器的，一次只把一个进程分配给一个处理器，于是进程中一次只能有一个线程得到运行。

内核级线程克服了用户级线程的缺点。首先，内核可以同时把同一个进程中的多个线程调度分配到不同处理器中；其次，如果进程中的一个线程被阻塞，内核可以调度同一个进程中的另一个线程投入运行，而不是整个进程都被阻塞。内核级线程的另一个优点是内核程序本身也可以使用多线程技术。

内核级线程在同一个进程里进行线程切换时，是在内核模式下进行的。这相比用户级线程，就会显得复杂一些，所花费的时间要多一些。

3. 组合方法

某些操作系统提供了一种组合的用户级线程/内核级线程管理机构，如图2-20所示。

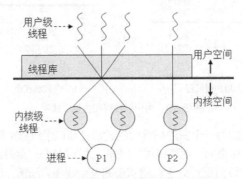

图2-20　用户级线程/内核级线程的组合方法

在组合式管理机构中，线程的创建在用户空间里完成，线程的调度等工作都通过线程库来进行。一个用户程序中的多个用户级线程，被映射到一些（小于或等于用户级线程的数目的）内核级线程上（例如图2-20中的进程P1，系统为其创建了三个用户级线程，但只有两个被映射到内核级线程上）。之所以这样做，是想通过调节内核级线程的数目，获取整体上的最佳效果。

在组合方法中，同一个进程中的多个线程可以分配到不同处理器上并行地运行，这意味着一个会引起阻塞的系统调用不必阻塞整个进程。这种组合式的管理方法，会综合用户级线程与内核级线程管理方法的优点，减少它们的缺点。

2.4.3　线程与进程的关系

1. 关系

在多线程环境中，线程有自己的堆栈（存放程序计数器、通用寄存器、局部变量和返回地址等）、优先级、标识、运行状态等，因此系统要为每一个线程设置一个所谓的"线程控制块（Thread Control Block，TCB）"，以实现系统对线程的管理和控制。

线程的TCB通常由3部分内容组成，它们是。

（1）一个唯一的线程标识。

（2）两个堆栈指针，一个指向用户栈（线程在用户态下运行时，使用自己的用户栈），一个指向系统栈（线程在核心态下运行时，使用系统栈）。

（3）一个私用的现场保护区，存放现场保护信息（如处理器的各种寄存器内容）和其他与线程有关的信息。

由于线程是进程里的实体，是进程中实施调度和处理器分配的基本单位，因此进程与线程之间有着密切的关系。

在图2-21（a）所示的单线程进程模式里，与进程有关的是程序、数据和PCB，它们构成了用户的地址空间；与线程有关的是寄存器和堆栈。当运行在用户空间时，利用用户堆栈记录和保护运行环境（比如各种硬件的寄存器内容）；如果运行在内核空间，则用系统堆栈记录和保护运行环境。

在图2-21（b）所示的多线程进程模式里，与进程有关的仍然是程序、数据和PCB，它们构成了用户的地址空间；各个线程拥有自己的TCB、用户栈和系统栈（若运行在用户空间，则用自己的用户堆栈记录和保护运行环境；若运行在内核空间，则用内核堆栈记录和保护运行环境）。

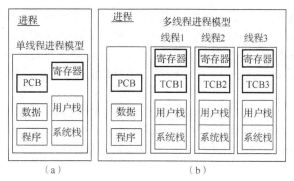

图 2-21　单线程进程和多线程进程

　　由此可以看出，进程和线程间有如下几点不同。

　　（1）地址空间：不同进程的地址空间是相互独立的，而同一个进程中的各个线程共享着同一个用户地址空间。因此进程中的线程，不会被另一个进程所看见。

　　（2）通信关系：不同进程间的通信，必须使用操作系统提供的进程通信机制；同一进程的各个线程间的通信，可以直接通过访问共享的进程地址空间来实现。

　　（3）调度切换：不同进程间的调度切换，系统要花费很大的开销（比如，要从这个地址空间转到那个地址空间，要保护现场等）；同一进程的线程间的切换，无须转换地址空间，从而减少了系统的开销。

　　例 2-9　有一个管理窗口系统的进程，它提供了显示器上有关窗口的各种操作，如窗口写、移动窗口、改变窗口尺寸等操作的程序。进程拥有的资源是物理显示器。如图 2-22 所示，三个窗口线程都共享着进程的资源，使用同一个程序来把信息写到显示器的某一部分上，每一个线程的执行独立于其他线程。

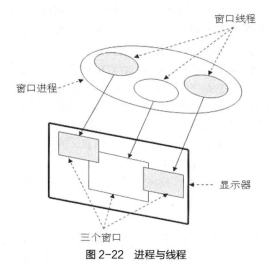

图 2-22　进程与线程

2. 处理器管理的新含义

　　在引入线程后，操作系统中存在着两种并发执行：一是进程间的并发执行，一是进程里的线程的并发执行。于是，系统对进程和线程的管理就有了新的含义。

　　（1）调度：引入线程后，进程是资源的拥有者，线程是处理器调度和分配的单位。因此在同一进程内，线程的切换不会引起进程的切换；而由一个进程中的线程切换到另一个进程中的线程时，就要引起进程间的切换。

（2）并发：引入线程后，不仅进程之间可以并发执行，而且一个进程内的多个线程之间也可以并发执行，因此系统具有了更好的并发性，进而使系统的资源利用率和吞吐率大大提高。

（3）资源：引入线程后，进程内的所有线程共享该进程拥有的全部资源，如代码段、数据、打开的文件及输入/输出设备等；线程只有很少一部分运行时必需的资源，如程序计数器、一组寄存器和堆栈等。

（4）开销：创建和撤销进程时，系统要做很多有关资源的分配和回收工作；在进程间进行切换时，系统要为其保存现场信息，会将原来进程的内容调出至辅存，将新进程的内容调入内存等。由于同一进程内的线程有相同的地址空间，它们间的切换只需保存和设置少量的寄存器内容，不涉及存储器管理方面的操作。

2.5 作业调度

2.5.1 用户与操作系统的两种接口

用户是通过操作系统使用计算机的。在用户编写的程序中，可以使用所谓的"系统调用命令"，获得操作系统提供的各种功能服务，这是操作系统在程序一级给予用户的支持。另外，用户还可以使用操作系统提供的各种操作命令，通过键盘来控制程序的运行，这是操作系统在作业控制一级给予用户的支持。这样的两种支持，常被称为用户与操作系统之间的两个"接口"，前者称为"程序接口"，后者称为"命令接口"。

1. 特权指令、管态、目态

在多道程序设计环境下，多个进程共享系统资源。正是由于要实现对资源的"共享"，涉及资源管理的硬指令就不能随便使用。比如，如果每个进程都有权自己去启动外部设备进行输入/输出，那么必然会造成混乱。因此常把 CPU 指令系统中的指令划分为两类，一类是操作系统和用户都能使用的指令，一类是只能由操作系统使用的指令。前者称为"非特权指令"，后者称为"特权指令"。例如，启动外设、设置时钟及设置中断屏蔽等指令均为特权指令。

为了确保只在操作系统范围内使用特权指令，计算机系统令 CPU 取两种工作状态：管态（管理程序态的简称）和目态（目标程序态的简称）。规定当 CPU 处于管态时，可以执行包括特权指令在内的一切机器指令；当 CPU 处于目态时，禁止使用特权指令，只能执行非特权指令。如果在目态下发现一条特权指令，CPU 就会拒绝执行，发出"非法操作"中断。于是，一方面转交操作系统去处理该事件，另一方面出示"程序中有非法指令"的信息，通知用户进行修改。

CPU 是处于管态还是目态，硬件会自动设置与识别。当 CPU 的控制权移到操作系统时，硬件就把 CPU 工作的方式设置成管态；当操作系统选择用户程序占用处理器时，CPU 的工作方式就会由管态转换成为目态。

2. 系统调用命令

在多道程序设计环境下，对资源的管理和使用权都集中在操作系统手里，但用户又要使用资源。因此必须提供一种方式，将用户对资源的使用通知操作系统，以便由操作系统代之完成。这种方式就是利用操作系统提供的多种系统调用命令。

操作系统里预先编制了很多不同功能的子程序。用户可以在自己的程序里调用这些子程序，请求操作系统提供功能服务。这些子程序被称为"系统功能调用"程序，简称"系统调用"。在用户程序中调用这些系统调用提供的功能，就称为"发系统调用命令"。

系统调用命令的程序属于操作系统，它应该在管态下执行。用户程序只有通过计算机系统提供的"访管"指令，才能实现由目态转为管态、进而调用这些功能程序的目的。

访管指令是一条非特权指令，其功能是执行它就会产生一个软中断，促使 CPU 由目态转为管态，进入操作系统，并处理该中断。

利用访管指令的这种功能，编译程序可以把源程序中的所有系统调用都转换成访管指令，把具体调用的功能转换成不同的编码。这样，就能使 CPU 执行访管指令，由目态进入管态，再根据编码，转到相应的功能处理程序去执行。

例如，在 C 语言中，write（fd，buf，count）是 UNIX 型有关文件的一个系统调用命令。通过它，用户可以实现往一个文件里写的操作，即把 buf 指向的内存缓冲区里的 count 个字节内容写到文件号为 fd 的磁盘文件上。因此，在 C 语言的源程序里，write 表示一个 UNIX 的系统调用命令，且是要求调用文件写功能的系统调用命令；括号里的 fd、buf 和 count 是由用户提供的参数，表示要求系统按何种条件去完成文件写操作。

C 编译程序在编译 C 的源程序时,总是把系统调用命令翻译成能够引起软中断的访管指令 trap。该指令长 2 个字节，第 1 个字节为操作码，第 2 个字节为系统调用命令的功能编码。trap 的 16 进制操作码为 89,write 的功能码为 04。即 write 将被翻译成一条二进制值为"1000100100000100"的机器指令（其八进制值是 104404）。write 命令括号中的参数，将由编译程序把它们顺序放在 trap 指令的后面。于是，源程序中的 write（fd，buf，count），经过编译后，就对应于如图 2-23（a）所示的 trap 机器指令。

trap 指令中的功能码是用来区分不同的功能调用的。在 UNIX 操作系统中，有一张"系统调用程序入口地址表"。该表表目从 0 开始，以系统调用命令所对应的功能码为顺序进行排列。例如，write 的功能码是 04，那么该表中的第 5 个表目内容就是对应于 write 的。系统调用程序入口地址表的每个表目形式如图 2-23（b）所示。它由两部分组成，一部分是该系统调用所需要的参数个数，另一部分是该系统调用功能程序的入口地址。

（a）   （b）

图 2-23 指令格式与表目内容

现在可以清楚地描绘系统调用的处理过程了，如图 2-24 所示。C 语言编译程序把系统调用命令 write（fd，buf，count）翻译成一条 trap 指令 104404，简记为 trap 04。当处理机执行到 trap 04 这条指令时，就产生中断，硬件自动把处理机的工作方式由目态转变为管态。于是 CPU 去执行操作系统中的 trap 中断处理程序，该程序根据 trap 后面的功能码 04，从系统调用处理程序入口地址表中的第 5 个表目中，得到该系统调用应有 3 个参数（它跟随在目标程序 trap 04 指令的后面）。另外从表目中也得到该系统调用处理程序的入口地址。于是，就可以携带这 3 个参数去执行 write 的处理程序，从而完成用户提出的输入/输出操作请求。执行完毕，又把处理机恢复到目态，返回目标程序中 trap 指令的下一条指令（即断点）继续执行。

不同的操作系统所提供的系统调用命令，在数量、使用格式及功能上都会不同，但对系统调用的处理过程则大致如此。从功能上看，可以把系统调用命令分成 5 大类：一是关于进程管理和控制的，二是关于外部设备输入/输出的，三是关于磁盘文件管理的，四是关于访问系统信息的，五是关于存储申请与释放的。前面所述的创建进程原语等，属于第一类系统调用命令。

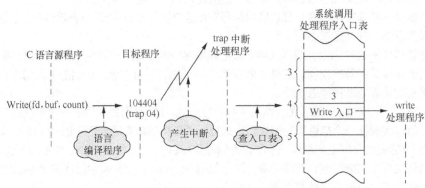

图 2-24　系统调用处理过程示意

从形式上看，操作系统提供的系统调用与一般的过程调用（或称子程序调用）相似，但它们有着明显的区别。

（1）一般的过程调用，调用者与被调用者都处于相同的 CPU 状态。即或都处于目态（用户程序调用用户程序），或都处于管态（系统程序调用系统程序）；但发生系统调用时，发出调用命令的调用者处于目态，被调用的对象则处于管态。

（2）一般的过程调用，是直接通过转移指令转向被调用的程序；但发生系统调用时，只能通过软中断指令提供的一个统一的入口，由目态进入管态，经分析后，才转向相应的命令处理程序。

（3）一般的过程调用，在被调用者执行完后，就径直返回断点继续执行；但系统调用可能会招致进程状态的变化，从而引起系统重新分配处理器。因此，系统调用处理结束后，不一定是返回调用者断点处继续执行。

3. 操作命令

在批处理系统中，用户要事先利用作业控制（命令）语言，书写作业说明书。作业说明书连同程序和数据一起提交给系统。系统按照作业说明书上的信息，控制作业的执行。这是所谓的"脱机命令接口"。

在分时系统与个人计算机中，向用户提供的是所谓的"联机命令接口"。也就是说，操作系统要提供一组操作命令，提供终端处理程序及命令解释程序。用户通过键盘输入所需要的命令；终端处理程序接收并在显示器上回显命令；一条命令输入完毕后，由命令解释程序对它进行分析，然后执行相应的命令处理程序，完成用户的一次请求。各种操作系统所提供的联机命令，在数量、功能、格式上都不尽相同。为了能向用户提供多方面的服务，联机命令大致有以下几种类型。

（1）系统访问命令：诸如注册、注销和口令等属于此类命令。此类命令主要用于系统识别用户，以保证整个系统的安全。

（2）磁盘操作命令：诸如磁盘格式化、磁盘复制和磁盘比较等属于此类命令。

（3）文件操作命令：诸如文件的显示、文件复制和文件删除等属于此类命令。

（4）目录操作命令：诸如建立子目录、目录显示和目录删除等属于此类命令。

（5）其他命令：诸如输入/输出重定向和管道连接等属于此类命令。

使用命令接口，要求用户熟练记住命令的名称、具体的功能及使用的格式，因此，不仅用起来不太方便，容易出错，而且耗费时间。目前，命令接口大都被"窗口"这种图形用户接口所取代，这种接口具有形象、直观、使用便利等优点。

2.5.2 作业与作业管理

1. 作业与作业步

所谓"作业"，是用户要求计算机系统所做的一个计算问题或一次事务处理的完整过程。为此，用户首先要用某种程序设计语言对计算问题或事务处理编写相应的源程序，准备好初始数据，然后把它们输入计算机中，完成编译、连接与装配等工作，产生出可以执行的代码，最后投入运行，取得所需要的结果。由此看来，任何一个作业都要经过若干加工步骤，之后才能得到结果。我们称每一个加工步骤为一个"作业步"。

一个作业的各个作业步之间是有联系的。通常，上一个作业步的输出是下一个作业步的输入。下一个作业步能否顺利执行，取决于上一个作业步的结果是否正确。图 2-25 所示为一个典型的 C 语言作业处理过程，具体步骤如下：

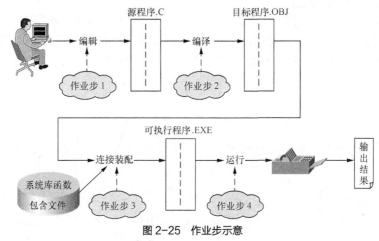

图 2-25　作业步示意

（1）用户通过键盘在编辑程序的支持下建立起以".C"为扩展名的源程序。

（2）C 编译程序以该源程序作为输入进行编译，产生出以".OBJ"为扩展名的目标程序。

（3）连接装配程序以目标程序、系统库函数和包含文件等作为输入，产生一个以".EXE"为扩展名的可执行文件。这个文件才是真正可以投入运行的程序。

2. 作业控制块

创建一个进程时，要开辟一个 PCB，以便随时记录进程的信息。类似地，在把一个作业提交给系统时，系统也要开辟一个作业控制块（Job Control Block，JCB），以便随时记录作业的信息。图 2-26 所示为 JCB 中可能包含的信息，这些信息有的来自作业说明书，有的则会在运行过程中不断发生变化。

用　户　名	作　业　名
作业类别	作业现行状态
内存需求量	作业优先数
外设类型与需求数量	
作业提交时间	
作业运行时间（估计）	
作业控制块（JCB）指针	
其他	

图 2-26　作业控制块 JCB 的内容

被系统接纳的作业，在没有投入运行之前，称为后备作业。这些作业存放在辅助存储器中，并由它们的 JCB 连接在一起，形成所谓的后备作业队列。在后备作业队列中的作业，并不参与对处理器的竞争，但系统是从它们里面挑选对象去参与对处理器的竞争的。

3. 作业调度

按照某种规则，从后备作业队列中挑选作业进入内存，参与处理机的竞争，这个过程称为"作业调度"。完成这项工作的程序，称为"作业调度程序"。作业调度程序中采用的规则，称为"作业调度算法"。

于是，可以把处理器的调度工作分成作业调度和进程调度二级进行。作业调度也称为高级调度，它将决定允许后备作业队列中的哪些作业进入内存。一个作业被作业调度程序调入内存后，系统就为它创建进程，使它能以进程的形式，去参与对处理器的竞争。进程调度也称低级调度，它将确定当 CPU 可用时，把它分配给哪一个就绪进程使用，并且实际完成对 CPU 的分配。

4. 作业的状态与状态的变迁

犹如一个进程有生命期一样，从作业提交给系统，到作业运行完毕被撤销，就是一个作业的生命期。在这期间，作业随着自己的推进，随着多道程序系统环境的变化，其状态也在发生着变化。它由提交状态变为后备状态，再变为运行状态，最后变为完成状态，如图 2-27 所示。

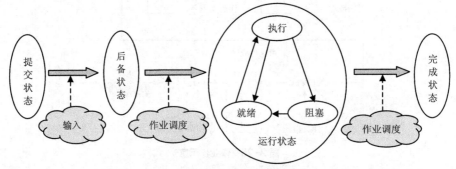

图 2-27　作业的状态与状态的变迁

（1）提交状态：一个作业进入辅助存储器时，称为"提交状态"。这是作业的一个暂时性状态。这时，作业的信息还没有全部进入系统，系统也没有为它建立作业控制块（JCB），因此根本感知不到它的存在。

（2）后备状态：该状态也称收容状态。在系统收到一个作业的全部信息后，为它建立起作业控制块（JCB），并将 JCB 排到后备作业队列中。这时，它的状态就成为后备状态，系统可以真实地感知到它的存在，它获得了参与处理器竞争的资格。

（3）运行状态：位于后备作业队列中的作业，一旦被作业调度程序选中，它就进入内存真正参与对处理器的竞争，从而使它的状态由后备转为运行。在一个作业呈现运行状态时，即由作业调度阶段进入了进程调度阶段。在此期间，从宏观上看，处于"运行"状态的多个作业都在执行之中；从微观上看，它们都在走走停停，各自以独立的、不可预知的速度向前推进。

（4）完成状态：作业运行结束后，就处于完成状态。它也是一个暂时性状态。此时，为了撤销该作业，系统正在做着收尾工作，收回所占用的各种资源，撤除作业的 JCB 等。

2.5.3　作业的调度算法

从用户的角度出发，总希望自己的作业提交后能够尽快地被选中，并投入运行。从系统的角度出发，它既要顾及用户的需要，又要考虑系统效率的发挥。这就是说，在确定作业调度算法时，应该注意如下问题。

（1）公平对待后备作业队列中的每一个作业，避免无故或无限期地延迟一个作业的执行，使各类用户感到满意。

（2）使进入内存的多个作业，能均衡地使用系统中的资源，避免出现有的资源没有作业使用、有的资源却被多个作业争抢的"忙闲"不均的情形。

（3）力争在单位时间内为尽可能多的作业提供服务，提高整个系统的吞吐能力。

下面介绍批处理环境下的作业调度算法，并用系统的吞吐能力来判定一个算法的优劣。

在批处理系统中，使用作业的"周转时间"来描述系统的吞吐能力。假定作业 i 提交给系统（也就是它成为后备作业队列中的一个成员）的时间为 S_i，其完成（也就是用户得到运行结果）的时间为 W_i，那么该作业的周转时间 T_i 为：

$$T_i = W_i - S_i \tag{2-3}$$

对于一批 n 个作业而言，它们的平均周转时间 T 为：

$$T = (T_1 + T_2 + \cdots + T_n)/n \tag{2-4}$$

1. "先来先服务"作业调度算法

以作业进入后备作业队列的先后次序，作为作业调度程序挑选作业的依据，这就是先来先服务作业调度算法的基本思想。这就是说，哪个作业在后备作业队列中等待的时间最长，下次调度即是选中者。不过要注意，这是以其资源需求能够得到满足为前提的。如果它所需要的资源暂时无法获得，它就会被推迟选中，因为只有这样才合乎情理。

例 2-10 有 3 个作业，其所需 CPU 时间见表 2-2，它们按照 1、2、3 的顺序，同时提交给系统，采用先来先服务的作业调度算法，求每个作业的周转时间及它们的平均周转时间。（忽略系统调度所花费的时间。）

表 2-2　作业所需 CPU 时间

作业	所需 CPU 时间
1	24
2	3
3	3

解： 由于它们是按照 1、2、3 的顺序同时提交给系统，可以假定它们到达系统的时间都为 0。作业 1 首先被作业调度程序选中，投入运行，花费 24 个 CPU 时间运行完毕，因此它的周转时间是：$T_1 = 24 - 0 = 24$。作业 2 在等待 24 个 CPU 时间后被调度并投入运行，它花费 3 个 CPU 时间运行完毕，因此它的周转时间是：$T_2 = 27 - 0 = 27$。不难算出作业 3 的周转时间是 $T_3 = 30 - 0 = 30$。于是，这 3 个作业的平均周转时间为：

$$T = (T_1 + T_2 + T_3)/3 = (24 + 27 + 30)/3 = 81/3 = 27$$

例 2-11 有 5 个作业，它们进入后备作业队列的到达时间及所需 CPU 时间见表 2-3（注意，不是同时到达）。采用先来先服务的作业调度算法，求每个作业的周转时间及它们的平均周转时间。（忽略系统调度时间。）

表 2-3　作业到达时间及所需 CPU 时间

作业	到达时间	所需 CPU 时间
1	10.1	0.7
2	10.3	0.5
3	10.5	0.4

续表

作业	到达时间	所需 CPU 时间
4	10.6	0.4
5	10.7	0.2

解：按照先来先服务的作业调度算法，调度顺序是：1、2、3、4、5。每个作业的完成时间和周转时间见表2-4。

表2-4 作业完成时间和周转时间

作业	到达时间	所需 CPU 时间	完成时间	周转时间
1	10.1	0.7	10.8	0.7
2	10.3	0.5	11.3	1
3	10.5	0.4	11.7	1.2
4	10.6	0.4	12.1	1.5
5	10.7	0.2	12.3	1.6

不难算出它们的平均周转时间是1.2。（这里把时间都按十进制计算，即0.1代表6min。）

例2-12 在多道程序设计系统中，有5个作业，见表2-5。假设系统采用先来先服务的作业调度算法和进程调度算法，内存中可供5个作业使用的空间为100KB，在需要时按顺序进行分配，作业进入内存后，不能在内存中移动。试求每个作业的周转时间和它们的平均周转时间。（忽略系统调度时间，都没有输入/输出请求。本例中时间都按十进制计算，即0.1代表6min。）

表2-5 作业及周转时间

作业	到达时间	所需 CPU 时间	所需内存量
1	10.1	0.7	15KB
2	10.3	0.5	70KB
3	10.5	0.4	50KB
4	10.6	0.4	20KB
5	10.7	0.2	10KB

解：由于是多道程序设计系统，按照先来先服务的调度算法，作业1在10.1时被装入内存，并立即投入运行。作业2在10.3时被装入内存，因为采用的是先来先服务的进程调度算法，所以作业2进程只能等待作业1进程运行完毕后才能投入运行。这时，内存还剩余15KB。随后到达后备作业队列的作业3、作业4，由于没有足够的存储量供分配，因此暂时无法把它们装入内存运行。当作业5在10.7到达时，由于它只需要10KB的存储量，因此可以装入内存等待调度运行，如图2-28（a）所示。这时内存还剩下5KB的空闲区没有使用。在作业1运行完毕撤离系统时，归还它所占用的15KB内存空间，但题目规定不允许作业在内存移动，因此一头一尾的两个分散空闲区无法合并成为20KB的一个区域而分配给作业4，如图2-28（b）所示。只有到时刻11.3作业2运行完毕，腾空所占用的70KB存储区，并与前面相连的15KB空闲区合并成85KB的空闲区后，作业3和作业4才得以进入内存，如图2-28（c）所示。注意，按照先来先服务的作业调度算法，应该先调度作业3进入内存，再调度作业4进入内存。但由于作业5先于它们进入内存，按照先来先服务的进程调度算法，这时的调度顺序应该是5、3、4。表2-6列出了各作业的周转时间。

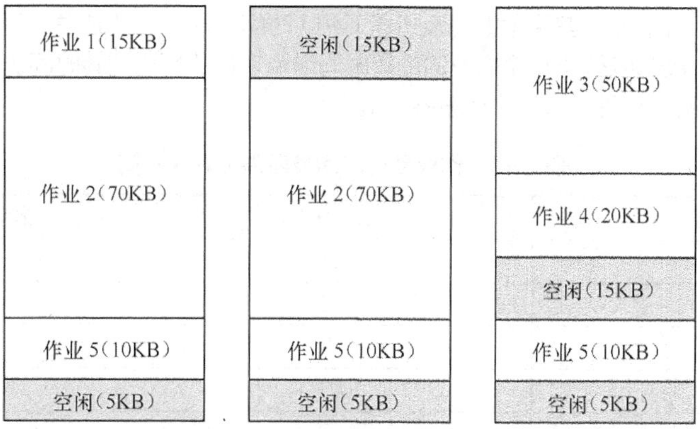

（a）到 10.7 时内存的情况　（b）到 10.8 作业 1 运行完时内存的情况　（c）到 11.3 作业 2 运行完时内存的情况

图 2-28　例 2-12 的图示

表 2-6　作业及周转时间

作业	到达时间	所需 CPU 时间	装入内存时间	开始运行时间	完成时间	周转时间
1	10.1	0.7	10.1	10.1	10.8	0.7
2	10.3	0.5	10.3	10.8	11.3	1.0
3	10.5	0.4	11.3	11.5	11.9	1.4
4	10.6	0.4	11.3	11.9	12.3	1.7
5	10.7	0.2	10.7	11.3	11.5	0.8

系统的平均作业周转时间为（0.7+1.0+1.4+1.7+0.8）/5 = 1.12。

2．"短作业优先"作业调度算法

要求每个用户对自己作业所需耗费的 CPU 时间做一个估计，填写在作业说明书中。作业调度程序工作时，总是从后备作业队列中挑选所需 CPU 时间最少且资源能够得到满足的作业进入内存投入运行，这就是"短作业优先"作业调度算法的基本思想。

例 2-13　有 3 个作业，其所需 CPU 时间见表 2-7，它们按照 1、2、3 的顺序，同时提交给系统，采用短作业优先的作业调度算法，求每个作业的周转时间以及它们的平均周转时间。（忽略系统调度时间。）

表 2-7　作业所需 CPU 时间

作业	所需 CPU 时间
1	24
2	3
3	3

解：此题与例 2-10 基本一样，不同的是采用了短作业优先的作业调度算法。因为 3 个作业同时到达，所以调度顺序应该是 2、3、1。于是，作业 2 的周转时间 T_2 是 3；作业 3 的周转时间 T_3 是 6；作业 1 的周转时间 T_1 是 30。这 3 个作业的平均周转时间为：

$$T =（3+6+30）/3 = 13$$

对比例 2-10 可以看出，按照短作业优先的作业调度算法，获得了比先来先服务作业调度算法好一些的调度效果，因为它具有更短的平均周转时间。

例 2-14　有 5 个作业，其到达时间及所需 CPU 时间见表 2-8（注意，不是同时到达）。采用短作业优先的作业调度算法，求每个作业的周转时间以及它们的平均周转时间。（忽略系统调度时间。本例中时间都按十进制计算，即 0.1 代表 6min。）

表 2-8　作业到达时间及所需 CPU 时间

作业	到达时间	所需 CPU 时间
1	10.1	0.7
2	10.3	0.5
3	10.5	0.4
4	10.6	0.4
5	10.7	0.2

解：按照短作业优先的作业调度算法，因为作业 1 首先到达，最先应该调度作业 1 进入内存运行，它的周转时间 T_1 是 0.7。当它于 CPU 时间 10.8 完成时，作业 2、3、4、5 都已在后备作业队列中等候，此时的调度顺序应该是：5、3、4、2。作业 5 在时刻 10.8 进入内存，运行 0.2 后结束，因此它的周转时间 T_5=完成时间−到达时间= 11.0 − 10.7 = 0.3。每个作业的完成时间和周转时间见表 2-9。

表 2-9　作业完成时间和周转时间

作业	到达时间	所需 CPU 时间	进入内存时间	完成时间	周转时间
1	10.1	0.7	10.1	10.8	0.7
2	10.3	0.5	11.8	12.3	2
3	10.5	0.4	11.0	11.4	0.9
4	10.6	0.4	11.4	11.8	1.2
5	10.7	0.2	10.8	11.0	0.3

不难算出它们的平均周转时间为 1.02。

要注意，如果所有作业"同时"到达后备作业队列，那么采取短作业优先的作业调度算法，总会获得最小的平均周转时间，用图 2-29 来说明这个问题。有 4 个作业 A、B、C、D，分别需要运行时间为 8、4、4、4。若按照图 2-29（a）中的次序调度运行，则 A 的周转时间为 8，B 为 12，C 为 16，D 为 20。4 个作业的平均周转时间为 14。现在考虑采用图 2-29（b）所示的调度顺序，于是周转时间分别是 4、8、12、20，4 个作业的平均周转时间为 11。作业周转时间等于等待时间加上运行时间。无论实行什么作业调度算法，一个作业的运行时间总是不变的，变的因素是等待时间。若让短作业优先运行，就会减少长作业的等待时间，从而使整个作业流程的等待时间下降，于是平均周转时间也就下降。

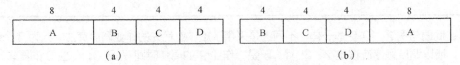

图 2-29　短作业优先调度的例子

上述结论只有在所有作业"同时"可用时才成立。列举一个反例，有 5 个作业 A 到 E，运行时间分别是 2、4、1、1、1，到达时间分别是 0、0、3、3、3。按照短作业优先的原则，最初只有 A 和 B 可以参与选择，因为另外 3 个还没有到达，于是，运行顺序应该是 A、B、C、D、E，它们每一个的周转时间是：2、6、4、5、6，平均周转时间是 4.6。但如果按照 B、C、D、E、A 的顺序来调度，它们每一个的周转时间则成为 9、4、2、3、4，平均周转时间是 4.4，结果比短作业优先调度算法好。

3. "响应比高者优先"作业调度算法

先来先服务的作业调度算法，重点考虑的是作业在后备作业队列里的等待时间，因此对短作业不利；短作业优先的作业调度算法，重点考虑的是作业所需的 CPU 时间（当然，这个时间是用户自己估计的），因此对长作业不利。"响应比高者优先"作业调度算法试图综合这两方面的因素，以便能更好地满足各种用户的需要。

所谓一个作业的响应比，是指该作业已经等待的时间与所需运行时间之比，即：

$$响应比=已等待时间/所需 CPU 时间 \tag{2-5}$$

该比值的分母是不变的，但随着时间的推移，一个作业的"已等待时间"会不断发生变化。显然，短作业比较容易获得较高的响应比，这是因为它的分母较小，只要稍加等待，整个比值就会上升。另一方面，长作业的分母虽然很大，但随着等待时间的增加，比值也会逐渐上升，从而获得较高的响应比。根据这种分析，可见"响应比高者优先"的作业调度算法，既照顾到了短作业的利益，也照顾到了长作业的利益，是一种折中的作业调度算法。

例 2-15　有 4 个作业，它们进入后备作业队列的到达时间及所需 CPU 时间见表 2-10。采用响应比高者优先的作业调度算法，求每个作业的周转时间及它们的平均周转时间。（忽略系统调度时间。本例中时间都按十进制计算，即 0.1 代表 6min。）

表 2-10　作业到达时间及所需 CPU 时间

作业	到达时间	所需 CPU 时间
1	8.0	2
2	8.5	0.5
3	9.0	0.1
4	9.5	0.2

解：起初后备作业队列中只有作业 1，理所当然地调度它投入运行，它于 CPU 时间 10 完成。开始重新调度时，作业 2、3、4 都已到达后备作业队列。根据响应比高者优先的调度算法，应该计算此时这 3 个作业各自的响应比。比如对于作业 2，它是 CPU 时间 8.5 到达后备作业队列的，现在是 CPU 时间 10.0，它已经等待了（10.0-8.5）=1.5。它所需的运行时间是 0.5。此时它的响应比是 1.5/0.5 = 3。表 2-11 给出了此时 3 个作业各自的已等待时间和响应比。这时作业 3 有最高的响应比，因此它是第 2 个调度的对象。

表 2-11　CPU 时间 10.0 时作业已等待时间和响应比

作业	到达时间	所需 CPU 时间	已等待时间	响应比
2	8.5	0.5	1.5	3
3	9.0	0.1	1	10
4	9.5	0.2	0.5	2.5

作业 3 在 CPU 时刻 10.1 运行完毕，作业 2 和作业 4 是参与调度的对象，此时，它们的已等待时间和各自的响应比见表 2-12。可以看出，这次选中的应该是作业 2，因为它的响应比是 3.2。

表 2-12　CPU 时间 10.1 时作业已等待时间和响应比

作业	到达时间	所需 CPU 时间	已等待时间	响应比
2	8.5	0.5	1.6	3.2
4	9.5	0.2	0.6	3

作业 2 在 CPU 时刻 10.6 完成。最后调度运行的作业是作业 4，它在 CPU 时刻 10.8 完成。于是，这 4 个作业的完成时间和周转时间见表 2-13。

表 2-13　作业及周转时间

作业	进入内存时间	完成时间	周转时间
1	8.0	10.0	2
2	10.1	10.6	2.1
3	10.0	10.1	1.1
4	10.6	10.8	1.3

这 4 个作业的平均周转时间为 1.625。

习题

一、填空

1. 进程在执行过程中有 3 种基本状态，它们是_____态、_____态和_____态。

2. 系统中一个进程由_____、_____和_____ 3 部分组成。

3. 在多道程序设计系统中，进程是一个_____态概念，程序是一个_____态概念。

4. 在一个单 CPU 系统中，若有 5 个用户进程。假设当前系统为用户态，则处于就绪状态的用户进程最多有_____个，最少有_____个。

5. 总的来说，进程调度有两种方式，即_____方式和_____方式。

6. 进程调度程序具体负责_____的分配。

7. 为了使系统的各种资源得到均衡使用，进行作业调度时，应该注意_____作业和_____作业的搭配。

8. 系统调用就是用户程序要调用_____提供的一些子功能。

9. 作业被系统接纳后到运行完毕，一般还需要经历_____、_____和_____ 3 个阶段。

10. 若某系统中的所有作业同时到达，那么_____作业调度算法是使作业平均周转时间为最小的作业调度算法。

11. 进程是程序的_____过程，程序是进程_____的基础。

12. 可以把 CPU 的指令分为两类，一类是操作系统和用户都能使用的指令，另一类是只能由操作系统使用的指令。前者称为"_____"指令，后者称为"_____"指令。

13. 系统调用命令的程序属于操作系统，它应该在_____态下执行。用户程序只有通过计算机系统提供的"_____"指令，才能实现由目态转为管态，进而调用这些系统调用命令。

14. 访管指令是一条非特权指令，功能是执行它就会产生一个软中断，促使中央处理器由_____态转为_____态，进入操作系统，并处理该中断。

15. 一个进程创建后，系统就感知到它的存在；一个进程撤销后，系统就无法再感知到它。于是，从创建到撤销，这个时间段就是一个进程的"_____"。

16. 由于 PCB 是随着进程的创建而建立，随着进程的撤销而取消的，因此系统是通过 PCB

来"感知"系统中的进程的，PCB 是进程调度程序负责具体的_____分配，完成进程间的切换工作，因此它的执行频率是相当高的，是一个操作系统的_____。

二、选择

1. 在进程管理中，当_____时，进程从阻塞状态变为就绪状态。
   A. 进程被调度程序选中　　　　　　　　　B. 进程等待某一事件发生
   C. 等待的事件出现　　　　　　　　　　　D. 时间片到

2. 在分时系统中，一个进程用完给它的时间片后，其状态变为_____。
   A. 就绪　　　　　B. 等待　　　　　　　C. 运行　　　　　　　D. 由用户设定

3. 下面对进程的描述中，错误的是_____。
   A. 进程是动态的概念　　　　　　　　　　B. 进程的执行需要 CPU
   C. 进程具有生命周期　　　　　　　　　　D. 进程是指令的集合

4. 操作系统通过_____对进程进行管理。
   A. JCB　　　　　B. PCB　　　　　　　C. DCT　　　　　　　D. FCB

5. 一个进程被唤醒，意味着该进程_____。
   A. 重新占有 CPU　　　　　　　　　　　　B. 优先级变为最大
   C. 移至等待队列之首　　　　　　　　　　D. 变为就绪状态

6. 由各作业 JCB 形成的队列称为_____。
   A. 就绪作业队列　　　　　　　　　　　　B. 阻塞作业队列
   C. 后备作业队列　　　　　　　　　　　　D. 运行作业队列

7. 既考虑作业等待时间，又考虑作业执行时间的作业调度算法是_____。
   A. 响应比高者优先　　　　　　　　　　　B. 短作业优先
   C. 优先级调度　　　　　　　　　　　　　D. 先来先服务

8. 作业调度程序从处于_____状态的队列中选取适当的作业投入运行。
   A. 就绪　　　　　B. 提交　　　　　　　C. 等待　　　　　　　D. 后备

9. _____是指从作业提交系统到作业完成的时间间隔。
   A. 周转时间　　　B. 响应时间　　　　　C. 等待时间　　　　　D. 运行时间

10. 计算机系统在执行_____时，会自动从目态变换到管态。
    A. P 操作　　　　B. V 操作　　　　　　C. 系统调用　　　　　D. I/O 指令

11. 进程状态由就绪变为运行，是由于_____引起的。
    A. 中断事件　　　　　　　　　　　　　　B. 进程状态变迁
    C. 进程调度　　　　　　　　　　　　　　D. 为作业创建进程

12. 当一个进程处于_____时，称其为就绪状态。
    A. 等着读磁盘上的信息　　　　　　　　　B. 等着进入内存
    C. 等着输入一批数据　　　　　　　　　　D. 等着获得 CPU 的控制权

13. 在操作系统中，处于就绪和阻塞状态的进程都没有占用处理器。当处理器空闲时，正确的操作应该是_____。
    A. 就绪和阻塞进程都可以变迁成为运行状态
    B. 只有就绪进程可以变迁成为运行状态
    C. 只有阻塞进程可以变迁成为运行状态
    D. 就绪和阻塞状态的进程都不能变迁成为运行进程

14. 我们把"逻辑上独立的程序，在执行时间上相互重叠，一个程序的执行还没有结束，另一个程序的执行已经开始"的特性，称为程序执行的_____。
    A. 并发性　　　B. 并行性　　　　　　C. 可执行性　　　　　D. 可交互性

三、问答

1. 在多道程序设计系统中，如何理解"内存中的多个程序的执行过程交织在一起，大家都在走走停停"这样一个现象？

2. 什么是"原语""特权指令""系统调用命令"和"访管指令"？它们之间有无一定的联系？

3. 操作系统是如何处理源程序中出现的系统调用命令的？

4. 系统调用与一般的过程调用有什么区别？

5. 试述创建进程原语的主要功能。

6. 处于阻塞状态的一个进程，它所等待的事件发生时，就把它的状态由阻塞改变为就绪，让它到就绪队列里排队，为什么不直接将它投入运行呢？

7. 作业调度与进程调度有什么区别？

8. 系统中的各种进程队列都是由进程的 PCB 链接而成的。当一个进程的状态从阻塞变为就绪状态时，它的 PCB 从哪个队列移到哪个队列？它所对应的程序也要跟着移来移去吗？为什么？

9. 为什么说响应比高者优先作业调度算法是对先来先服务及短作业优先这两种调度算法的折中？

10. 短作业优先调度算法总能得到最小的平均周转时间吗？为什么？

11. 什么是"系统进程"？什么是"用户进程"？它们有何区别？

12. 给定 n 个作业 $J_1, J_2, \cdots, J_n$，它们各自的运行时间为 $t_1, t_2, \cdots, t_n$，且满足关系：$t_1 \leqslant t_2 \leqslant, \cdots, \leqslant t_n$，假定这些作业同时到达系统，并在 CPU 上按单道方式运行。试问：

（1）采用何种调度算法，能使平均周转时间为最短？

（2）给出这批作业最短平均周转时间的计算式。

13. 进程调度程序应该有哪几个方面的主要功能？

四、计算

1. 有 3 个作业，见表 2-14，分别采用先来先服务和短作业优先作业调度算法，分别计算它们的平均周转时间。你是否还可以给出一种更好的调度算法，使其平均周转时间优于这两种调度算法？（本例中时间都按十进制计算，即 0.1 代表 6min。）

表 2-14　作业到达时间及所需 CPU 时间

作业	到达时间	所需 CPU 时间
1	0.0	8
2	0.4	4
3	1.0	1

2. 设有一组作业，它们的到达时间和所需 CPU 时间见表 2-15。

表 2-15　作业到达时间及所需 CPU 时间

作业	到达时间	所需 CPU 时间
1	9:00	70min
2	9:40	30min
3	9:50	10min
4	10:10	5min

分别采用先来先服务和短作业优先作业调度算法，试问它们的调度顺序、作业周转时间及平均周转时间各是多少？

3. 某系统有 3 个作业，见表 2-16，系统确定在它们全部到达后，开始采用响应比高者优先调度算法，并忽略系统调度时间。试问对它们的调度顺序是什么？各自的周转时间是多少？（本例中时间都按十进制计算，即 0.1 代表 6min。）

表 2-16 作业到达时间及所需 CPU 时间

作业	到达时间	所需 CPU 时间
1	8.8	1.5
2	9.0	0.4
3	9.5	1.0

第 3 章
存储管理

计算机系统中的存储器可以分为两种：内存储器和辅助存储器。前者可被 CPU 直接访问，后者不能。辅助存储器与 CPU 之间只能够在输入输出控制系统的管理下进行信息交换。

内存储器可被 CPU 直接访问，因此它是计算机系统中的一种极为重要的资源。在操作系统中，管理内存储器的部分被称为"存储管理"。能否合理地使用内存，会在很大程度上影响到整个计算机系统的性能。

本章将要介绍两个重要概念。一是"地址重定位"。在多道程序设计环境下，用户无法事先约定各自占用内存的哪个区域，也不知道自己的程序会放在内存的什么位置，但程序地址如果不反映其真实的存储位置，就不可能得到正确的执行。为此，在存储管理中，必须解决地址的重定位问题。二是"虚拟存储"。曾经有人说过，"存储器有多大，程序就会有多大"。在计算机系统中，内存的容量随着硬件的发展得到了很大的扩充，但仍然无法满足实际的需要。因此，必须打破"程序只有全部在内存，才能得以运行"的限制。通过"虚拟存储"这一技术手段，可以达到不用真正扩充内存而"扩充"内存的目的。

本章着重讲述 4 个方面的内容：

（1）地址的静态重定位和动态重定位；

（2）不同的存储管理方案；

（3）存储共享和存储保护；

（4）存储扩充和虚拟存储器。

3.1 存储管理综述

3.1.1 存储器的层次结构

目前，计算机采用的都是以存储器为中心的体系结构。存储器负责存放整个系统的程序与数据，是重要的系统资源。

在考虑计算机存储器的设计时，必须顾及"价格""容量""存取速度"这 3 个重要特性。各种实现技术之间往往存在着以下的关系。

（1）存取的时间越快，每"位"的价格就越高。

（2）容量越大，每"位"的价格就越低。

（3）容量越大，存取速度就越慢。

这就是说，提供大容量的存储器，价格虽然便宜了，但存取速度不能满足要求；提供价格昂贵、存取速度快的存储器，容量上却无法满足需要。为此，只能在"价格""容量""存取速度"3 者间寻求平衡。存储器的层次结构，如图 3-1 所示。

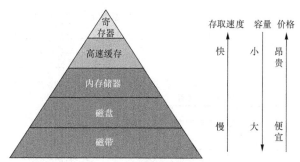

图 3-1 存储器的层次结构

在存储器的这种"塔尖式"的层次结构下，从上往下就有：

（1）每"位"的价格递减。

（2）存储容量递增。

（3）存取速度递减。

在存储器的这种层次结构中，CPU 可以直接到寄存器、高速缓冲存储器、内存储器这 3 层中访问数据，不能直接到磁盘和磁带中访问数据，那里的数据只有读入内存储器后，才能接受 CPU 的处理。

在存储器的这种层次结构中，容量较大、价格较便宜的慢速存储器（即磁盘和磁带，主要是磁盘），可以用来作为容量较小、价格较贵的快速存储器的后备。这正是虚拟存储技术的实现基础。

3.1.2 高速缓冲存储器的工作原理

在计算机硬件技术的发展过程中，CPU 的工作速度总是快于存储器的访问速度，CPU 速度的提高也总是快于存储器访问速度的提高。这种速度上的不匹配，制约了系统整体性能的发挥。

若用寄存器组成内存储器，那么这种内存储器的访问速度肯定会很快。但是，寄存器的价格昂贵，完全由它来组成内存储器是极不现实的想法，必须在"价格""容量""存取速度"3 者之间寻求平衡。于是，在 CPU 与内存储器之间就出现了所谓的"高速缓冲存储器"，通常简称为"高速缓存"。

相对于内存储器，高速缓存容量小，存取速度快。在它的里面只存放内存中的一小部分数据内容。当 CPU 试图访问内存中的某一个字时，总是先检查该字是否在高速缓存中。如果在，就直接将它从高速缓存传送给 CPU；如果不在，则先把内存中包含此字在内的一块数据读入高速缓存，再把所需的字从高速缓存传送给 CPU。如图 3-2 所示，通过这样的结构安排，存储器的价格不会过于昂贵，CPU 访问存储器的速度却得到了很大的提高。

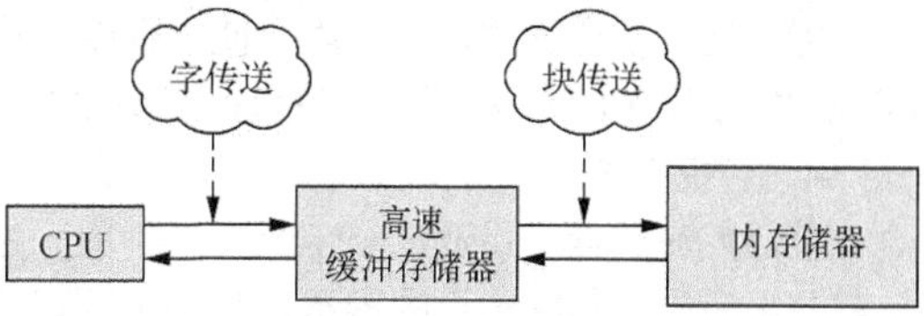

图 3-2 高速缓存的作用

这时，内存储器和高速缓存之间是以"块"为单位传递数据的，高速缓存与 CPU 之间则是以"字"为单位传递数据的。比如，内存储器由 2^n 个字组成，每个字有一个唯一的 n 位地址。将内存储器按照每块 K 个字的大小划分成 $M=2^n/K$ 个块。高速缓存中有 C 个存储槽，每个槽里可容纳 K 个字。存储槽的数目远远小于内存储器中块的数目（即 $C<<M$）。这样，内存储器中只可能有若干块存放在高速缓存的存储槽中。

当 CPU 需要存取内存储器中某块里的某字时，如果那个块当时不在存储槽中，就把那个块传送到一个槽里。由于槽的数目远远小于块的数目，因此一个存储槽不可能唯一或永远对应于某一块。所以，高速缓存中的每个槽都有一个标签，用来标识这个存储槽在当前存放的是内存中的哪一块。这样的结构，如图 3-3 所示。

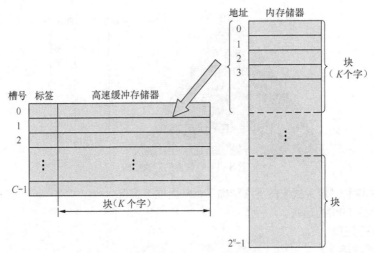

图 3-3　高速缓存和内存储器的关系示意

3.1.3　存储管理的功能

存储管理的对象是计算机系统中的内存储器，它应该具有如下 4 项功能。

1. 内存的分配与回收

内存空间的分配与回收，是存储管理必须承担的任务。无论采用哪一种存储管理策略，它都应该随时记录内存空间的使用情况；根据用户程序的需要分配存储区；在用户程序运行完后，及时收回存储区，以便提高内存空间的使用效率。

2. 存储保护和共享

存储保护涉及两个方面的问题：一是要确保用户进程的程序不得侵犯操作系统，二是要确保用户程序之间不能相互干扰。为此，在存储管理中，必须得到硬件的支持，才能实现存储保护所要求达到的目标。

存储共享是指允许多个进程的程序访问内存中的同一个部分，这是提高存储利用率的一种措施。存储管理必须允许对某个内存区域的共享，又要不违背存储保护的要求。

3. 地址定位

为了适应多道程序设计环境，使内存中的程序能在内存中移动，操作系统的存储管理必须提供实施地址重定位的方法，对用户程序逻辑地址空间中的地址实施重新定位，以保证程序的正确运行。

4. 存储扩充

存储扩充的含义是通过一定的技术手段，给用户造成有一个非常大的内存空间的虚幻感觉，但其实并没有扩大实际内存的容量。存储管理若能做到这种意义下的存储扩充，就能使用户程序的规模不受内存实际容量的限制。存储扩充无疑是一件非常好的事情。这是虚拟存储（本章最后一节）要讨论的话题。

3.2　固定分区存储管理

3.2.1　地址重定位

内存储器由一个个存储单元组成。一个存储单元可存放若干个二进制的位（bit），8 个二进制位被称作一个字节（Byte）。内存中的存储单元按一定顺序进行编号，每个单元所对应的编号，称为该单元的单元地址。一个单元的单元地址具有唯一性，存储在单元里的内容则是可以改变的。在操作系统中，常把单元地址称为内存储器的"绝对地址"或"物理地址"。从任何一个绝对地址开始的一段连续的内存空间，被称为"绝对地址空间"或"物理地址空间"。

在多道程序设计环境下，用户无法事先指定要占用内存的哪个区域，也不知道自己的程序将会放在内存的什么地方。用户使用高级程序设计语言编写出源程序，然后源程序通过编译程序的加工，产生出相对于"0"编址的目标程序。一个应用问题可能会对应多个目标程序。这些目标程序连同它们所使用的系统库函数等一起，还需要经过链接装配阶段，产生出一个相对于"0"编址的、更大的地址空间。这个地址空间被称为是用户程序的"相对地址空间"，或"逻辑地址空间"，其地址被称为"相对地址"或"逻辑地址"。系统所接受的就是一个个这种相对于"0"编址的用户程序。可以想象，这样的程序是不可能直接投入运行的，因为程序中涉及的地址并没有反映其真实的存储位置。

举例说，假定用户程序 A 的相对地址空间为 0～3KB（0～3071），在该程序中地址为 3000的地方，有一条调用子程序（其入口地址为 100）的指令"call 100"，如图 3-4（a）所示。

很明显，用户程序指令中出现的都是相对地址，即都是相对于"0"的地址。若当前操作系统在内存储器占用 0～20KB 的存储区，把程序 A 装入到内存储器中 20KB 往下的存储区域中，那么，它这时占据的是内存储器中 20KB～23KB 的区域，这个区域就是它的绝对地址空间。现在它还不能正确运行，因为在执行到位于绝对地址 23480（20KB+3000）处的"call 100"指令时，由于没有经过地址重定位，CPU 就会到绝对地址为 100 的地方去调用所需的子程序，而这个地址却在操作系统里面，它不是人们真正需要的程序的入口地址，如图 3-4（b）所示。之所以出现这样的错误，是因为 call 后面所跟随的子程序入口地址现在应该是 20580，而不应该保持原来的 100。这表明，当一个程序装入内存后，如果不将其指令中涉及的一个个地址进行调整，让它们反映出当前所在的存储位置，那么执行时势必会引起混乱，造成不可收拾的局面。

在操作系统中，把用户程序指令中的相对地址变为所在绝对地址空间中的绝对地址的这个过程，称为"地址重定位"。也就是说，把指令"call 100"中的 100 变换成 20580，就是地址重定位，如图 3-4（c）所示。不难看出，地址重定位与用户程序当前占用的绝对地址空间的起始地址有关。比如在图 3-4（c）中，是把程序 A 装入（20KB～23KB）绝对地址空间里，因此 call 指令中相对地址 100 所对应的绝对地址是 20KB+100 = 20580。如果把程序 A 装入（22KB～25KB）的绝对地址空间里，那么 call 指令中相对地址 100 所对应的绝对地址就应该是 22KB+100 = 22628 了，如图 3-4（d）所示。

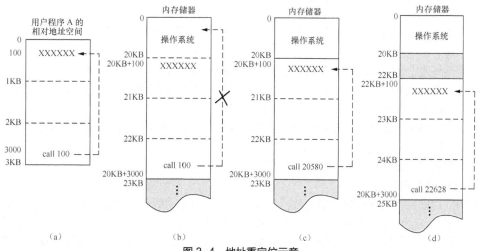

图 3-4　地址重定位示意

3.2.2　地址的定位方式和静态重定位

根据对指令中地址实行定位时间的不同，可以有 3 种不同的地址定位方式：绝对定位方式、静态重定位方式、动态重定位方式。

1. 绝对定位方式

所谓"绝对定位"，即是在程序装入内存之前，程序指令中的地址就已经是绝对地址，已经正确地反映了它将要进入的存储区位置。

早先程序设计时，要求程序设计人员直接在程序中使用实际的物理地址，或者在经汇编程序、编译程序翻译时，就转换成为实际的物理地址。这样的做法就是绝对定位方式。

采用这种地址定位方式，优点是程序中的逻辑地址与实际内存中的物理地址完全相同。因此在程序执行之前，不再需要对程序指令中的地址进行任何调整和修改，装入指定的内存位置就可以运行了。

但这种地址定位方式的缺点是明显的。

（1）要求编程人员熟悉内存的使用情况，程序设计时要极其小心地对待指令中的地址，不能够出现任何差错，否则后果不堪设想。

（2）程序进入内存后，不能做任何移动，只能固定在这个存储区内。

（3）对程序所做的微小修改，都可能会牵涉程序整体的变动，费工耗时。

（4）不适用于多道程序设计环境。

2. 静态重定位方式

在多道程序设计环境下，用户事先无法知道自己的程序会被装入到内存的什么位置，他们只是向系统提供相对于"0"编址的程序。因此，系统必须有一个"重定位装入程序"，它的功能有 3 个。

（1）根据当前内存的使用情况，为欲装入的二进制目标程序分配所需的存储区。

（2）根据所分配的存储区，对程序中的指令地址进行重新计算和修改。

（3）将重定位后的二进制目标程序装入到指定的存储区中。

采用这种重定位方式，用户向装入程序提供相对于"0"编址的二进制目标程序，无须关注程序具体的装入位置。通过重定位装入程序的加工，目标程序就进入到了分配给它的物理地址空间，程序指令中的地址也都被修改为正确反映该空间的形式。由于这种地址重定位是在程序执行前完成的，因此常被称为是地址的"静态重定位"或"静态地址绑定"。

地址的静态重定位有如下特点。

（1）静态重定位由软件（重定位装入程序）实现，无须硬件提供支持。

（2）静态重定位是在程序运行之前完成地址重定位工作的。

（3）地址重定位的工作是在程序装入时被一次集中完成的。

（4）物理地址空间里的目标程序与原逻辑地址空间里的目标程序已不相同，前者是后者进行地址调整后的结果（比较图 3-4（a）和图 3-4（c））。

（5）实施静态重定位后，位于物理地址空间里的用户程序不能在内存中移动，除非重新进行地址定位（比较图 3-4（c）和图 3-4（d））。

（6）适用于多道程序设计环境。

3. 动态重定位方式

对用户程序实行地址的静态重定位，定位后的程序就被"钉死"在了它的物理地址空间里，不能做任何移动，因为它在内存中移动，其指令中的地址就不再真实地反映所在位置了。但在实施存储管理时，为了能够将分散的小空闲存储块合并成一个大的存储块，却经常需要移动内存中的程序。因此，就产生了将地址定位的时间推迟到程序执行时再进行的所谓的地址"动态重定位"方式。

在对程序实行动态重定位时，需要硬件的支持。硬件中要有一个地址转换机构，它由地址转换线路和一个"定位寄存器"（也称"基址寄存器"）组成。这时，用户程序被不做任何修改地装入分配给它的内存空间中。当调度程序运行时，就把它所在物理空间的起始地址加载到定位寄存器中。CPU 每执行一条指令，就把指令中的相对地址与定位寄存器中的值相"加"，得到绝对地址，然后按照这个绝对地址去执行指令，访问所需要的存储位置。3.3.2 小节将专门描述动态重定位的实施过程。

3.2.3　单一连续分区存储管理

1. 存储管理

就早期计算机或个人微机而言，每次只有一个用户使用计算机，无从涉及多道程序设计，因此，在这些机器上运行的操作系统，其存储管理都采用单一连续分区的分配策略。

单一连续分区分配策略的基本思想是：总体上把内存储器分为两个分区，其中的一个分区被指定分配给操作系统使用；另一个分区被分配给用户使用，称为"用户区"，如图 3-5（a）所示。

可以看出，采用单一连续分区存储管理方案的系统有如下特点。

（1）系统总是把整个用户区分配给一个用户使用，如图 3-5（a）中的 a～b 区域。

（2）实际上，内存用户区又被分为"使用区"和"空闲区"两部分。如图 3-5（b）所示，其中使用区为 a～c，空闲区为 c～b。使用区是用户作业程序真正占用的那个连续存储区域；空闲区是分配给了用户但未被使用的区域。在操作系统中，把分配给了用户但未被使用的区域称为"内部碎片"。内部碎片的存在是对内存资源的一种浪费。

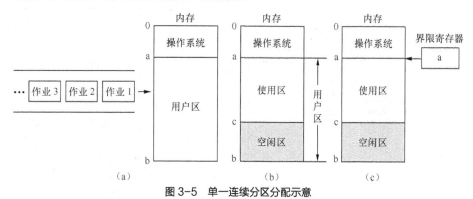

图 3-5　单一连续分区分配示意

（3）由于任何时刻内存储器的用户区中只有一个作业运行，因此这种系统只适用于单用户（或单道）的情况。

（4）进入内存的作业，独享系统中的所有资源，包括内存中的整个用户区。

（5）由于整个用户区都分配给了一个用户使用，因此作业程序进入用户区后，没有移动的必要。采用这种存储分配策略时，将对用户程序实行静态重定位。

实行静态重定位，并不能阻止用户有意无意地通过不恰当的指令闯入操作系统所占用的存储区域。如何阻止对操作系统的侵扰，这就是所谓的"存储保护"问题。在单一连续分区存储管理中，为了有效阻止用户程序指令中的地址闯入操作系统所占用的区域，将在 CPU 中设置一个用于存储保护的专用寄存器——"界限寄存器"，如图 3-5（c）所示。在界限寄存器中，总是存放着内存用户区的起始地址（比如图 3-5（c）中为 a）。当 CPU 在管态下工作时，允许访问内存中的任何地址；当 CPU 在目态下工作时，对内存储器的每一次访问，都要在硬件的控制下与界限寄存器中的内容进行比较。一旦发现所访问的地址小于界限寄存器中的地址，就会产生"地址越界"中断，阻止这次访问的进行，从而将作业限制在规定的存储区域内运行，确保被保护区中的信息不受外来破坏。

单一连续分区存储管理有如下缺点。

（1）由于每次只能有一个作业进入内存，故它不适用于多道程序设计，整个系统的工作效率不高，资源利用率低下。

（2）只要作业比用户区小，在用户区里就会形成碎片，造成内存储器资源的浪费。如果用户作业很小，那么这种浪费是巨大的。

（3）若用户作业的相对地址空间比用户区大，该作业就无法运行，即大作业无法在小内存上运行。

2. 覆盖技术

早期计算机在一定的条件下，可以采用所谓的"覆盖"技术，使大作业在小内存上得以运行。举例说，有一个用户作业程序的调用结构如图 3-6（a）所示。主程序 MAIN 需要存储量 10KB。运行中，它要调用程序 A 或程序 B，它们各需要存储量 50KB 和 30KB。程序 A 在运行中要调用程序 C，它需要的存储量是 30KB。程序 B 在运行中要调用程序 D 或程序 E，它们各需要存储量 20KB 或 40KB。通过连接装配的处理，该作业将形成一个需要存储量 180KB 的相对地址空间，如图 3-6（b）所示。这表明，只有系统分配给它 180KB 的绝对地址空间时，它才能够全部装入并运行。

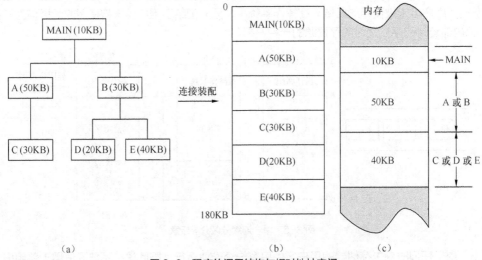

图 3-6　程序的调用结构与相对地址空间

其实不难看出，该程序中的子程序 A 和 B 不可能同时调用，即 MAIN 调用程序 A，就肯定不会调用程序 B，反之亦然。同样地，子程序 C、D 和 E 也不可能同时出现，所以，除了主程序必须占用内存中的 10KB 外，A 和 B 可以共用一个存储量为 50KB 的存储区，C、D 和 E 可以共用一个存储量为 40KB 的存储区，如图 3-6（c）所示。也就是说，只要分给该程序 100KB 的存储量，它就能够运行。由于 A 和 B 共用一个 50KB 的存储区，C、D 和 E 共用一个 40KB 的存储区，我们就称 50KB 的存储区和 40KB 的存储区为覆盖区。因此，所谓"覆盖"是早期为程序设计人员提供的一种扩充内存的技术，其中心思想是允许一个作业的若干个程序段使用同一个存储区，被共用的存储区被称为"覆盖区"。不过，这种技术并不能彻底解决大作业与小内存的矛盾。

3. 对换技术

为了让单一连续分区存储管理能具有"多道"的效果，在一定条件下，可以采用所谓的"对换"技术。"对换"的中心思想是：将作业信息都存放在辅助存储器上，根据单一连续分区存储管理的分配策略，每次只让其中的一个作业进入内存投入运行。当运行中提出输入/输出请求或分配给的时间片用完时，就把这个程序从内存储器"换出"到辅助存储器，把辅助存储器里的另一个作业"换入"内存储器运行，如图 3-7 所示。这样，从宏观上看，系统中就同时有几个作业处在运行之中。不过要注意，因为单一连续分区存储管理实行的是静态重定位，所以，"换出"的作业程序再被"换入"时，仍应该装到与它"换出"前相同的存储区中，以保证能够正确地继续运行。不难看出，"对换"是以辅助存储器作为内存的后援而得以实行的，没有它的支持，就谈不上"对换"。

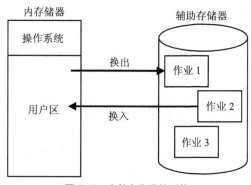

图 3-7　内外存作业的对换

3.2.4　固定分区存储管理

随着计算机硬件的发展和内存容量的增加，要使系统具有"多道"的模式，最容易让人想到的方法是把内存分成若干个连续的分区，而不是像单一连续分区似的只有一个用户区，之后在每一个分区里装入一个作业，从而实现多个程序的同时运行。

所谓"固定分区"的存储管理，就是指预先把内存储器中可供分配的用户区划分成若干个连续的分区，每个分区的尺寸可以相同，也可以不同。划分后，内存储器中分区的个数及每个分区的尺寸保持不变。每个分区中只允许装入一个作业运行。

1. 对作业的组织

固定分区存储管理一般是把内存用户区划分成几个大小不等的连续分区。由于分区尺寸在划分后保持不变，因此系统可以为每一个分区设置一个后备作业队列，形成多队列的管理方式，如图 3-8（a）所示。在这种组织方式下，一个作业到达时，总是进入"能容纳该作业的最小分区"的那个后备作业队列中去排队。如图 3-8（a）所示，作业 A、B、C 排在第 1 分区的队列上，说明它们对内存的需求都不超过 8KB；作业 D 排在第 2 分区的队列，表明它对内存的需求大于 8KB 小于 32KB；作业 E 和 F 排在第 4 分区的队列上，表明它们对内存的需求大于 64KB 且小于 132KB。

把到达的作业根据上述原则排成若干个后备队列时，可能会产生有的分区队列忙碌、有的分区队列闲置的情形。如图 3-8（a）所示，作业 A、B、C 都在等待着进入第 1 分区。按照原则，它们不能进入目前空闲的第 3 分区，虽然第 3 分区的大小完全能够容纳下它们。

作为一种改进，可以采用对多个分区只设置一个后备作业队列的办法，如图 3-8（b）所示。当某个分区空闲时，到这一个队列里去挑选作业，装入运行。

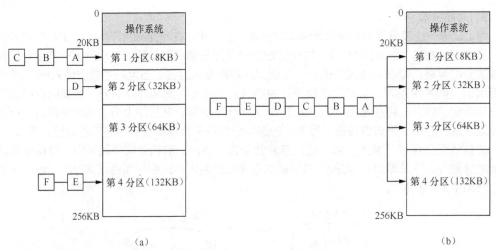

图 3-8　固定分区的作业组织方式

2. 分区的分配与释放

如果采用的是多个队列的管理方式，那么任何一个分区空闲时，只要关于它的队列非空，就把该分区分配给队列的第一个作业使用；一旦作业运行完毕，就收回该分区，进行下一次分配。这时，分区的分配和释放是很容易完成的事情。

如果采用的是一个队列的管理方式，那么在任何一个分区被释放时，就要根据某种方案从该队列中挑选出一个作业装入运行。可以有如下的几种挑选方案。

（1）在队列中挑选出第一个可容纳的作业进入。这种方案的优点是实现简单，选择效率高；缺点是可能会因为一个小作业的进入而浪费掉该分区的大部分存储空间，存储利用率不高。

（2）在整个队列中进行搜索，找到这个分区能够容纳的最大的那个作业，让它进入运行。这种方案的优点是在每个分配出去的分区中产生的内部碎片尽可能的小，存储空间的利用率高；缺点是选择效率低下，且对小作业明显表示歧视。

（3）在系统中至少保留一个小的分区，以避免因为运行小作业而被迫分配大分区的情形发生。

在操作系统中，要确定选用某一种管理策略时，应该考虑多方面的因素，权衡利弊，绝对好的方案是少见的。

为了具体管理内存中的各个分区，操作系统的做法是设置一个"分区分配表"，用它记录各分区的信息以及当前的使用情况。表 3-1 所示为一张分区分配表。

表 3-1　分区分配表

分区号	起始地址	长度	使用标志
1	20KB	8KB	作业 1
2	28KB	32KB	作业 6
3	60KB	64KB	0
4	124KB	132KB	作业 2

分区分配表中至少应该有每个分区的起始地址和长度，并且有一个使用标志。当某分区的使用标志为"0"时，表示该分区当前是空闲的，可以分配；当某分区的使用标志不为"0"时，表示该分区已经分配给一个作业使用，该标志里存放的就是这个作业的名称。从表 3-1 可以看出，该系统共有 4 个分区。第 1 分区已经分配给作业 1 使用，第 2 分区分配给了作业 6 使用，第 4 分区分配

给了作业 2 使用。当前只有第 3 分区是空闲的。

当需要把一个作业装入内存时，按照分区号扫视分区分配表，找到使用标志为"0"的分区，随后把要装入内存的作业尺寸与该分区的长度进行比较。若能够容纳该作业，并符合所采取的分配策略，就把它分配给这个作业，同时将分区分配表中该分区表目的使用标志修改为非 0（即把该作业的名字填入），从而完成分区的分配工作；当一个作业运行结束时，只需根据作业名，在分区分配表里找到它所使用的表目，将该表目的使用标志改为"0"，从而完成该分区的释放工作。

3. 地址重定位与存储保护

在固定分区存储管理中，每一个分区只允许装入一个作业，作业在运行期间没有必要移动自己的位置，因此，在采用这种存储管理方式时，应该对程序实行静态重定位。即决定将某一个分区分配给一个作业时，重定位装入程序就把该作业程序指令中的相对地址与该分区的起始地址相加，得到相应的绝对地址，用该绝对地址修改程序指令中的相对地址，实现对指令地址的重定位，最终完成程序的装入。

在固定分区存储管理中，不仅要防止用户程序对操作系统的侵扰，也要防止用户程序之间的侵扰。因此必须在 CPU 中设置一对专用的寄存器，用于存储保护，如图 3-9 所示。

在图 3-9 中，将两个专用寄存器分别命名为"低界限寄存器"和"高界限寄存器"。当进程调度程序调度某个作业进程运行时，就把该作业所在分区的低边界地址装入低界限寄存器，把高边界地址装入高界限寄存器。比如现在调度到分区 1 里的作业 1 运行，于是就把第 1 分区的低地址 a 装入低界限寄存器中，把第 1 分区的高地址 b 装入高界限寄存器中。作业 1 运行时，硬件会自动检测指令中的地址，如果超出 a 或 b，就会产生出错中断，从而限定作业 1 只在自己的区域里运行。

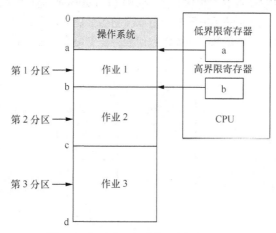

图 3-9　固定分区存储管理中的存储保护

固定分区存储管理的特点如下。

（1）它是最简单的、具有"多道"色彩的存储管理方案。对比单一连续分区，它提高了内存资源的利用率。另外，由于多道，几个作业共享系统内的其他资源，也提高了其他资源的利用率。

（2）当把一个分区分配给某个作业时，该作业的程序将一次性地全部被装入分配给它的连续分区里。

（3）对进入分区的作业程序，实行的是静态重定位。在分区内的程序不能随意移动，否则运行就会出错。

固定分区存储管理的缺点如下。

（1）进入分区的作业尺寸，不见得与分区的长度相吻合，可能产生内部碎片，引起内存资源的浪费。

（2）如果到达作业的尺寸比任何一个分区的长度都大，它就无法运行。

3.3 可变分区存储管理

3.3.1 可变分区存储管理的基本思想

固定分区存储管理中的"固定"有两层含义，一层是分区数目固定，另一层是每个分区的尺寸固定。采用这种内存管理技术时，分配出去的分区可能会有一部分成为内部碎片而浪费掉。究其原因，是进入分区的作业长度，不可能刚好等于该分区的尺寸。那么，能否事先不划分好分区，而是按照进入作业的相对地址空间的大小来分配存储，从而避免固定分区所产生的存储浪费，这实际上就是可变分区存储管理考虑问题的出发点。

可变分区存储管理的基本思想是：在作业要求装入内存储器时，如果当时内存储器中有足够的存储空间满足该作业的需求，就划分出一个与作业相对地址空间同样大小的分区，并分配给它。

图3-10所示是可变分区存储管理思想的示意图。图3-10（a）所示是系统维持的后备作业队列，作业A需要内存15KB，作业B需要20KB，作业C需要10KB等；图3-10（b）表示系统初启时的情形，整个系统里没有作业运行，因此用户区就是一个空闲分区；图3-10（c）表示将作业A装入内存时，为它划分了一个分区，尺寸为15KB，此时的用户区被分为两个分区，一个是已经分配区，另一个是空闲区；图3-10（d）表示将作业B装入内存时，为它划分了一个分区，尺寸为20KB，此时的用户区被分为3个分区；图3-10（e）表示将作业C装入内存时，为它划分了一个分区，尺寸为10KB，此时的用户区被分为4个分区。由此可见，可变分区存储管理中的"可变"也有两层含义，一层是分区的数目随着进入作业的多少可变，另一层是分区的边界划分随着作业的需求可变。

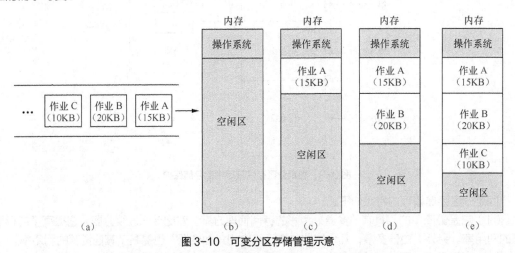

图3-10　可变分区存储管理示意

由于实施可变分区存储管理时，分区的划分是按照进入作业的尺寸进行的，因此在这个分区里不会出现内部碎片。这就是说，可变分区存储管理消灭了内部碎片这种存储浪费现象。

但是，为了克服内部碎片而提出的可变分区存储管理模式，又引发了很多新的问题。只有很好地解决这些问题，可变分区存储管理才能真正得以实现。下面通过图3-11来看一下在可变分区存储管理的工作过程中，需要解决的一些技术问题。

假定有作业请求序列：作业A需要存储16KB，作业B需要存储100KB，作业C需要存储70KB，作业D需要存储75KB等。内存储器共256KB，操作系统占用20KB，系统最初有空闲区236KB，如图 3-11（a）所示。下面着重讨论 236KB 空闲区的变化。作业 A 到达后，按照它的存储要求，划分一个 16KB 的分区，并分配给它，于是出现两个分区，一个已经分配，另一个为空闲，如图 3-11（b）所示。作业 B 到达后，按照它的存储要求，划分一个 100KB 的分区，并分配给它，于是出现 3 个分区，两个已经分配，一个为空闲，如图 3-11（c）所示。紧接着为作业 C 划分一个分区，从而形成 4 个分区，3 个已经分配，一个空闲，如图 3-11（d）所示。当作业 D 到达时，由于系统内只有 50KB 的空闲区，不够 D 的存储需求，因此作业 D 暂时无法进入。如果这时作业 B 运行完毕，释放它所占用的 100KB 存储量，这时系统中虽然仍保持为 4 个分区，但有的分区的性质已经改变，成为两个已分配，两个空闲，如图 3-11（e）所示。由于作业 B 释放的分区有 100KB，可以满足作业 D 的需要，因此系统在 36KB～136KB 的空闲区中划分出一个 75KB 的分区，给作业 D 使用。这样 36KB～136KB 分区被分为两个分区，一个分配出去（36KB～111KB），一个仍为空闲（111KB～136KB），如图 3-11（f）所示。这样，总共有 5 个分区：3 个已经分配，两个空闲。

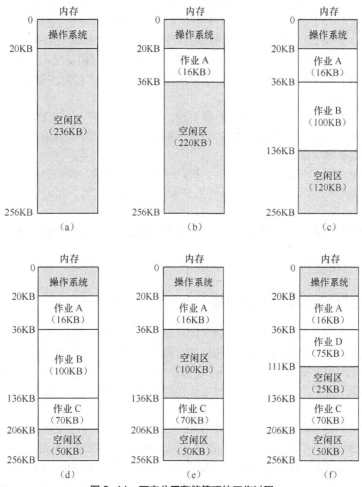

图 3-11　可变分区存储管理的工作过程

可以看到，随着作业对存储区域的不断申请与释放，发展趋势是：系统中所划分的分区数目在逐渐增加，每个分区的尺寸在逐渐减小。这导致的后果是：空闲分区能够满足作业存储要求的可能性在下降。如果这样发展下去，每一个分区的尺寸会越来越小，甚至有可能分配不出去。在存储管理中，把那些无法满足作业存储请求的空闲区称为"外部碎片"。内部碎片是分配给了用户而用户未用的存储区，外部碎片是无法分配给用户使用的存储区。可以这样理解：一匹布卖给用户，用户做完衣服后剩下的就是"内部碎片"；而卖到最后，这匹布剩下的零头已无人再买，就是"外部碎片"。

比如说，现在又到达一个作业 E，它的存储要求是 55KB。从图 3-11（f）看到，现在有两个空闲分区，一个为 25KB，另一个为 50KB，可是这两个分区谁也不能满足作业 E 提出的存储要求，但它们的和 75KB 比 55KB 大。很容易想到的办法是将两个空闲区进行合并，可是要合并这两个空闲区，势必要移动作业 C。试想，如果在可变分区存储管理中实行的是静态重定位，就不能随便移动作业，因为其程序指令中的地址已经与所在的绝对地址空间紧密地联系在了一起。这是可变分区存储管理所引起的分区合并及相应的地址重定位问题。

又比如说，现在到达的作业 E 的存储要求是 20KB，而不是 55KB。这时从图 3-11（f）看到，现有的两个分区都可以满足作业 E 的要求。下面分析到底把 111KB～136KB 的分区分配给作业 E，还是把 206KB～256KB 的分区分配给作业 E。如果把 111KB～136KB 的分区分配给作业 E，它就被分成两个分区：111KB～131KB 的已分配区和 131KB～136KB 的空闲区。剩下的这个空闲区只有 5KB 大小，将来可以满足作业存储要求的可能性变小了。如果把 206KB～256KB 的分区分配给作业 E，它就被分成两个分区：206KB～226KB 的已分配区和 226KB～256KB 的空闲区。把大的空闲区划分后，将来有大作业到达时，就难以满足它的存储要求。这是可变分区存储管理所引起的分区分配算法问题。

从上面的分析得出，要实施可变分区存储管理，必须解决如下 3 个问题。

（1）采用一种新的地址重定位技术，以便程序能够在内存储器中随意移动，为空闲区的合并提供保证，那就是动态地址重定位。

（2）记住系统中各个分区的使用情况，谁是已经分配出去的，谁是空闲可分配的。当一个分区被释放时，要能够判定它的前后分区是否为空闲区。若是空闲区，就进行合并，形成一个大的空闲区。

（3）给出分区分配算法，以便在有多个空闲区都能满足作业提出的存储请求时，能决定分配给它哪个分区。

下面就逐一对它们进行讨论。

3.3.2 地址动态重定位的过程

如前所述，实行可变分区存储管理，要求用户程序能在内存中移动，以便必要时对存储器中的空闲分区进行合并。因此这时不能对用户程序施行静态重定位，而应该把用户程序"原封不动"地装入分配给它的绝对地址空间中。等到真正执行某一条指令时，再根据当前程序所在的区域，对指令中的地址进行重定位。由于这种方式的地址转换是在程序执行时动态完成的，故称为地址的"动态重定位"。

为了实施地址的动态重定位，硬件中要增加一个地址转换机构，负责完成该任务。这个机构一般由地址转换线路和一个"定位寄存器"（也称"基址寄存器"）组成。每当用户程序运行时，把它所在分区的起始地址置入定位寄存器中。CPU 每执行一条指令，就把指令中的相对地址与定位寄存器中的值相加，得到所对应的绝对地址；然后按照这个绝对地址去执行该指令，访问所需要的存储位置。

图 3-12 所示是对动态重定位过程的一个描述，它仍沿用图 3-4 所提供的信息。现在为了对图 3-12（a）中的用户作业 A 实行可变分区存储管理，假定按照当前内存储器的分配情况，把它原封不动地装入到 22KB～25KB 的分区里面。可以看到，在其绝对地址空间里，位于 22KB+3000 单元处的指令仍然是"call 100"，未对它做任何的修改。如果现在调度到该作业运行，操作系统就把

它所占用的分区的起始地址 22KB 装入定位寄存器中，如图 3-12（b）所示。当执行到位于单元 22KB+3000 中的指令"call 100"时，硬件的地址变换线路就把该指令中的地址 100 取出来，与定位寄存器中的 22KB 相加，形成绝对地址 22628（＝22KB+100）。按照这个地址去执行 call 指令。于是，程序就正确转移到 22628 的子程序处去执行了。

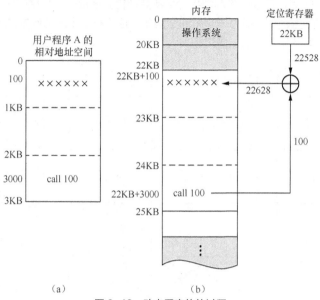

图 3-12　动态重定位的过程

现在将地址的静态重定位和动态重定位做下列综合性的比较。

（1）地址转换时刻：静态重定位是在程序运行之前完成地址转换的，动态重定位却是将地址转换的时刻推迟到指令执行时进行。

（2）谁来完成任务：静态重定位是由软件完成地址转换工作的，动态重定位则由一套硬件提供的地址转换机构来完成。

（3）完成的形式：静态重定位是在装入时一次性集中地把程序指令中所有要转换的地址加以转换；动态重定位则是每执行一条指令时，就对其地址加以转换。

（4）完成的结果：实行静态重定位，原来的指令地址部分被修改了；实行动态重定位，只是按照所形成的地址去执行这条指令，并不对指令本身做任何修改。

3.3.3　空闲区的合并

在可变分区存储管理中实行地址的动态重定位后，用户程序就不会被"钉死"在分配给自己的存储分区中，必要时它可以在内存中移动，为空闲区的合并带来了便利。

内存区域中的一个分区被释放时，与它前后相邻接的分区可能会有 4 种关系出现，如图 3-13 所示。在图中，我们做这样的约定：位于一个分区上面的分区，称为它的"前邻接"分区；位于一个分区下面的分区，称为它的"后邻接"分区。

（1）图 3-13（a）表示释放区的前邻接分区和后邻接分区都是已分配区，因此没有合并的问题存在。此时的释放区自己形成一个新的空闲区，该空闲区的起始地址就是该释放区的起始地址，长度就是该释放区的长度。

（2）图 3-13（b）表示释放区的前邻接分区是一个空闲区，后邻接分区是一个已分配区，因此，释放区应该和前邻接的空闲区合并，成为一个新的空闲区。这个新空闲区的起始地址是原前邻接空闲区的起始地址，长度是这两个分区的长度之和。

（3）图3-13（c）表示释放区的前邻接分区是一个已分配区，后邻接分区是一个空闲区，因此，释放区应该和后邻接的空闲区合并，成为一个新的空闲区。这个新空闲区的起始地址是该释放区的起始地址，长度是这两个分区的长度之和。

（4）图3-13（d）表示释放区的前邻接分区和后邻接分区都是一个空闲区，因此，释放区应该和前后两个邻接的空闲区合并，成为一个新的空闲区。这个新空闲区的起始地址是原前邻接空闲区的起始地址，长度是这3个分区的长度之和。

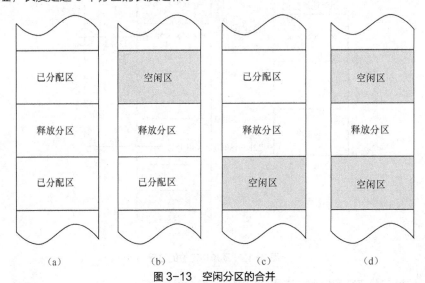

图3-13　空闲分区的合并

空闲分区的合并，有时也被称为"存储紧凑"。何时进行合并，操作系统可以有两种时机的选择方案：一是调度到某个作业时，如果系统中的每一个空闲分区尺寸都比它所需要的存储量小，但空闲区的总存储量却大于它的存储请求，就进行空闲存储分区的合并，以便能够得到一个大的空闲分区，满足该作业的存储需要；二是只要有作业运行完毕归还它所占用的存储分区，系统就进行空闲分区的合并。比较这两种方案可以看出，前者要花费较多的精力去管理空闲区，但空闲区合并的频率低，系统在合并上的开销小；后者总是在系统里保持一个大的空闲分区，因此对空闲分区谈不上更多的管理，但是空闲区合并的频率高，系统在这上面的开销大。

3.3.4　分区的管理与组织方式

采用可变分区方式管理内存储器时，内存中有两类性质的分区：一类是已经分配给用户使用的"已分配区"，另一类是可以分配给用户使用的"空闲区"。随着时间的推移，它们的数目都在不断地变化。如何知道哪个分区是已分配的，哪个分区是空闲的？如何知道各个分区的尺寸是多少？这就是分区管理所要解决的问题。

对分区的管理，常用的方式有3种：表格法、单链表法和双链表法。下面逐一介绍它们各自的实现技术。

1. 表格法

为了记录内存中现有的分区以及各分区的类型，操作系统设置两张表格，一张为"已分配表"，一张为"空闲区表"，如图3-14（b）和图3-14（c）所示。表格中的"序号"是表项的顺序号，"起始地址""尺寸"和"状态"都是该分区的相应属性。由于系统中分区的数目是变化的，因此每张表格中表目的项数要足够多，暂时不用的表项的状态被设为"空"。

假定图 3-14（a）为当前内存中的分区使用情况，那么图 3-14（b）记录了已分配区的情形，图 3-14（c）记录了空闲区的情形。当有作业进入提出存储需求时，就去查空闲区表里状态为"空闲"的表项。如果该项的尺寸能满足所求，就将它一分为二：分配出去的那一部分在已分配表中找一个状态为"空"的表项进行登记，剩下的部分（如果有的话）仍在空闲区表中占据一个表项。如果有一个作业运行结束，则根据作业名到已分配表中找到它的表项，将该项的"状态"改为"空"，随即在空闲区表中寻找一个状态为"空"的表项，把释放分区的信息填入，并将该表项的状态改为"空闲"。这时可能还会进行空闲区的合并工作。

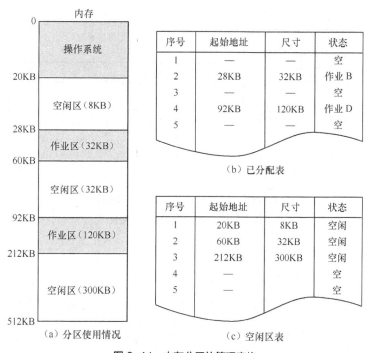

图 3-14　内存分区的管理表格

例 3-1　在图 3-14 的基础上，现在到达一个作业 E，存储请求是 30KB。试给出这时内存分区的划分情形，以及已分配表和空闲区表的变化。

解：如上所述，应该先去查图 3-14（c）所示的空闲区表。从表中可以看出，现在内存储器中有 3 个空闲分区，它们的长度分别为 8KB、32KB 和 300KB。由于作业 E 的存储需求是 30KB，因此，后两个空闲区都可以满足 E 提出的存储请求。假定现在把起始地址为 60KB 的空闲分区分配给它使用，该分区就被一分为二：60KB～90KB 被分配出去，形成一个已分配区；剩余 90KB～92KB，形成一个新而小的空闲区。这时的内存分区划分如图 3-15（a）所示。为了把已分配区 60KB～90KB 的信息填入已分配表，应该在该表中寻找一个状态为"空"的表项，比如将信息填入序号为 3 的表项，这样，图 3-14（b）就变为图 3-15（b）。由于原来的空闲区还剩下 2KB，可以利用原来在空闲表中的表项来反映它的新信息，于是图 3-14（c）就变为图 3-15（c）。

可以看到，图 3-15（c）中第 2 个表项所记录的空闲分区尺寸已经非常小了，它很难再满足其他作业提出的存储请求。因此，如果在分配一个空闲区后，它所剩下的空闲分区的长度太小，还不如干脆把它一起分配出去为好。如果采用这种方案，那么这时图 3-14 就变为图 3-16。此时，2KB 存储就由外部碎片变成了内部碎片。

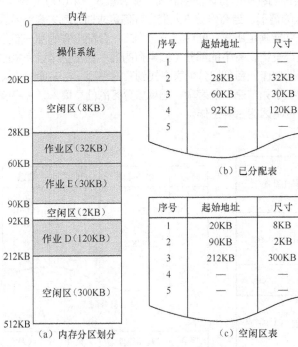

图 3-15　分区分配后表格的变化

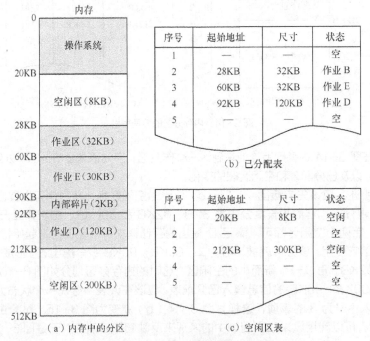

图 3-16　另一种分配方案引起的表格变化

2．单链表法

把内存储器中的每个空闲分区视为一个整体，在它的里面开辟出两个单元，一个存放该分区的长度（size），另一个存放其下一个空闲分区的起始地址（next），如图 3-17（a）所示。操作系统

开辟一个单元，存放第 1 个空闲区的起始地址，这个单元被称为"链首指针"。最后一个空闲分区的
next 中存放标志"NULL"，表明它是最后一个。这样一来，系统中的所有空闲分区被连接成一个链
表。从链首指针出发，顺着各空闲分区的 next 往下走，就能到达每一个空闲分区。图 3-17（b）
所反映的是图 3-14（a）当前内存储器中空闲区的链表。为了看得更加清楚，有时也把这些空闲区
抽出来，单独画出它们形成的链表，如图 3-17（c）所示。

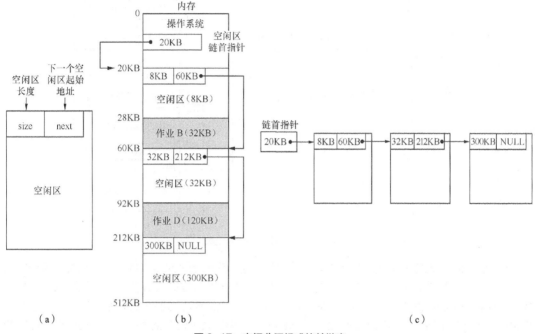

图 3-17　空闲分区组成的单链表

　　用空闲区链表管理空闲区时，对于提出的任何一个请求，都顺着空闲区链首指针开始查看一个
个空闲区。如果第 1 个分区不能满足要求，就通过它的 next 找到第 2 个空闲区。如果一个空闲区
的 next 是 NULL，就表示系统暂时无法满足该作业这一次所提出的存储请求。在用这种方式管理存
储器时，无论分配存储分区还是释放存储分区，都要涉及 next（指针）的调整。

3．双链表法

　　如前所述，当一个已分配区被释放时，有可能和与它相邻接的分区进行合并。为了寻找释放区
前后的空闲区，以利于判别它们是否与释放区直接邻接，可以把空闲区的单链表改为双向链表。也
就是说，在图 3-17（a）所示的每个空闲分区中，除了存放下一个空闲区起始地址 next，还存放
它的上一个空闲区起始地址（prior）的信息，如图 3-18（a）所示。这样，通过空闲区的双向链表，
就可以方便地由 next 找到一个空闲区的下一个空闲区，也可以由 prior 找到一个空闲区的上一个空
闲区。

　　比如，在把一个释放区链入空闲区双向链表时，通过它的 prior 发现，在该链表中释放区的前面
一个空闲区的起始地址加上长度，正好等于释放区的起始地址，说明是属于图 3-13（b）的情形，
即它前面的空闲区与它直接相邻接，应该把这个释放区与原来的空闲区合并。另外，释放区起始地
址加上长度正好等于 next 所指的下一个空闲区的起始地址，说明是属于图 3-13（c）的情形，即
它后面的空闲区与它直接相邻接，应该把这个释放区与原来的空闲区合并。如同单链表一样，在利
用双向链表管理存储空闲分区时，无论分配存储分区还是释放存储分区，都要涉及 next 和 prior 两
个指针的调整。图 3-18（b）所示是图 3-14（a）的双向链表形式。

69

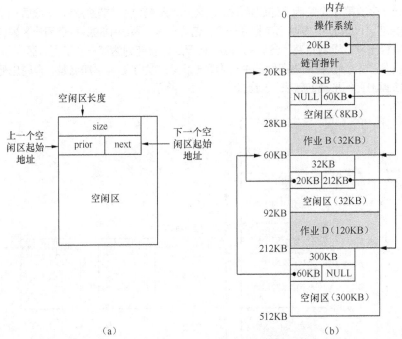

图 3-18　空闲分区的双向链表

前面给出的空闲区的单链表和双链表，都是按照空闲区的地址来组织的。也就是说，每个空闲分区是按照其起始地址由小到大排列在链表中。当有一个释放区要进入链表时，依据它的起始地址，找到它在链表中的正确位置，然后调整指针进行插入，可以把这种组织方式称为"地址法"。还有一种组织空闲分区的方式，即按照每个空闲分区的长度由小到大排列在链表中，即当有一个释放区要进入链表时，要依据它的尺寸，在链表中找到它的合适位置，调整指针进行插入，可以称这种方式为"尺寸法"。

3.3.5　空闲分区的分配算法

当系统中有多个空闲的存储分区能够满足作业提出的存储请求时，究竟将哪一个分配出去，这属于分配算法的问题。在可变分区存储管理中，常用的分区分配算法有：最先适应算法、最佳适应算法及最坏适应算法。下面分别介绍它们的含义。

1. 最先适应算法

采用这种分配算法时，总是把最先找到的、满足存储需求的那个空闲分区作为分配的对象。这种方案的出发点是尽量减少查找时间，实现简单，但有可能把大的空闲分区分割成许多小的分区，因此对大作业不利。

2. 最佳适应算法

采用这种分配算法时，总是从当前所有空闲区中找出一个能够满足存储需求的、最小的空闲分区作为分配的对象。这种方案的出发点是尽可能地不把大的空闲区分割成小的分区，以保证大作业的需要。该算法实现起来比较费时、麻烦。

3. 最坏适应算法

采用这种分配算法时，总是从当前所有空闲区中找出一个能够满足存储需求的、最大的空闲分区作为分配的对象。可以看出，这种方案的出发点是照顾中、小作业的需求。

例 3-2　如图 3-19（a）所示，现有两个空闲分区，一个是 111KB～161KB，另一个是

231KB～256KB。作业 D 到达，提出存储需求 20KB。试问：如果系统采用最先适应算法，应该把哪一个空闲分区分配给它？将分配后的内存情形用图表示出来。

解：现在，两个空闲区都能够满足作业 D 的存储请求。至于是分配哪一个，应该由系统采用的空闲区组织方式来决定。如果采用的是"地址法"，那就是说空闲区 111KB～161KB 排在前面，因此应该将它分配出去。于是，它被一分为二，111KB～131KB 成为已分配区，131KB～161KB 仍为空闲区，如图 3-19（b）所示。如果采用的是"尺寸法"，那么空闲区 231KB～256KB 排在前面，因此应该将它分配出去。于是，它被一分为二，231KB～251KB 成为已分配区，251KB～256KB 仍为空闲区，如图 3-19（c）所示。

例 3-3 具体情况如例 3-2 所述。试问：如果系统采用最佳适应算法和最坏适应算法，应该把哪一个空闲分区分配给作业 D？

解：因为最佳适应算法总是从当前所有空闲区中找出一个能够满足存储需求的、最小的空闲分区作为分配的对象，所以由它所选中的分配对象与分区采用的组织方式无关。也就是说，无论是采用"地址法"还是采用"尺寸法"，选中的分配对象总是相同的。对于本例，选中的总是空闲区 231KB～256KB，也就是分配的结果如图 3-19（c）所示。

因为最坏适应算法总是从当前所有空闲区中找出一个能够满足存储需求的、最大的空闲分区作为分配的对象，所以由它所选中的分配对象也与分区采用的组织方式无关。对于本例，选中的总是空闲区 111KB～161KB，也就是分配的结果如图 3-19（b）所示。

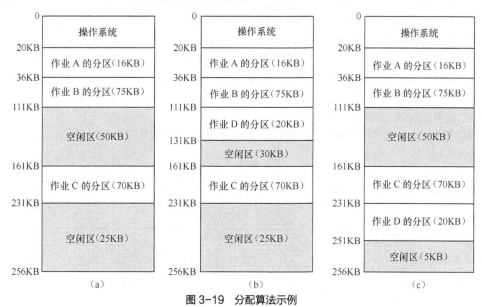

图 3-19　分配算法示例

综上所述，可变分区存储管理有如下特点。

（1）作业一次性地全部装入到一个连续的存储分区中。

（2）分区是按照作业对存储的需求划分的，因此在可变分区存储管理中，不会出现内部碎片这样的存储浪费。

（3）为了确保作业能够在内存中移动，需要由硬件支持，实行指令地址的动态重定位。

可变分区存储管理的缺点如下。

（1）仍然没有解决小内存运行大作业的问题，只要作业的存储需求大于系统提供的整个用户区，该作业就无法投入运行。

（2）虽然避免了内部碎片造成的存储浪费，但有可能出现极小的分区暂时分配不出去的情形，引起外部碎片。

（3）为了形成大的分区，可变分区存储管理通过移动程序来达到分区合并的目的，然而程序的移动是很花费时间的，增加了系统在这方面的投入与开销。

3.3.6 伙伴系统

固定分区限制了系统中可运行程序的道数，分区中产生的内部碎片，使内存空间的利用率较低。可变分区虽然消除了内部碎片，但维护起来很复杂，并且需要为存储紧缩付出额外的开销。

伙伴系统是对固定分区和可变分区两种存储管理"扬长避短"后，提出的一种折中方案。在伙伴系统中，可用内存分区的大小为 2^K，$L \leq K \leq U$，其中：

（1）2^L 表示分配的最小分区的尺寸；

（2）2^U 表示分配的最大分区的尺寸。

最初，视可用于分配的整个内存空间为一个大小为 2^U 的分区。若所需存储分区的大小 s 满足 $2^{U-1} < s \leq 2^U$，则将整个存储空间分配出去；否则，将该分区分成尺寸均为 2^{U-1} 的伙伴。如果有 $2^{U-2} < s \leq 2^{U-1}$，则为该存储请求分配两个伙伴中的任一个；否则，其中的一个伙伴又被分成两半。这样的过程一直继续下去，直到获得大于或等于 s 的最小分区，并完成分配。

任何时候，伙伴系统维护着不同尺寸的空闲分区列表，第 i 个列表中的空闲分区尺寸为 2^i。一个空闲分区可以从（i+1）列表中移出，并通过对半分裂，在 i 列表中产生两个大小为 2^i 的伙伴。当 i 列表中的一对伙伴都变为空闲时，就将它们从 i 列表中移出，合并成（i+1）列表中的一个空闲分区。下面举例来说明伙伴系统的具体工作过程。

例 3-4 有一个 1MB 内存，采用伙伴系统管理存储空间的分配和回收。系统的运行轨迹为：作业 A 请求 100KB 的存储；作业 B 请求 240KB 的存储；作业 C 请求 64KB 的存储；作业 D 请求 256KB 的存储；随后作业 B 和作业 A 先后完成；作业 E 请求 75KB 的存储；最后作业 C、E、D 完成。试画出伙伴系统的管理过程图。

解： 图 3-20 给出了伙伴系统的分配管理过程，每次都是把其中深色的存储区分配出去。

图 3-20　伙伴系统的管理过程

最初是 1MB 的可分配空间。由于 A 请求 100KB，而 $2^6 < 100 \leq 2^7$，表示应该分配给它 128KB。为此，将最初的 1MB 划分成两个 512KB 的伙伴，第一个被划分成两个 256KB 的伙伴，再把其中的第一个划分成两个 128KB 的伙伴。这两个 128KB 的伙伴中的一个分配给作业 A。面对

作业 B 的 240KB 的请求，应该分给它大小为 256KB 的空闲区。因为现在有这种尺寸的空闲区，所以就把它分配出去。

整个存储空间在不断分裂与合并。比如当作业 E 释放所占用的 128KB 存储区时，两个 128KB 的伙伴合并成为一个 256KB 的分区，这个 256KB 的分区又立即与它的伙伴合并成为 512KB 的分区。

3.4 分页式存储管理

3.4.1 分页式存储管理的基本思想

如上所述，可变分区存储管理按照作业对存储的需求量进行分区的划分，因此不会出现内部碎片。但会导致某些分区过小而无法满足作业存储请求的情形，从而产生外部碎片。解决外部碎片的办法是通过移动作业对空闲分区进行合并。移动作业不仅不方便，还增加了系统的额外开销。

之所以要移动内存中的作业，主要是因为在此之前的各种存储管理策略，都要求把用户作业装入到一个连续的存储区域才能正确运行。不移动已在内存中的作业，就不能获得大的空闲分区，就不能有一个大的连续分区分配给用户作业使用。设想一下，如果可以把用户作业分散装入到几个不连续的分区里，仍然能保证它的正确运行，就无须去移动内存中的作业了。分页式存储管理正是打破了这种"连续"的禁锢，把对存储器的管理大大向前推进了一步。打破"连续"禁锢的存储管理策略，除分页式存储管理外，还有分段式存储管理和段页式存储管理。本节只讲述分页式存储管理，下一节介绍分段式存储管理。段页式存储管理略去不讲。

分页式存储管理是将固定式分区方法与动态重定位技术结合在一起，提出的一种存储管理方案，它需要硬件的支持。分页式存储管理的基本思想是：首先把整个内存储器划分成大小相等的许多分区，每个分区称为一"块"（这表明它具有固定分区的管理思想，只是这里的分区是定长罢了）。在分页式存储管理中，块是存储分配的单位。比如把内存储器划分成 n 个分区，编号为 $0,1,2,\cdots,n-1$。例如在图 3-21（a）中，内存储器总的容量为 256KB，操作系统要求 20KB。若块的尺寸为 4KB，则共有 64 块，操作系统占用前 5 块，其他分配给用户使用。

其次，用户作业仍然相对于"0"进行编址，形成一个连续的相对地址空间。操作系统接受用户的相对地址空间，然后按照内存块的尺寸对该空间进行划分。用户程序相对地址空间中的每一个分区被称为"页"，编号从 0 开始，第 0 页、第 1 页、第 2 页……例如在图 3-21（b）中，作业 A 的相对地址空间大小为 11KB。按照每页 4KB 来划分，它有 2 页多不到 3 页大小，于是就把它作为 3 页来对待，编号为第 0 页、第 1 页和第 2 页。

这样一来，用户相对地址空间中的每一个相对地址，都可以用"页号，页内位移"这样的数对来表示。并且不难看出，数对（页号，页内位移）与相对地址是一一对应的。例如在图 3-21（b）中，相对地址 5188 与数对（1，1 092）相对应，其中"1"是相对地址所在页的页号，"1092"则是相对地址与所在页起始位置（4KB = 4 096）之间的位移。又比如，相对地址 9200 与数对（2，1 008）相对应，"2"是相对地址所在页的页号，"1008"是相对地址与所在页起始位置（8KB = 8 192）之间的位移。

有了这些准备，如果能够解决作业原封不动地进入不连续存储块后也能正常运行的问题，那么分配存储块是很容易的事情，只要内存中有足够多的空闲块，作业中的某一页进入哪一块都是可以的。例如在图 3-21（a）中，就把作业 A 装入了第 8 块、第 11 块和第 6 块这样 3 个不连续的存储块中。

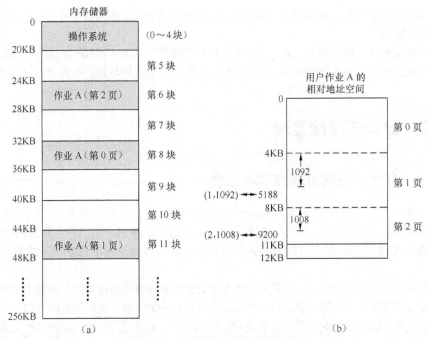

图 3-21　分页式存储管理的基本思想

下面以图例来说明，如何确保原封不动地进入不连续存储块后的作业能够正常地运行。假定块的尺寸为 1KB，作业 A 的相对地址空间为 3KB，在相对地址 100 处有一条调用子程序的指令 call，子程序的入口地址为 3000（当然是相对地址）。作业 A 进入系统后被划分成 3 页，如图 3-22（a）所示。现在把第 0、1、2 页依次装入内存储器的第 4、9、7 这 3 个不连续的块中，如图 3-22（b）所示。

为了确保原封不动放在不连续块中的用户作业 A 能够正常运行，可以采用如下方法。

（1）记录作业 A 的页、块对应关系，如图 3-22（c）所示，它表示作业 A 的第 0 页放在内存中的第 4 块，第 1 页放在内存中的第 9 块，第 2 页放在内存中的第 7 块。

（2）当运行到指令"call 3000"时，把它里面的相对地址 3000 转换成数对：（2，952），表示该地址在作业相对地址空间里位于第 2 页，距该页起始位置的位移是 952。具体的计算公式是：

$$页号＝相对地址/块尺寸（这里的"/"运算符表示整除）\tag{3-1}$$
$$页内位移＝相对地址\%块尺寸（这里的"\%"运算符表示求余）\tag{3-2}$$

（3）用数对中的"页号"去查作业 A 的页、块对应关系表如图 3-22（c）所示，得知相对地址空间中的第 2 页内容，现在是在内存的第 7 块中。

（4）把内存第 7 块的起始地址与页内位移相加，就得到了相对地址 3000 现在的绝对地址，即 7KB ＋ 952 ＝ 8120。

至此，系统执行指令"call 8120"，就会得到了正确的执行。

综上所述可以看到，在分页式存储管理中，用户程序是原封不动地进入各个内存块的。指令中相对地址的重定位工作是在指令执行时进行，因此属于动态重定位，并且由如下的内容一起来实现地址的动态重定位。

（1）将相对地址转换成数对（页号，页内位移）。

（2）建立一张作业的页、块对应表。

（3）按页号去查页、块对应表。

（4）由块的起始地址与页内位移形成绝对地址。

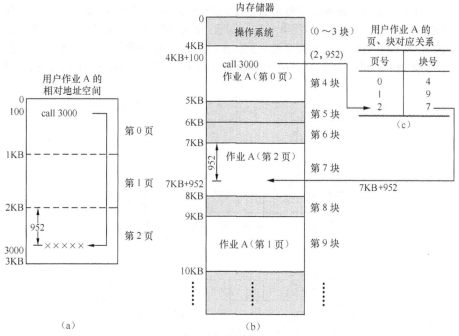

图 3-22　分页式存储管理中的地址重定位

例 3-5　一个实行分页式存储管理的系统，内存块尺寸为 2KB/块。现有一个用户，其相对地址空间为 0～5 129 字节。若将此作业装入内存，系统分配给它的存储总量为多少字节？

解：现在，作业总的存储需求为 5 130 个字节，内存块尺寸为 2 048 个字节。因为分页式存储管理是以块为单位进行存储分配的，必须分配给它 3 个内存块，所以，该作业进入内存后，要占据 6 144 个字节（3 页）的存储区。在分给该作业第 2 页的存储块中，将会出现 1 014 个字节的内部碎片。

3.4.2　分页式存储管理的地址转换

1. 地址结构与数对（页号，页内位移）的形成

如上所述，在分页式存储管理的地址变换中，首先遇到的是系统要把指令中的相对地址转换成它所对应的数对，并且给出了进行这种变换时使用的计算公式。但是，如果每次地址变换都要做这种映射计算，不仅费时，而且麻烦。

若把块（或页）的尺寸限定只能是 2 的整数次方，那么利用计算机系统设定的地址结构，就很容易得到一个相对地址所对应的数对，根本不用进行上面的复杂计算。

例如，某系统的地址结构长为 16 个二进制位，如图 3-23（a）所示。它表示该地址空间有 64KB（2 的 16 次方）大，即 0～65 535。图 3-23（a）中是相对地址 3000 的二进制表示。我们假定系统的块尺寸为 1KB=1 024B。

按照前面给出的公式，算出 3000 对应的数对是"2，952"。其实分析一下就可以知道，现在一页的尺寸为 1KB，表明每一页中有 1 024 个字节，它需要用 10 个二进制位来表示。因此，我们在第 10 个二进制位处画一条粗的竖线，如图 3-23（b）所示。这样，第 0 位到第 9 位这 10 个二进制位就可以表示一页中 0～1 023 这 1 024 个字节。如果超过 1024 个字节就进位。于是，前面的第 10 位到第 15 位就表示第几页。根据此分析，图 3-23（b）中高 6 位的二进制数值是 2，正是 3000 对应的页号，低 10 位的二进制数值是 952，正是 3000 对应的页内位移。

假定现在把一页的尺寸设置为 256 字节。为了说明相对地址 3000 应该与哪个数对相对应，在图 3-23（a）的基础上，在第 7 位和第 8 位之间画一条粗的竖线，如图 3-23（c）所示。这样做是因为 2 的 8 次方等于 256。计算高 8 位（8～15）相应的二进制数值是 11；计算低 8 位（0～7）相应的二进制数值是 184。因此，当每页长度为 256 字节时，相对地址 3000 应该在第 11 页的第 184 处。

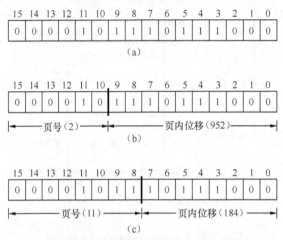

图 3-23　地址结构与数对（页号，页内地址）的形成

例 3-6　一台计算机的内存总存储量为 65 536 字节，块的尺寸为 4 096 字节。现在有一个用户程序，其代码段长为 32 768 字节，数据段长为 16 386 字节，栈段长为 15 870 字节。试问这个用户程序能适合该机器的内存空间吗？如果把一块改为 512 字节大小呢？（注意：不允许一块里包含两个段的内容，即不允许里面既有代码段的内容，又有栈段的内容。）

解：65 536 字节的存储空间，总共含 16 个长度为 4 096 字节的块。用户作业程序的代码段长 32 768 字节，需要 8 块；数据段长 16 386 字节，需要 5 块；栈段长 15 870 字节，需要 4 块。由于不允许一块中包含两个段的内容，该作业总共需要内存空间 17 块。这就是说，当每块为 4 096 字节时，该作业无法装入内存。

若将块尺寸改为 512 字节，则整个存储空间被划分成 128 块。此时，代码段需要 64 块，数据段需要 33 块，栈段需要 31 块，共需要 128 块。于是，此时的存储空间划分能够适应该作业的存储需求。

例 3-7　在分页式存储管理中，建立了某个作业的页、块对应关系为：第 0 页放在第 0 块，第 1 页放在第 3 块，第 2 页放在第 1 块，见表 3-2。已知块的尺寸为 1KB/块。试用公式求相对地址 1023、1024、3000 所对应的绝对地址。

表 3-2　页块对应关系

页号	块号
0	0
1	3
2	1

解：由于存储块的尺寸为 1 024 字节/块，故第 0 块的起始地址为 0；第 1 块的起始地址是 1024；第 3 块的起始地址是 3072。为了求相对地址所对应的绝对地址，首先应该求出它们所对应的数对，

然后用页号去查页、块对应关系，最后计算出绝对地址。1023 所对应的数对是

$$页号 = 1023/1024 = 0$$
$$页内位移 = 1023\%1024 = 1023$$

即（0，1023）。用 0 去查对应关系表，可知第 0 页放在第 0 块。故用第 0 块的起始地址与页内位移相加，得到绝对地址为 1023。

1024 所对应的数对是

$$页号 = 1024/1024 = 1$$
$$页内位移 = 1024\%1024 = 0$$

即（1，0）。用 1 去查对应关系表，可知第 1 页放在第 3 块。故用第 3 块的起始地址与页内位移相加，得到绝对地址为 3072。

3000 所对应的数对是

$$页号 = 3000/1024 = 2$$
$$页内位移 = 3000\%1024 = 952$$

即（2，952）。用 2 去查对应关系表，可知第 2 页放在第 1 块。故用第 1 块的起始地址与页内位移相加，得到绝对地址为 1976。

2. 页表与快表

在分页式存储管理中，系统按照内存块的尺寸，把每一个用户作业的相对地址空间划分成若干页，然后把这些页装入到内存的空闲块中投入运行。系统为了知道一个作业的某一页存放在内存中的哪一块中，就需要建立起它的页、块对应关系表。在操作系统中，把这张表称为"页表"。因此，在分页式存储管理中，每一个作业都有自己的页表。用户作业相对地址空间划分成多少页，其页表就有多少个表项，表项按页号顺序排列。

页表的构成是应该考虑的问题。一种方法是利用内存储器。这时，只需要硬件设置一个专用寄存器——"页表控制寄存器"。每当进程调度时，把调度到作业的页表起始地址和页表长度（即页表表项的数目）放入寄存器中，就能达到映射不同作业地址的目的。图 3-24 给出了地址转换过程：先把 CPU 指令中的相对地址分解成数对（页号，页内位移），接着由页号与页表起始地址得到该页号在页表中对应的表目，从而查到相应的块号，再由块号与页内位移拼出绝对地址。此时才去执行所需要的指令。页表控制寄存器中的"长度"起到存储保护的作用，每一个相对地址中的页号都不能大于该长度，否则出错。

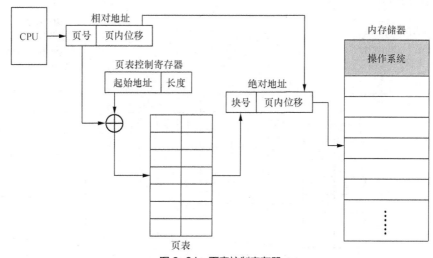

图 3-24　页表控制寄存器

由于页表存放在内存，不仅增加了系统在存储上的花销，更重要的是还降低了 CPU 的访问速度。因为每次对某一地址访问，首先要访问内存中的页表，形成绝对地址后，才能进行所需要的真正访问。也就是说，以前只需一次访问就能实现的操作，现在要两次访问内存储器才能实现。

为了提高地址的转换速度，另一种实现页表的方法是用一组快速的硬件寄存器构成公用的页表。调度到哪个页号时，就把该页号在内存的页表内容装入该组寄存器中。这组硬件寄存器是这样工作的：硬件把页号与寄存器组中所有的表项同时并行比较，立即输出与该页号匹配的块号，如图 3-25 所示。这种做法无须访问内存，并且通过并行匹配直接完成地址的变换，速度是极快的。

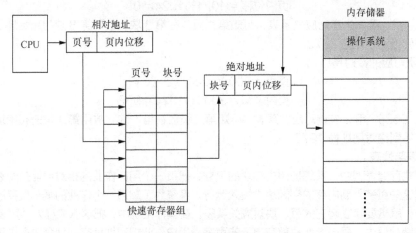

图 3-25　快速寄存器组并行工作方式

由于快速寄存器价格昂贵，完全由它来组成页表的方案是不可取的。比如，当地址结构为 32 个二进制位、块尺寸为 4KB 时，地址空间最多可以有 100 万个页面。由于一个页面在页表中要有一个表项项，于是要有 100 万个快速寄存器组构成页表，实在无法想象。

考虑到大多数程序在一次调度运行时，倾向于在少数页面中进行频繁的访问（这被称为程序的"局部性"原理），因此实际系统中的做法是采用内存页表与快速寄存器组相结合的解决方案，并且利用程序的局部性原理，只用极少数几个（一般是 8～16 个）快速寄存器来构成快速寄存器组。这时把快速寄存器组单独命名为"相联寄存器"，或简称"快表"。这时分页式存储管理的地址转换过程如图 3-26 所示。

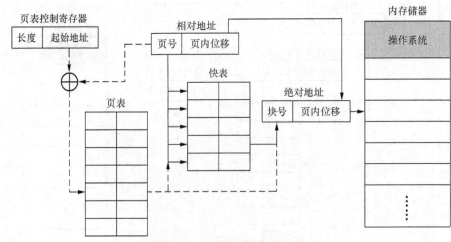

图 3-26　页表/快表地址转换机构

快表中存放的是页表内容的一部分。在得到一个相对地址并划分出数对（页号，页内位移）后，系统总是先将页号与快表中的所有表项并行比较。如果发现了匹配的页，则将块号直接从快表中取出，而不必通过页表。于是该块号与页内位移拼接，形成所需要的绝对地址。只有当快表中没有匹配的页号时，地址转换机构一方面按照普通的访问页表的方式工作，以获得所需要的绝对地址；另一方面，把这个页号与块号的对应关系送入快表保存，以便下一次进行地址转换时能够命中。如果快表里没有空的表项，则要先删除快表中的一个表项，然后将新的页表表项替换进去。

通过查快表就能实现内存访问的成功率为"命中率"。可见，命中率越高，性能就越好。表 3-3 给出了平均命中率与相联寄存器个数的关系。从表中可以看出，设置快表，确实能够达到提高地址转换速度的目的。

表 3-3　快表命中率统计

相联寄存器数量（个）	平均命中率
8	85%
12	93%
16	97%

例 3-8　假定 CPU 访问一次内存的时间为 200ns，访问一次快表的时间为 40ns。如果快表的命中率为 90%。试问现在进行一次内存存取的平均时间是多少？比只采用页表下降了多少？

解：现在，通过快表进行内存存取的时间是 200 + 40 = 240ns；通过页表进行内存存取的时间是 200 + 200 = 400ns。由于快表的命中率为 90%，因此现在进行一次内存存取的平均时间是：

（200 + 40）× 90% + （200 + 200）× 10% = 240 × 90% + 400 × 10% = 256ns

不采用快表，只用页表进行内存存取，每次需要 400ns。也就是说，采用快表比只采用页表少花 400 − 256 = 144ns。144ns 在 400ns 中所占的比率为：（144/400）× 100% = 36%，即下降了 36%。

例 3-9　假定访问页表的时间为 100ns，访问快表的时间为 20ns。希望把进行一次内存访问的平均时间控制在 140ns 内。试问这时要求快表的命中率为多少？

解：题中给出访问页表的时间为 100ns，也就是说访问一次内存需要 100ns。于是通过页表进行一次内存存取的时间为 100+100，通过快表进行一次内存存取的时间是 100+20。设命中率为 x，于是有等式如下：

（100 + 100）×（1 − x）+（100 + 20）x = 140

求解后可以得到 x = 75%，即命中率至少应该是 75%。

页面尺寸也是一个需要考虑的问题。由于任何一个作业的长度不可能总是页面尺寸的整数倍，因此平均来说，分配给作业的所有内存块的最后一块里会有一半是浪费掉的，它会成为内部碎片。不难算出，如果现在内存中共有 n 个作业，页面尺寸为 p 个字节，那么内存中就会有 $n × p/2$ 个字节被浪费掉。

从这个角度出发，应该把页面尺寸定得小一些。但是，页面尺寸小了，用户作业相对地址空间划分的页面数势必增加，每个作业的页表就会随之加大。比如，若页面尺寸定为 8KB，则 32KB 的用户程序只有 4 页大小。但如果把页面尺寸定为 512 字节，同一个作业就会被划出 64 个页面。于是，从减少页表所需的内存开销看，页面尺寸应该定大一些为好。

由上面的分析可以看出，选择最佳的页面尺寸，可能需要在几个相互矛盾的因素之间平衡求得。通常页面尺寸选在 512B 到 64KB 之间。

3.4.3　内存块的分配与回收

分页式存储管理是以块为单位进行存储分配的，并且每块的尺寸相同。因此，在有存储请求时，只要系统中有足够的空闲块存在，就可以进行存储分配，把哪个分配出去都一样，没有好坏之分。为了记住内存块里哪些是已分配的，哪些是空闲的，可以采用"存储分块表""位图"及"单链表"等来管理内存中的块。

所谓"存储分块表"，就是操作系统维持的一张表格，它的一个表项与内存中的一块相对应，用来记录该块的使用情况。如图 3-27（a）所示，内存总的容量是 64KB，每块 4KB，于是被划分成 16 块。这样，相应的存储分块表也有 16 个表项，它恰好记录了每一块当前的使用情况，如图 3-27（b）所示。当有存储请求时，就查存储分块表。只要表中记录的"空闲块总数"大于请求的存储量就可以进行分配，同时把表中分配出去的块的状态改为"已分配"。当作业完成归还存储块时，就把表中相应块的状态改为"空闲"。

当内存储器很大时，存储分块表就会很大，要花费掉相当多的存储量，于是出现了用位图记录每一块状态的方法。所谓"位图"，即是用二进制位与内存块的使用状态建立起关系，该位为"0"，表示对应的块空闲；该位为"1"，表示对应的块已分配。这些二进制位的整体，就称为"位图"。图 3-27（c）所示就是由 3 个字节组成的位图，前两个字节是真正的位图（共 16 个二进制位），第三个字节用来记录当前的空闲块数。

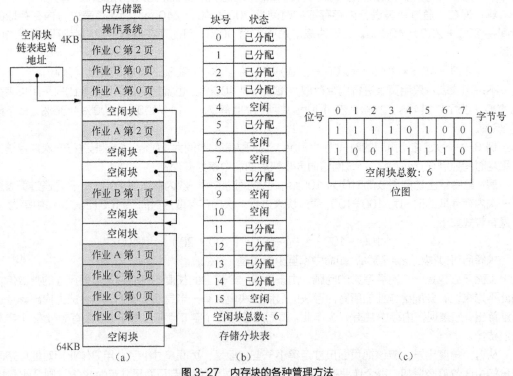

图 3-27　内存块的各种管理方法

进行块分配时，首先查看当前空闲块数能否满足作业提出的存储需求。若不能满足，则该作业不能装入内存。在满足时，一方面根据需求的块数，在位图中找出一个个当前取值为"0"的位，把它们的取值改为"1"，修改"空闲块总数"。这样，就把原来空闲的块分配出去了；另一方面，按照所找到的位的位号及字节号，可以按式（3-3）计算出该位所对应的块号（下面给出的不是通用公式）：

$$块号 = 字节号 \times 8 + 位号 \qquad (3-3)$$

把作业相对地址空间里的页面装入这些块，并在页表里记录页号与块号的这些对应关系，形成作业的页表。

在作业完成运行，归还存储区时，可以按照下面的公式，根据归还的块号计算出该块在位图中对应的是哪个字节的哪一位，把该位置"0"，实现块的回收。

$$字节号 = 块号 / 8 \qquad (3-4)$$

$$位号 = 块号 \% 8 \qquad (3-5)$$

（注：这里的"/"运算符表示整除；这里的"%"运算符表示求余。）

如同可变分区方式管理内存储器时采用的单链表法一样，在这里也可以把空闲块链接成一个单链表加以管理，如图 3-27（a）所示。当然，系统必须设置一个链表的起始地址指针，以便进行存储分配时能够找到空闲的内存块。

综上所述，分页式存储管理的特点如下所述。

（1）内存储器事先被划分成相等尺寸的块，它是进行存储分配的单位。

（2）用户作业的相对地址空间按照块的尺寸划分成页。要注意的是，这种划分是在系统内部进行的，用户感觉不到（也就是不知道）这种划分的存在。

（3）相对地址空间中的页可以进入内存中的任何一个空闲块，并且分页式存储管理实行的是动态重定位，因此它打破了一个作业必须占据连续存储空间的限制。作业在不连续的存储区里，也能够得到正确的运行。

分页式存储管理的缺点如下所述。

（1）平均每一个作业要浪费半页大小的存储块，即分页式存储管理会产生内部碎片。

（2）作业虽然可以不占据连续的存储区，但是每次仍然要求一次全部进入内存。因此，如果作业很大，其存储需求大于内存，仍然存在小内存不能运行大作业的问题。

3.5 分段式存储管理

引入分页式存储管理是为了提高内存的利用率。分段式存储管理的引入，则是为了方便用户编程、存储共享和存储保护。

3.5.1 分段及二维逻辑地址空间

在此之前用户编写程序时，先是一段程序一段程序地编写，对它们分别进行编译后，再链接编辑成为一个统一的、相对于"0"编址的线性地址空间。因此，用户向系统提供的是这样一个一维地址空间。

这种一维地址空间的组织方式，有如下缺点。

（1）在统一的一维地址空间中，程序段在内存中一个接着一个紧紧地放在一起，中间没有空隙。结果是改变一个程序段的大小，就会影响其他无关程序段的起始地址；对某个程序段进行修改，就会影响到其他相关部分，就可能要对所有的程序重新进行链接编辑。

（2）在统一的一维地址空间中，由于不清楚某程序段在内存空间的具体位置，因此不利于按照程序段的性质，实施存储保护和共享。

如果不把各程序段链接成一个统一的地址空间，而是按照程序的性质，以一个个独立地址空间的形式提交给系统，情况就会改变。

（1）每个程序段都是一个独立的地址空间，它们可以独自增长或缩短而不用顾及别的程序段，不会影响到其他程序段的地址空间。

（2）每个程序段是一个独立的逻辑实体（比如一个过程、一个数组或一个堆栈），因此可以对它们进行不同类型的存储保护，如对过程段指明只允许执行，禁止读和写；对数据段指明可以读、写，但不允许执行，任何试图转移到该段的执行都将被禁止。

（3）独立的地址空间有助于实施对过程和数据的共享，因为可以把需要共享的内容独立成为一段，纳入不同的用户作业地址空间里，而不必在每一个用户作业的地址空间里都有它的一个备份。

所谓"分段式"存储管理，即是要求用户将自己的整个作业程序以多个相互独立的称为"段"的地址空间提交给系统，每个段都是一个从"0"开始的一维地址空间，长度不一。操作系统按照段长为作业分配内存空间。

例 3-10　试通过编译程序在编译过程中建立的各种表，说明在分页式存储管理及分段式存储管理中，作业程序地址空间组织形式的不同。

解： 在编译过程中会建立很多表，其中主要有。

- 供打印程序清单的源程序文档。
- 由变量名及其属性组成的符号表。
- 由程序中所有的整型、实型常量组成的常量表。
- 包含程序语法分析结果的语法分析树。
- 内部过程调用时使用的堆栈。

编译时，前 4 个表会随着编译的进展而不断增长，最后一个表在编译过程中会以一种不可预计的方式增长和缩短。

在分页式存储管理时，这 5 个表必须限定在一个一维的地址空间里，如图 3-28（a）所示。若该程序使用了很多的变量，地址空间中预留给符号表的区域就可能会被全部用完，其他表中却还有很多的空闲空间可供使用。

在分段存储管理时，是把这些表视为一个个相互独立的地址空间，比如：段 0、段 1 等，它们组成了整个用户的地址空间，如图 3-28（b）所示。这时，各个段的增长或缩短不会影响到其他段，因为在它的地址空间里没有任何其他表可以阻挡。

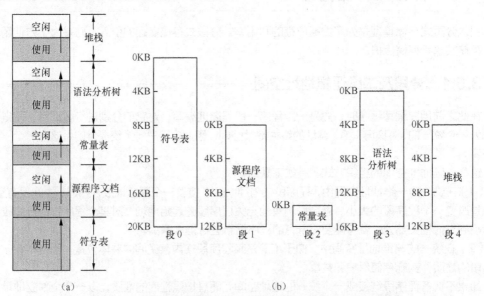

图 3-28　分页式存储管理与分段式存储管理用户地址空间的区别

不难看出，在分段式存储管理时，要指示存储空间里的一个地址，必须提供两部分内容：段号和段内位移。即分段式存储管理的用户程序中，逻辑地址应该是二维的：[段号，段内位移]，这时的地址结构如图 3-29（a）所示。在图 3-29（a）所示的 32 位的具体地址结构中，由于是各用 16 个二进制位表示段号 s 和段内位移 d，因此表示允许用户的逻辑地址空间中最多可以有 2^{16} 个段，每段的最大长度是 64KB。对于图 3-29（b）所示的 32 位的具体地址结构中，由于是用 9 个二进制位表示段号 s，用 23 个二进制位表示段内位移 d，因此表示允许用户的逻辑地址空间中最多可以有 2^9 个段，每段的最大长度是 $2^{23}=8\,192$KB。

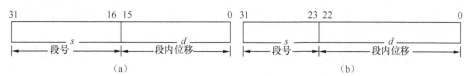

图 3-29　分段式存储管理的地址结构

3.5.2　段表及地址变换过程

实施分段式存储管理时，系统要为每个用户作业设置一个段表，用于记录各段在内存中的存放信息。逻辑空间中有多少段，段表里就有多少个表项。每个表项通常包括的信息有段号、段长、该段在内存的基址（即起始地址）等。

为了能够完成地址变换，硬件需要提供一个段表基址寄存器。每当重新调度时，就把调度到的作业的段表起始地址及段表长度（即段表中表项的个数）放入寄存器中，从而达到映射不同作业的目的。图 3-30 给出了分段式存储管理时的地址转换过程，具体步骤如下。

（1）从 CPU 给出的相对地址数对[段号 s，段内位移 d]中提取出段号 s，用来进行地址转换。

（2）如果段号 s 大于段表长度，表示该地址越界出错；否则以此段号为索引查段表，得到该段在内存的基址。

（3）用相对地址中的段内位移 d 与该段段长比较，如果大于段长，则表示该地址出错；否则，由段的基址和段内位移 d 拼装出所需的物理地址，从而实现对内存的访问。

与分页式存储管理类似，由于段表放在内存，CPU 每次访问内存中的一个元素，都要对内存进行两次访问，从而使程序的执行速度降低。因此，也可以用高速缓冲存储器构造出相当于相联存储器的快速地址转换机构，以期缩短访问内存中所需数据的时间。在此就不再赘述。

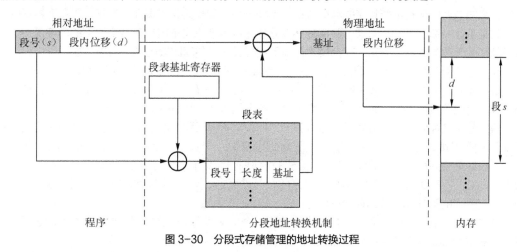

图 3-30　分段式存储管理的地址转换过程

例 3-11　在分段式存储管理中，某作业的段表见表 3-4。

表 3-4 作业的段表

段号	段长	基址
0	600	219
1	14	2300
2	100	90
3	580	1327
4	96	1954

已知该作业中的 6 个逻辑地址为①[0，430]；②[3，400]；③[1，10]；④[2，2500]；⑤[4，42]；⑥[1，11]。试求其对应的物理地址。

解： 根据所给段表，对于不同逻辑地址中的段号，有结果如下。

（1）[0，430]的物理地址是 219+430=649。

（2）[3，400]的物理地址是 1327+400=1727。

（3）[1，10]的物理地址是 2300+10=2310。

（4）由逻辑地址可知，是要访问第 2 段位于 2500 处的元素。但第 2 段的段长是 100，表明所要访问的段内位移越界出错。

（5）[4，42]的物理地址是 1954+42=1996。

（6）[1，11]的物理地址是 2300+11=2311。

3.5.3 存储保护与共享

1. 分页式存储管理中的存储保护与共享

在分页式环境下，存储保护只能以页面为单位。在页表的每一个表项里，设置一个所谓的"保护位"，该位的不同取值表示对应的页帧可读、可写或可执行等。这样，通过检查页的保护位，就可以验证有没有对只读页做写操作等。

在分页式系统中，把用户地址空间划分成页面的做法对用户来说是透明的，即用户并不知道他的作业被划分了页，不知道他的作业被划分成多少页，更不知道每一页的界限在什么地方。不难想象，被共享的程序文本部分不一定正好划分在一个或几个完整的页面中，有可能在一个页面中既有允许共享的内容，又有不能共享的私有数据。这样一来，如果共享该页面，就不利于私有数据的保密；如果不让共享该页面，原来可共享的那部分程序内容就不得不出现在各个进程的内存页中，造成存储空间无谓的浪费。因此，在分页式环境下实现页面的共享比较困难，但也不是不可能。

比如有 40 个用户，每个都要运行一个文本编辑程序。若该文本编辑程序代码段长 150KB，数据段长 50KB。如果编辑程序不支持共享，就需要 8MB 的内存来保证 40 个用户的运行。但如果编辑程序的代码是可重入的（即在执行时绝不会修改自己），就可以对它实施共享。

假定分页式存储管理的页帧尺寸为 50KB，那么文本编辑程序被划分成 3 页，用户进程的数据段被划分成 1 页，合起来每个用户进程的逻辑地址空间为 4 页。图 3-31（a）分别列出了 3 个进程的逻辑地址空间和相应的页表，它们的 0～2 页都划归给文本编辑程序使用（即 ed1,ed2,ed3），页表中的 0～2 表项都对应于页帧号 3、4 和 6；各进程的数据页（即 dataA、dataB、dataC）都位于自己空间的第 3 页，分别存放在内存的 2、8 和 11 页帧。

这样，为了支持 40 个用户，内存中只需要一个文本编辑程序的复制，加上每个用户运行时所需的数据空间 50KB，总共只需要 2.15MB 存储空间，而不是 8MB。

2. 分段式存储管理中的存储保护与共享

在分段式环境下，段是有完整意义的逻辑信息单位，因此对段中的所有内容可以采用相同的方式加以使用。比如，程序段只能执行，不能修改；数据段可读可写，但不能执行；等等。因此，在分段式存储管理中，很容易对各段实现存储保护和共享。

在分段式存储管理中，可以有两种存储保护，一种是越权保护，另一种是越界保护。我们可以通过在段表表项里增加权限位，指出每段的访问权限，比如是可读的、可写的或只执行的等。每次进行地址映射时，将该访问的类型与权限位做比较，若不符合就产生出错中断，从而实现越权保护的目的。

在地址变换过程中，需要进行段号和段表长度的比较，以及段内地址和段长的比较。若段号小于段表长度，并且段内地址小于段长，才能去进行地址变换。否则产生越界中断，终止程序的运行，达到越界保护的目的。

在分段式存储管理中，很容易实现段的共享，这只需在有关作业的段表中增加一个表项，让其基址指向共享段在内存中的起始地址。

比如进程 A 和 B 要对文本编辑程序进行共享，就可以把文本编辑程序作为它们地址空间中的段 0，如图 3-31（b）所示。假定文本编辑程序存放在内存 43062 起始的连续分区里，那么在所对应的各段表中，段号为 0 的表项的基址都是 43062，从而达到共享该文本编辑程序的目的。

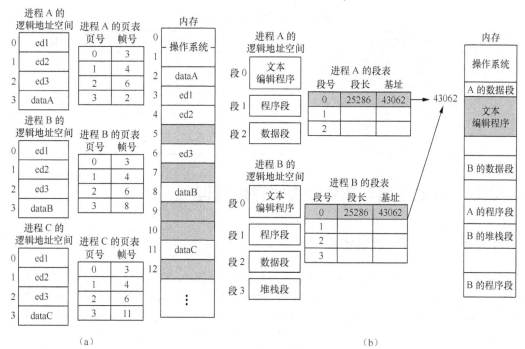

（a）　　　　　　　　　　　　　　　　　　　　　（b）

图 3-31　分页式、分段式的存储共享

3.5.4　分段与分页的区别

从形式上看，分段式存储管理与分页式存储管理有很多相似之处。比如，一个为（页号，页内位移），一个为[段号，段内位移]；一个有页表，一个有段表；等等。不过它们却是两个完全不同的概念，主要区别表现在如下几个方面。

（1）页是信息的物理单位，段是信息的逻辑单位。

分页是系统管理的需要，不是用户的需求，用户并不知道系统在内部处理时，将自己的空间划分成了很多的页。系统根据内存块的尺寸划分页，并不考虑该页中的信息是否完整。因此，一页对应的是信息的一个物理单位。

　　分段是基于用户程序结构提出的存储管理模式，用户知道自己的程序分有多少段，每段在逻辑上都是相对完整的一组信息。所以，段是信息的一个逻辑单位。

　　（2）页的尺寸由系统确定，段的尺寸因段而异。

　　实行分页式存储管理的系统，页的尺寸是由系统确定的，它与内存页帧的大小相同。段的长度取决于用户编写的程序，不同的段有不同的长度。比如图3-28中作为段0的符号表的长度是20KB，而作为段3的语法分析树的长度为16KB。

　　（3）页式地址空间是一维的，段式地址空间是二维的。

　　在分页式存储管理时，用户必须通过链接编辑程序，把各程序段链接成一个相对于0编址的一维线性空间，程序是通过地址编号来确定空间中的位置的。因此，用户向系统提供的是一个一维的逻辑地址空间。

　　在分段式存储管理时，用户不把各程序段连接成一个相对于0编址的一维线性空间，各程序段之间是通过[段号，段内位移]进行访问的。因此，用户向系统提供的是一个二维的逻辑地址空间。

　　表3-5从几个方面对分页和分段进行了比较。

表3-5　分页和分段的比较

比较内容	分页	分段
程序员需要了解这种管理技术吗？	否	是
作业空间存在多少个线性地址空间？	1个	多个
过程和数据被区分并分别加以保护吗？	否	是
可以很容易提供尺寸不定的表吗？	否	是
用户可以很容易共享过程段吗？	否	是

3.6　虚拟存储与请求分页式存储管理

3.6.1　虚拟存储器的概念

　　首先回顾一下前面所介绍的各种存储管理方案。固定分区和可变分区存储管理要求把作业一次全部装入一个连续的存储分区中；分页式存储管理也要求把作业一次全部装入，但是装入的存储块可以不连续。但无论如何，这些存储管理方案都要求把作业"一次全部装入"。这就带来了一个很大的问题：如果有一个作业太大，以至于整个内存都容纳不下它，那么，这个作业就无法投入运行。多年来，人们总是受到小内存与大作业之间矛盾的困扰。在多道程序设计时，为了提高系统资源的利用率，要求在内存里存放多个作业程序，这个矛盾就显得更加突出。

　　要求一次全部装入作业程序，主要就是认为只有作业程序全部在内存里，才能够保证它的正确运行。其实，作业程序运行时，并不一定要全部在内存里。比如从图3-6给出的程序结构中可以看出，它有3条执行路线：MAIN→A→C、MAIN→B→D、MAIN→B→E。由此可知，程序段A和B在执行时不可能同时用到，程序段C、D、E在执行时也不可能同时用到。既然在执行时不可能同时用到，也就没有必要一起出现在内存里。另外，在介绍相联存储器时曾经说过，程序的执行具有"局部性"。比如在一段时间里可能循环执行某些指令，或多次访问某一部分数据，其他程序段一时用不到。由此可见，实际运行时，没有必要把作业的全部信息都放在内存储器中。只要组织合理，调度恰当，在发现所需访问的信息不在内存时，能够找到它，把它调入内存，那么不仅可以保证作业的正确运行，也提高了系统的资源利用率，使得系统具有更高的运行效率。

装入部分信息后程序就能够运行，其意义是重大的。因为这样一来，作业就可以不受内存储器容量的限制了，作业的相对地址空间可以比内存储器大，并且可以大很多。具体地说，就是作业提交给系统时，首先进入辅存。运行时，只将其有关部分信息装入内存，大部分仍保存在辅存中。当运行过程中需要用到不在内存的信息时，再把它们调入，以保证程序的正常运行。比如说，有一个1MB 的程序，任何时刻都可以让它的 256KB 内容在内存中运行。需要时，就在内存和辅存之间交换所需要的其他程序段信息。于是，1MB 程序就可以在 256KB 的存储器中得以运行。对于用户来说，他只知道程序在内存里才能运行。现在他的 1MB 程序能够运行，因此他就认为该计算机系统提供的是一个具有 1MB 的内存。但这只是一个"幻觉"，实际上只提供给他 256KB 内存。这样一个人们认为有的、但实际上不存在的"大"存储器，就被称为"虚拟存储器"。

可以看出，虚拟存储器是一种扩大内存容量的设计技术，它把辅助存储器作为计算机内存储器的后援。在虚拟存储意义下，用户作业的相对地址空间，就是系统提供给他的虚拟存储器。在多道程序设计环境下，每一个用户都有自己的虚拟存储器。为了强调和突出虚拟存储，在提供虚拟存储管理的系统里，就把用户作业的相对地址空间改称为"虚拟地址空间"，里面的地址称为"虚拟地址"。

既然装入一个作业的部分信息后，作业就可以开始运行，那么肯定有如下的两个问题需要解决。

（1）程序运行时，如何发现需要的信息不在内存。只有能够发现信息不在内存，才有可能将其调入。

（2）不在内存的信息只有进入内存才能被执行。因此，如果需要调入信息时内存没有空余的存储区，应该如何处理。

这些问题的解决，与计算机系统采用的虚拟技术有关。当前实现虚拟存储器的技术有基于分页式存储管理的"请求分页式存储管理"、基于分段式存储管理的"请求分段式存储管理"，以及基于段页式存储管理的"请求段页式存储管理"。这里将只介绍基于分页式存储管理的请求分页式存储管理虚拟存储实现技术。

3.6.2 请求分页式存储管理的基本思想

请求分页式存储管理是基于分页式存储管理的一种虚拟存储器。它与分页式存储管理相同的是：先把内存空间划分成尺寸相同、位置固定的块，然后按照内存块的大小，把作业的虚拟地址空间（就是以前的相对地址空间）划分成页（注意这个划分过程对于用户是透明的）。由于页的尺寸与块一样，因此虚拟地址空间中的一页，可以装入内存中的任何一块中。它与分页式存储管理不同的是：作业全部进入辅助存储器，运行时，并不把整个作业程序都装入到内存，而只装入目前要用的若干页，其他页仍然保存在辅助存储器里。运行过程中，虚拟地址被转换成数对（页号，页内位移）。根据页号查页表时，如果该页已经在内存，就有真实的块号与之对应，运行就能够进行下去；如果该页不在内存，就没有具体的块号与之对应，表明为"缺页"，运行就无法继续下去，此时，就要根据该页号把它从辅助存储器里调入内存，以保证程序的运行。所谓"请求分页式"，是指当程序运行中需要某一页时，再把它从辅助存储器里调入内存使用。

根据请求分页式存储管理的基本思想可以看出，用户作业的虚拟地址空间可以很大，它不受内存尺寸的约束。例如，某计算机的内存储器容量为 32KB，系统将其划分成 32 个 1KB 大小的块。该机的地址结构长度为 2 的 21 次方，即整个虚拟存储器最大可以有 2MB，是内存的 64 倍。图 3-32（a）给出了虚拟地址的结构，从中可以看出，当每页为 1KB 时，虚拟存储器最多可以有 2 048 页。这么大的虚拟空间当然无法整个装入内存。图 3-32（b）表示将虚拟地址空间放在辅助存储器中，运行时，只把少数几页装入内存块中。

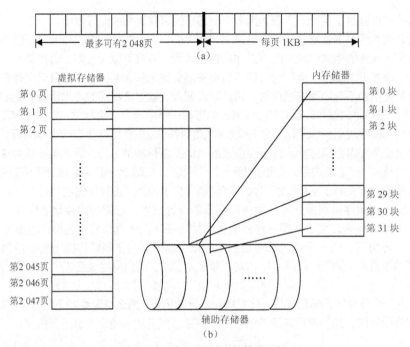

图 3-32　请求分页式存储管理示意

3.6.3　缺页中断的处理

1. 页表表项中的"缺页中断位"

请求分页式存储管理中，是通过页表表项中的"缺页中断位"来判断所需要的页是否在内存的。这时的页表表项内容基本由页号、块号、缺页中断位、辅存地址组成，如图 3-33 所示。

页　　号	块　　号	缺页中断位	辅 存 地 址

图 3-33　页表表项内容

各项含义如下。

页号：虚拟地址空间中的页号。

块号：该页所占用的内存块号。

缺页中断位：该位为"1"，表示此页已在内存；为"0"，表示该页不在内存。当此位为 0 时，会发出"缺页"中断信号，以求得系统的处理，将所缺的页从磁盘调入内存。

辅存地址：该页内容在辅助存储器上的存放地址。缺页时，缺页中断处理程序就会根据它的指点，把所需要的页调入内存。

2. 请求分页式存储管理运作过程图例

下面通过图 3-34，来说明请求分页式存储管理的运作过程，该图例的基础如下。

（1）内存容量为 40KB，被划分成 10 个存储块，每块 4KB，操作系统程序占用第 0 块。如图 3-34（a）所示。

（2）内存第 1 块为系统数据区，里面存放着操作系统运行时所需要的各种表格。这些表格分类如下所述。

• 存储分块表：它记录当前系统各块的使用状态，是已分配的，还是空闲的，如图 3-34（b）所示。可以看出，目前内存中的第 3、7、9 块是空闲的，其余的都已经分配给各个作业使用。

● 作业表：它记录着目前进入内存运行的作业的有关数据，例如作业的尺寸、作业的页表在内存的起始地址与长度等信息。由图 3-34（c）可知，当前已经有 3 个作业进入内存运行，它们的页表各放在内存的 4160、4600、4820 处。作业 1 有 2 页，作业 2 有 3 页，作业 3 有 1 页。

● 各个作业的页表：每个页表表目简化为 3 项内容，即页号（P）、块号（B）及缺页中断位（R），其实还应该有该页在辅助存储器中的位置等信息。如图 3-34（d）所示。

图 3-34（a）展示出了作业 2 的页表在系统数据区里的情形。其实，上面给出的作业表、存储分块表及各个作业的页表等都应该在这个区里面，现在把它们单独提出来，形成了图 3-34（b）、图 3-34（c）及图 3-34（d）。另外要注意，系统数据区中的数据是操作系统专用的，用户不能随意访问。

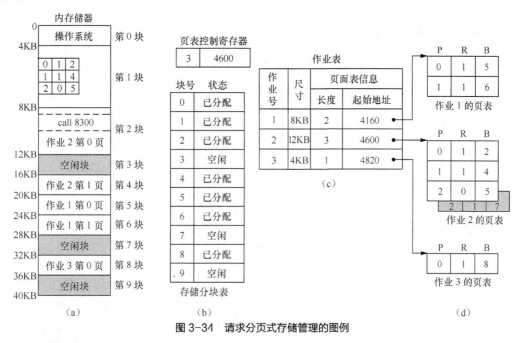

图 3-34 请求分页式存储管理的图例

（3）这里的地址转换机构仅由页表组成，没有给出相联寄存器（快表）。系统设置了一个页表控制寄存器，在它的里面总是存放着当前运行作业页表的起始地址及长度，这些信息来自于前面提及的作业表。由于现在它的里面放的是作业 2 的信息，可以看出，当前系统正在运行作业 2。

当操作系统决定把 CPU 分配给作业 2 使用时，就从作业表中把作业 2 的页表起始地址（4600）和长度（3）装入页表控制寄存器中（这种装入操作是由特权指令来完成的）。于是开始运行作业 2。当执行到作业 2 第 0 块中的指令"call 8300"时，系统先把它里面的虚拟地址 8300 转换成数对（2，108），其中

$$页号 = 8300/4096 = 2；页内位移 = 8300\%4096 = 108$$

按照页表控制寄存器的记录，页号 2 小于寄存器中的长度 3，表明虚拟地址 8300 没有超出作业 2 所在的虚拟地址空间，因此允许用页号 2 去查作业 2 的页表。要注意的是，现在作业 2 的第 2 页并不在内存，因为它所对应的页表表目中的 R 位（即缺页中断位）等于 0，于是引起"缺页中断"。这时，系统一方面通过查存储分块表，得到目前内存中第 3、7、9 块是空闲的。假定现在把第 7 块分配给作业 2 的第 2 页使用。于是把作业 2 页表的第 3 个表目中的 R 改为 1，B 改为 7，如图 3-34（d）中作业 2 页表第 3 表项底衬所示。另一方面，根据页表中的记录，获得该页在辅存的位置（注意，图 3-34 里的页表没有给出这个信息），并把作业 2 的第 2 页调入内存的第 7 块；此外，系统

应该把存储分块表中对应第 7 块的表目状态由"空闲"改为"已分配"。做完这些事情后，系统结束缺页中断处理，返回指令"call 8300"处重新执行。

这时，虚拟地址 8300 仍被转换成数对（2，108），其中

$$页号= 8300/4096 = 2；页内位移= 8300\%4096 = 108$$

根据页号 2 去查作业 2 页表的第 3 个表目。这时该表目中的 R=1，表示该页在内存，且放在了内存的第 7 块中。这样，用第 7 块的起始地址 28KB 加页内位移 108，形成了虚拟地址 8300 对应的绝对地址。所以真正应该执行的指令是："call（28KB+108）"。

在页表表项中，如果某项的 R 位是 0，那么它的 B 位记录的内容是无效的。比如，作业 2 页表的第 2 页中，由于它的 R 原来为 0，因此 B 中的信息"5"是无效的，并不表明现在第 2 页放在第 5 块中，它可能是以前留下的痕迹。

3. 缺页中断的处理过程

图 3-35 中用数字标出了缺页中断的处理过程，具体如下。

（1）根据当前执行指令中的虚拟地址，形成数对（页号，页内位移）。用页号去查页表，判断该页是否在内存储器中。

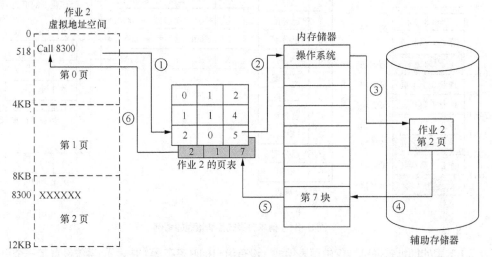

图 3-35　缺页中断处理过程

（2）若该页的 R 位（缺页中断位）为"0"，表示当前该页不在内存，于是产生缺页中断，让操作系统的中断处理程序进行中断处理。

（3）中断处理程序去查存储分块表，寻找一个空闲的内存块；查页表，得到该页在辅助存储器上的位置，并启动磁盘读信息。

（4）把从磁盘上读出的信息装入分配的内存块中。

（5）根据所分配的存储块的信息，修改页表中相应的表目内容，即将表目中的 R 位设置成为"1"，表示该页已在内存中，在 B 位填入所分配的块号。另外，还要修改存储分块表里相应表目的状态。

（6）由于产生缺页中断的那条指令并没有执行，在完成所需页面的装入工作后，应该返回原指令重新执行。这时所需页面已在内存，因此可以顺利执行下去。

4. 缺页中断与一般中断的区别

由上面的讲述可以看出，缺页中断与一般中断的区别如下。

（1）缺页中断是在执行一条指令中间时产生的中断，并立即转去处理。一般中断则是在一条指令执行完毕后，当发现有中断请求时，才去响应和处理。

（2）缺页中断处理完成后，仍返回原指令去重新执行，因为那条指令并未执行。而一般中断则是到下一条指令去执行，因为上一条指令已经执行完毕了。

5. 作业运行时的页面走向

作业运行时，程序中涉及的虚拟地址随时在发生变化，它是程序的执行轨迹，是程序的一种动态特征。由于每一个虚拟地址都与一个数对（页号，页内位移）相对应，因此这种动态特征也可以用程序执行时页号的变化来描述。通常称一个程序执行过程中页号的变化序列为"页面走向"。例如，图 3-36（a）给出一个用户作业的虚拟地址空间。

该图里面有 3 条指令。虚拟地址 100 中是一条 LOAD 指令，含义是把虚拟地址 1120 中的数 2000 送入 1 号寄存器；虚拟地址 104 中是一条 ADD 指令，含义是把虚拟地址 2410 中的数 1000 与 1 号寄存器中当前的内容（即 2000）相加，结果放在 1 号寄存器中（这时 1 号寄存器里应该是 3000）；虚拟地址 108 中是一条 STORE 指令，含义是把 1 号寄存器中的内容存入虚拟地址 1124 中。因此，运行结果如图 3-36（b）所示，在虚拟地址 1124 中有结果 3000。

该程序运行时，虚拟地址的变化情形如图 3-36（c）第 2 栏"虚拟地址"所示。如上所述，它代表了程序执行时的一种运行轨迹，是程序的一种动态特征。另一方面，每一个虚拟地址都有一个数对与之对应，如图 3-36（c）第 3 栏所示。把它里面的页号抽取出来，就构成了该程序运行时的页面走向，即如图 3-36（c）第 4 栏所示。它是描述程序运行时动态特征的另一种方法。从该程序的页面走向序列（0、1、0、2、0、1）可以看出，它所涉及的页面总数为 6。注意页面总数的计算方法，只要从一页变成另一页，就要计数一次。

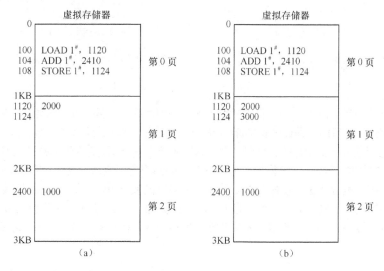

用户作业程序	虚拟地址	数对（页号，页内位移）	页面走向
100 LOAD 1#, 1120	100	(0, 100)	0
	1120	(1, 96)	1
104 ADD 1#, 2410	104	(0, 104)	0
	2410	(2, 362)	2
108 STORE 1#, 1124	108	(0, 108)	0
	1124	(1, 100)	1

（c）

图 3-36　程序运行时的页面走向

6．缺页中断率

假定一个作业运行的页面走向中涉及的页面总数为 A，其中有 F 次缺页，必须通过缺页中断把它们调入内存。我们定义缺页中断率 f：

$$f = F/A \qquad\qquad\qquad (3\text{-}6)$$

显然，缺页中断率与缺页中断的次数有密切的关系。分析起来，影响缺页中断次数的因素有以下几种。

（1）分配给作业的内存块数：由于分配给作业的内存块数多，能够同时装入内存的作业页面就多，缺页的可能性下降，发生缺页中断的可能性也就下降。

（2）页面尺寸：页面尺寸是与块尺寸相同的，因此块大页也就大。页面增大了，在每个内存块里的信息相应增加，缺页的可能性下降。反之，页面尺寸减小，每块里的信息减少，缺页的可能性上升。

（3）程序的实现：作业程序的编写方法，对缺页中断产生的次数也会有影响。下面通过一个例子来说明这个问题。

例3-12　要把 128×128 的数组元素初始化为"0"。数组中的每个元素占用一个字。假定页面尺寸为 128 字，规定数组按行的顺序存放，系统只分配给该作业 2 个内存块：一个用于存放程序，另一个用于数组初始化。作业开始运行时，除程序已经在内存块外，数据均未进入。试问：下面给出的两个程序在运行时各会发生多少次缺页中断？

```
程序1:                          程序2:
main()                          main()
{                               {
    int a[128][128];                int a[128][128];
    int i,j;                        int i,j;
    for(i=0;i<128;i++)              for(j=0;j<128;j++)
      for(j=0;j<128;j++)              for(i=0;i<128;i++)
        a[i][j]=0;                      a[i][j]=0;
}                               }
```

解：按题目规定，数组 a 的一行恰好能放入一个内存块。另外，作业开始运行时，数组都不在内存里。因此开始运行时，通过缺页中断调进一页，这一页就是数组 a 的一行。因为程序1是按行来对数组 a 的元素进行初始化的，所以，通过缺页中断进来一页，就能够完成对数组 a 的一行元素的初始化。a 总共有128行，需要通过128次缺页中断将它们调入，完成对它们的初始化。程序2是按列来对数组 a 的元素进行初始化的。通过缺页中断进来一页，只能够完成对数组 a 的一行中的一个列元素初始化。于是，每一列元素的初始化，必须通过128次缺页中断才能完成。数组 a 共有128列，故按照程序2的编制方法，总共需要 128×128 = 16 384 次缺页中断，才能完成数组 a 的初始化工作。

3.6.4　页面淘汰算法

发生缺页时，就要从辅存上把所需要的页面调入到内存。如果当时内存中有空闲块，页面的调入问题就解决了；如果当时内存中已经没有空闲块可供分配使用，就必须在内存中选择一页，然后把它调出内存，以便为即将调入的页面让出块空间。这就是所谓的"页面淘汰"问题。

页面淘汰首先要研究的是选择谁作为被淘汰的对象。虽然可以简单地随机选择一个内存中的页面淘汰出去，但显然选择将来不常使用的页面，会使系统的性能更好一些。因为如果淘汰一个经常要使用的页面，那么很快又要用到它，需要把它再一次调入，从而增加了系统在处理缺页中断与页面调出/调入上的开销。人们总是希望缺页中断少发生一些，如果一个刚被淘汰（从内存调出到辅存）出去的页，时隔不久因为又要访问它，又把它从辅存调入。调入不久再一次被淘汰，再访问，再调入。如此反复进行，会使整个系统一直陷于页面的调入、调出，以致大部分 CPU 时间都用于处理缺页中断和页面淘汰，很少能顾及用户作业的实际计算。这种现象被称为"抖动"或称为"颠簸"。很明显，抖动使得整个系统效率低下，甚至趋于崩溃，是应该极力避免和排除的。

要注意，页面淘汰是由缺页中断引起的，但缺页中断不见得一定引起页面淘汰。只有当内存中没有空闲块时，缺页中断才会引起页面淘汰。

选择淘汰对象有很多种方略可以采用，常见的有"先进先出页面淘汰算法""最久未使用页面淘汰算法""最少使用页面淘汰算法"及"最优页面淘汰算法"等。下面将一一介绍它们。在介绍之前还需要说明的是，在内存里选中了一个淘汰的页面，如果该页面在内存时未被修改过，就可以直接用调入的页面将其覆盖掉；如果该页面在内存时被修改过，就必须把它回写到磁盘，以便更新该页在辅存上的副本。一个页面的内容在内存时是否被修改过，可以通过页表表目反映出来。上一小节我们已经给出过在请求分页式存储管理中页表表目的简单构成，更为实用的页表表目包含的内容如图 3-37 所示。

页　号	块　号	缺页中断位	辅存地址	引用位	改变位

图 3-37　页表表目

前面 4 项的解释见 3.6.3 小节，后面两项的含义如下。

引用位：在系统规定的时间间隔内，该页是否被引用过的标志（该位在页面淘汰算法中将会用到）。

改变位：该位为"0"时，表示此页面在内存时，数据未被修改过；为"1"时，表示被修改过。当此页面被选中为淘汰对象时，根据此位的取值来确定是否要将该页的内容进行磁盘回写操作。

1. 先进先出页面淘汰算法

先进先出（FIFO）是人们最容易想到的页面淘汰算法。其做法是进行页面淘汰时，总是把最早进入内存的页面作为淘汰的对象。比如，给出一个作业运行时的页面走向：

1、2、3、4、1、2、5、1、2、3、4、5

这就是说，该作业运行时，先要用到第 1 页，再用到第 2 页、第 3 页和第 4 页等。页面走向中涉及的页面总数为 12。假定只给该作业分配 3 个内存块使用。开始时作业程序全部在辅存，3 个内存块都为空。运行后，通过 3 次缺页中断，把第 1 页、第 2 页、第 3 页这 3 个页面分别从辅存调入内存块中。当页面走向到达 4 时，用到第 4 页。由于 3 个内存块中没有第 4 页，因此需要通过缺页中断将其调入。但供该作业使用的 3 个内存块全部分配完毕，必须进行页面淘汰才能够腾空一个内存块，让所需的第 4 页进来。可以看出，前面 3 个缺页中断没有引起页面淘汰，现在这个缺页中断引起了页面淘汰。根据 FIFO 的淘汰原则，显然应该把第一个进来的第 1 页淘汰出去。紧接着又用到第 1 页，它不在内存的 3 个块中，于是不得不把这一时刻最先来的第 2 页淘汰出去，以此类推。图 3-38（a）所示描述了整个进展过程。

在图 3-38 中，最上面出示的是页面走向，每一个页号下面对应着的 3 个方框及里面的数字，表示那一时刻 3 个内存块中存放的页面号。要注意的是，在把某页填入一个方框后，就理解为它只能在那一个方框里存在，直到被淘汰，如图 3-38（b）所示（一个局部图），那么被淘汰页面在图中出现的位置就是不确定的，让人不易理解。为了能够更好地说明问题，图 3-38（a）中的做法是让每列中的页号按淘汰算法的淘汰顺序由下往上排列，排在最下面的是下一次的淘汰对象，排在最上面的是最后才会被淘汰的对象。由于现在实行的是 FIFO 页面淘汰算法，排在最上面的页号是刚刚调入内存的页面号，排在最下面的是进入内存最早的页面号，它正是下一次页面淘汰的对象，在图中用圆圈把它圈起来，起到醒目提示的作用。图 3-38（a）的最下面还有一方框行，它记录了根据页面走向往前迈进时，每个所调用的页面在当时的内存块中是能够找到的，还是要通过缺页中断调入。如果必须通过缺页中断调入，就在相应的方框里打一个勾，以便最后能计算出相对于这个页面走向，总共发生多少次缺页中断。比如对于所给的页面走向，它涉及的页面总数为 12，通过缺页中断调入页面的次数是 9（因为"缺页计数"栏中有 9 个勾），因此它的缺页中断率 f 是：

$$f = 9/12 = 75\%$$

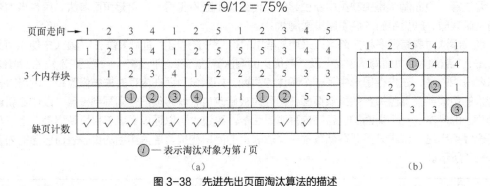

图 3-38 先进先出页面淘汰算法的描述

FIFO 页面淘汰算法的着眼点是，认为随着时间的推移，在内存中存放时间最长的页面被访问的可能性最小。在实际中，就有可能把经常要访问的页面淘汰出去。为了尽量避免出现这种情形，又提出了对它的改进——"第二次机会页面淘汰算法"。这种算法的基础是先进先出。它把进入内存的页面按照先后次序组织成一个链表。在选择淘汰对象时，总是把链表的第 1 个页面作为要淘汰的对象，并检查该页面的"引用位（R）"。如果它的 R 位为"0"，表示从上一次页面淘汰以来，到现在它没有被引用过。这就是说，它既老又没用，因此可以把它立即淘汰；如果它的 R 位为"1"，表示从上一次页面淘汰以来，它被引用过，因此暂时不淘汰它，再给它一次机会。于是将它的 R 位修改为"0"，然后排到链表的最后，并继续在链表上搜索符合条件的淘汰对象。图 3-39 是第二次机会页面淘汰算法的示意。假定现在要进行页面淘汰，页面链表的排队情形如图 3-39（a）所示，排在第 1 个的页面 A 当前的 R 位为"1"，因此把它的 R 位修改成"0"，并排到链表的最后。至于到底谁是淘汰的对象，继续从页面 B 往下搜索才能确定。

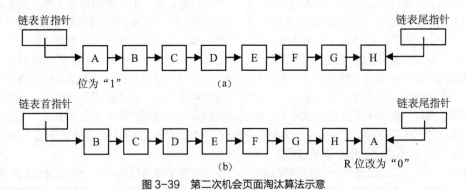

图 3-39 第二次机会页面淘汰算法示意

第二次机会页面淘汰算法所做的，是在页面链表上寻找一个从上一次淘汰以来没有被访问过的页面。如果所有的页面都被访问过了，这个算法就成为纯粹的先进先出页面淘汰算法。极端地说，假如图 3-39（a）中所有页面的 R 位都是"1"，该算法就会一个接一个地把每一个页面移到链表的最后，并且把它的 R 位修改成"0"，最后又会回到页面 A。此时它的 R 位已经是"0"，因此被淘汰出去。所以，这个算法总是能够结束的。

第二次机会页面淘汰算法把在内存中的页面组织成一个链表来管理，页面要在链表中经常移动，从而影响系统的效率。可以把这些页面组织成循环链表的形式，如图 3-40 所示。循环链表类似于时钟，用一个指针指向当前最先进入内存的页面。当发生缺页中断并要求页面淘汰时，首先检查指针指向的页面的 R 位。如果它的 R 位为"0",就把它淘汰,让新的页面进入它原来占用的内存块,并把指针沿顺时针方向向前移动一个位置;如果它的 R 位为"1",则将其 R 位清为"0",然后把指针沿顺时针方向向前移动一个位置,重复这一过程,直到找到一个 R 位为"0"的页面为止。它实际上是第二次机会页面淘汰算法的变形,有时称为"时钟页面淘汰算法"。

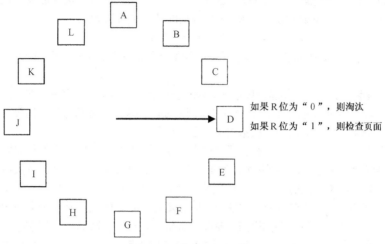

如果 R 位为"0",则淘汰
如果 R 位为"1",则检查页面

图 3-40 时钟页面淘汰算法

2. 最近最久未用页面淘汰算法

最近最久未用(LRU)页面淘汰算法的着眼点是在进行页面淘汰时,检查这些淘汰对象的被访问时间,总是把最长时间未被访问过的页面淘汰出去。这是一种基于程序局部性原理的淘汰算法。也就是说,该算法认为如果一个页面刚被访问过,不久的将来它被访问的可能性就大;否则被访问的可能性就小。

仍以前面 FIFO 中涉及的页面走向(1、2、3、4、1、2、5、1、2、3、4、5)为例,来看对它实行 LRU 页面淘汰算法时,缺页中断率是多少。

一切约定如前所述,图 3-41(a)所示是 LRU 的运行过程。图 3-41(b)所示是图 3-38(a)的局部,对照着看,以比较出两种算法思想的不同。

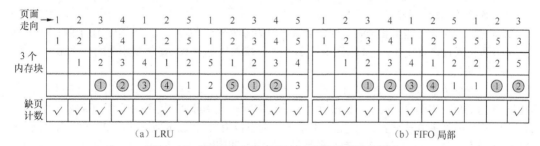

图 3-41 最近最久未用(LRU)页面淘汰算法的描述

按照页面走向,从第 1 页面开始直到第 5 页面(即 1、2、3、4、1、2、5),这两个图是一样的。当又到第 1 页时,由于该页在内存块中,不会引起缺页中断,但是两个算法的处理就不相同了。

对于 FIFO,关心的是这 3 页进入内存的先后次序。对第 1 页的访问不会改变内存中第 1、2、5 这 3 页进入内存的先后次序,因此它们之间的关系仍然保持前一列的关系,如图 3-41(b)所示。对于 LRU,关心的是这 3 页被访问的时间。对第 1 页的访问,表明它是当前刚被访问过的页面,其次访问的是页面 5,最早访问的是页面 2。因此按照 LRU 的原则,应该对它们在图 3-41(a)

中的排列顺序加以调整才对。即：第 1 页应该在最上面，第 5 页应该在中间，第 2 页应该在最下面。

再进到页面 2，仍然不发生缺页中断，对于 FIFO，不用调整在内存中 3 页的先后次序；对于 LRU，则又要调整这 3 页的排列次序。

正是因为如此，当到第 3 页、而第 3 页又不在内存时，不仅发生缺页中断，而且引起页面淘汰。在 FIFO 中，淘汰的对象是第 1 页；在 LRU 中，淘汰的对象则是第 5 页，后面的处理过程与此类似。由于图 3-41（a）中对缺页的计数是 10，故它的缺页中断率 f 是：

$$f = 10/12 = 83\%$$

可以看出，对于同样的页面走向，实行 FIFO 页面淘汰算法要比 LRU 好，因为 FIFO 的缺页中断率小于 LRU。

例 3-13　假定请求分页式存储管理系统分配给作业 A 总共 M 个内存块，该作业页面走向中页面总数为 P，涉及 N 个不同的页面，初始时没有页面在内存块中。试问对于任何页面淘汰算法，缺页中断次数的下界是多少？缺页中断次数的上界是多少？

解：根据题意，初始时作业 A 没有页面在内存块中，因此 N 个不同的页面都需要通过缺页中断调入专门分配给它使用的 M 个内存块中。如果 $M \geq N$，只要某页面已经通过缺页中断调入，就不会由于它再引起缺页中断，此时的缺页中断次数为 N；如果 $M < N$，内存块数少于页面走向中的不同页面数，故在程序运行中就有可能发生缺页中断，调入新页面时，因 M 个内存块没有空闲而引起页面淘汰。这样，某页面虽然已在前面通过缺页中断调入过内存，随着时间的推移，也会因为它已被淘汰出去，而再次引起缺页中断。此时缺页中断的次数必定大于 N。故对于任何页面淘汰算法，缺页中断次数的下界是 N。另一方面，如果 $M = 1$，那么页面走向每前进一步，所要访问的页面肯定与内存块中现有的页面不同，必定引起一次缺页中断，同时招致页面淘汰。故对于任何页面淘汰算法，缺页中断次数的上界是 P。

3．最近最少用页面淘汰算法

最近最少用（LFU）页面淘汰算法的着眼点是考虑内存块中页面的使用频率，它认为在一段时间里使用得最多的页面，将来用到的可能性就大。因此，当要进行页面淘汰时，总是把当前使用得最少的页面淘汰出去。

要实现 LFU 页面淘汰算法，应该为每个内存中的页面设置一个计数器。对某个页面访问一次，它的计数器就加 1。经过一个时间间隔，把所有计数器都清 0。产生缺页中断时，比较每个页面计数器的值，把计数器取值最小的那个页面淘汰出去。

4．最优页面淘汰算法

如果已知一个作业的页面走向，那么要进行页面淘汰时，应该把以后不再使用的或在最长时间内不会用到的页面淘汰出去，这样所引起的缺页中断次数肯定最小，这就是所谓的"最优（OPT）页面淘汰算法"。

比如，作业 A 的页面走向为（2、7、4、3、6、2、4、3、4……），分给它 4 个内存块使用。运行一段时间后，页面 2、7、4、3 分别通过缺页中断进入分配给它使用的 4 个内存块。当访问页面 6 时，4 个内存块中已无空闲的可以分配，于是要进行页面淘汰。按照 FIFO 或 LRU 等算法，应该淘汰第 2 页，因为它最早进入内存，或最长时间没有调用到。但是，稍加分析可以看出，应该淘汰第 7 页，因为在页面走向给出的可见的将来，根本没有再访问它。所以 OPT 肯定要比别的淘汰算法产生的缺页中断次数少。

遗憾的是，OPT 的前提是已知作业运行时的页面走向，这是根本不可能做到的，所以 OPT 页面淘汰算法没有实用价值，它只能作为一个标杆（或尺度），与别的淘汰算法进行比较。如果在相同页面走向的前提下，某个淘汰算法产生的缺页中断次数接近于它，就可以说这个淘汰算法不错；否则就较差。

前面提及，有若干因素会影响缺页中断的发生次数。因素之一是"分配给作业的内存块数"，并且"分配给作业的内存块数增多,发生缺页中断的可能性就下降"。这个结论对于 FIFO 页面淘汰算法来说,有时会出现异常。也就是说,对于 FIFO 页面淘汰算法,有时增加分配给作业的可用内存块数,它的缺页次数反而上升,通常称为"异常现象"。

仍以前面涉及的页面走向(1、2、3、4、1、2、5、1、2、3、4、5)为例,实行 FIFO 页面淘汰算法,不同的是分配给该作业 4 个内存块使用。图 3-42 所示是运行的情形。可以看出,这时的"缺页计数"值为 10。因此缺页中断率 f 是:

$$f = 10/12 = 83\%$$

页面走向→	1	2	3	4	1	2	5	1	2	3	4	5
	1	2	3	4	4	4	5	1	2	3	4	5
4 个内存块		1	2	3	3	3	4	5	1	2	3	4
			1	2	2	2	3	4	5	1	2	3
				1	1	①	②	③	④	⑤	①	2
缺页计数	√	√	√	√			√	√	√	√	√	√

图 3-42　增加内存块后的情形

回忆一下前面,那时分给作业 3 个内存块使用,缺页中断率 f 是 75%,现在分配给它 4 个内存块,缺页中断率 f 却上升成了 83%。这就是所谓的"异常现象"。要强调的是,对于 FIFO 页面淘汰算法来说,并不总会发生异常现象,它只是一个偶然,并且与具体的页面走向有关。图 3-43 给出了基于此页面走向时,分配给该作业的内存块数(横坐标)与所产生的缺页中断次数(纵坐标)之间的关系。

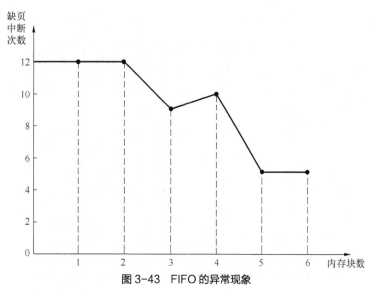

图 3-43　FIFO 的异常现象

例 3-14　给出某作业的页面走向是(4、3、2、1、4、3、5、4、3、2、1、5)。运行时,分别实行 FIFO 和 LRU 页面淘汰算法,试就 3 个内存块和 4 个内存块的情形,求出各自的缺页中断率,并分析对于 FIFO 是否会发生异常现象。

解:图 3-44 所示是关于 FIFO 页面淘汰算法时 3 个内存块和 4 个内存块的情形。可以看出,当内存块为 3 时,缺页中断率 $f = 9/12$;当内存块为 4 时,缺页中断率 $f = 10/12$。也就是说,对于这个页面走向,FIFO 页面淘汰算法会出现异常现象。

页面走向 →	4	3	2	1	4	3	5	4	3	2	1	5
	4	3	2	1	4	3	5	5	5	2	1	1
3 个内存块		4	3	2	1	4	3	3	3	5	2	2
			④	③	②	①	4	4	④	③	5	5
缺页计数	✓	✓	✓	✓	✓	✓	✓			✓	✓	

（a）

页面走向 →	4	3	2	1	4	3	5	4	3	2	1	5
	4	3	2	1	1	1	5	4	3	2	1	5
		4	3	2	2	2	1	5	4	3	2	1
4 个内存块			4	3	3	3	2	1	5	4	3	2
				4	4	④	③	②	①	⑤	④	③
缺页计数	✓	✓	✓	✓			✓	✓	✓	✓	✓	✓

（b）

图 3-44　关于 FIFO 页面淘汰算法时 3 个内存块和 4 个内存块的情形

图 3-45 所示是关于 LRU 页面淘汰算法时 3 个内存块和 4 个内存块的情形。可以看出，当内存块为 3 时，缺页中断率 $f = 10/12$；当内存块为 4 时，缺页中断率 $f = 9/12$。也就是说，对于 LRU 页面淘汰算法，为作业增加内存块的数量，不会增加缺页中断的次数。

页面走向 →	4	3	2	1	4	3	5	4	3	2	1	5
	4	3	2	1	4	3	5	4	3	2	1	5
3 个内存块		4	3	2	1	4	3	5	4	3	2	1
			④	③	②	①	4	3	⑤	④	③	②
缺页计数	✓	✓	✓	✓	✓	✓	✓			✓	✓	✓

（a）

页面走向 →	4	3	2	1	4	3	5	4	3	2	1	5
	4	3	2	1	4	3	5	4	3	2	1	5
		4	3	2	1	4	3	5	4	3	2	1
4 个内存块			4	3	2	1	4	3	5	4	3	2
				4	3	②	1	1	①	⑤	④	③
缺页计数	✓	✓	✓	✓			✓			✓	✓	✓

（b）

图 3-45　关于 LRU 页面淘汰算法时 3 个内存块和 4 个内存块的情形

综上所述，请求分页式存储管理的特点如下。

（1）它具有分页式存储管理的所有特点。

（2）它不仅打破了占据连续存储区的禁锢，而且打破了要求作业全部进入内存的禁锢。它能够向用户作业提供虚拟存储器，从而解决了小内存与大作业的矛盾。

请求分页式存储管理的缺点是平均每一个作业仍要浪费半页大小的存储块，也就是说，请求分页式存储管理会产生内部碎片。

习题

一、填空

1. 将作业相对地址空间的相对地址转换成内存中的绝对地址的过程称为＿＿＿＿。
2. 使用覆盖与对换技术的主要目的是＿＿＿＿。
3. 存储管理中，对存储空间的浪费是以＿＿＿＿和＿＿＿＿两种形式表现出来的。
4. 地址重定位可分为＿＿＿＿和＿＿＿＿两种方式。
5. 在可变分区存储管理中采用最佳适应算法时，最好按＿＿＿＿法来组织空闲分区链表。
6. 在分页式存储管理的页表里，主要应该包含＿＿＿＿和＿＿＿＿两个信息。
7. 静态重定位在程序＿＿＿＿时进行，动态重定位在程序＿＿＿＿时进行。
8. 在分页式存储管理中，如果页面置换算法选择不当，则会使系统出现＿＿＿＿现象。
9. 在请求分页式存储管理中采用先进先出（FIFO）页面淘汰算法时，有时增加分配给作业的块数，＿＿＿＿的次数有可能会增加。
10. 在请求分页式存储管理中，页面淘汰是＿＿＿＿引起的。

二、选择

1. 虚拟存储器的最大容量是由＿＿＿＿决定的。
    - A. 内、外存容量之和
    - B. 计算机系统的地址结构
    - C. 作业的相对地址空间
    - D. 作业的绝对地址空间
2. 采用先进先出页面淘汰算法的系统中，一进程在内存占 3 块（开始为空），页面访问序列为（1、2、3、4、1、2、5、1、2、3、4、5、6），运行时会产生＿＿＿＿次缺页中断。
    - A. 7
    - B. 8
    - C. 9
    - D. 10
3. 系统出现"抖动"现象主要是＿＿＿＿引起的。
    - A. 置换算法选择不当
    - B. 交换的信息量太大
    - C. 内存容量不足
    - D. 采用页式存储管理策略
4. 实现虚拟存储器的目的是＿＿＿＿。
    - A. 进行存储保护
    - B. 允许程序浮动
    - C. 允许程序移动
    - D. 扩充主存容量
5. 作业在执行中发生了缺页中断，那么经中断处理后，应返回执行＿＿＿＿指令。
    - A. 被中断的前一条
    - B. 被中断的那条
    - C. 被中断的后一条
    - D. 程序第一条
6. 在实行分页式存储管理的系统中，分页是由＿＿＿＿完成的。
    - A. 程序员
    - B. 用户
    - C. 操作员
    - D. 系统
7. 下面的＿＿＿＿页面淘汰算法有时会出现异常现象。
    - A. 先进先出
    - B. 最近最少使用
    - C. 最不经常使用
    - D. 最佳
8. 在一个分页式存储管理系统中，页表的内容见表 3-6

表 3-6　页表内容

页号	块号
0	2
1	1
2	7

若页的大小为 4KB，则地址转换机构将相对地址 0 转换成的物理地址是＿＿＿＿。

A. 8192 　　　　 B. 4096 　　　　　　 C. 2048 　　　　　　 D. 1024

9. 在下面所列的存储管理方案中，_____实行的不是动态重定位。

　　A. 固定分区 　　 B. 可变分区 　　　　 C. 分页式 　　　　 D. 请求分页式

10. 在下面所列的诸因素中，不对缺页中断次数产生影响的是_____。

　　A. 内存分块的尺寸 　　　　　　　　　 B. 程序编制的质量

　　C. 作业等待的时间 　　　　　　　　　 D. 分配给作业的内存块数

11. 在分段式存储管理中，分段是由用户实施的。因此_____。

　　A. 段内和各段间的地址都是连续的

　　B. 段内的地址是连续的，各段间的地址可以不连续

　　C. 段内的地址可以不连续，但段间的地址是连续的

　　D. 段内的地址和各段间的地址都是不连续的

12. 一个分段式存储管理系统，地址用 24 位表示，其中 8 位表示段号，那么每段的最大长度应该是_____。

A. 2^{24} 　　　　　 B. 2^{16} 　　　　　 C. 2^8 　　　　　 D. 2^{32}

三、问答

1. 什么是内部碎片？什么是外部碎片？各种存储管理中都可能产生何种碎片？

2. 叙述静态重定位与动态重定位的区别。

3. 一个虚拟地址结构用 24 个二进制位表示，其中 12 个二进制位表示页面尺寸。试问这种虚拟地址空间总共多少页？每页的尺寸是多少？

4. 什么叫虚拟存储器？怎样确定虚拟存储器的容量？

5. 为什么请求分页式存储管理能够向用户提供虚拟存储器？

6. 在请求分页式存储管理中，为什么既有页表，又有快表？

7. 试述缺页中断与页面淘汰之间的关系。

8. 试述缺页中断与一般中断的区别。

9. 怎样理解把相对地址划分成数对（页号，页内位移）的过程对于用户是"透明"的？

10. 做一个综述，说明从单一连续区存储管理到固定分区存储管理，到可变分区存储管理，到分页式存储管理和分段式存储管理，再到请求分页式存储管理，每一种存储管理的出现，都是在原有基础上的发展和提高。

11. 利用伙伴系统分配一个 1MB 的内存区域，存储请求和释放的序列为：请求 A（70KB）、请求 B（35KB）、请求 C（80KB）、释放 A、请求 D（60KB）、释放 B、释放 D、释放 C。画出类似于图 3-20 的管理过程图。

四、计算

1. 在可变分区存储管理中，按地址法组织当前的空闲分区，其大小分别为：10KB、4KB、20KB、18KB、7KB、9KB、12KB 和 15KB。现在依次有 3 个存储请求为：12KB、10KB、9KB。试问使用最先适应算法时的分配情形如何？那么最佳适应、最坏适应呢？

2. 系统内存被划分成 8 块，每块 4KB。某作业的虚拟地址空间共划分成 16 个页面。当前在内存的页与内存块的对应关系见表 3-7，未列出的页表示不在内存。

表 3-7　页与内存块的对应关系

页号	块号	页号	块号
0	2	4	4
1	1	5	3
2	6	9	5
3	0	11	7

试指出对应于下列虚拟地址的绝对地址：

（1）20；

（2）4100；

（3）8300。

3．某请求分页式存储管理系统，接收一个 7 页的作业。作业运行时的页面走向如下：

1、2、3、4、2、1、5、6、2、1、2、3、7、6、3、2、1、2、3、6

若采用最近最久未用（LRU）页面淘汰算法，作业在得到 2 块和 4 块内存空间，各会产生出多少次缺页中断？如果采用先进先出（FIFO）页面淘汰算法，结果又如何？

4．有表 3-8 所示段表。已知逻辑地址：（1）[0，430]；（2）[3，400]；（3）[1，10]；（4）[2，2500]；（5）[4，42]；（6）[1，11]。求它们所对应的物理地址。

表 3-8　段表

段号	段长	段基址
0	600	219
1	14	2300
2	100	90
3	580	1327
4	96	1954

第4章
设备管理

04

在操作系统中，"设备"泛指计算机系统中的各种外部设备，即主机以外的其他所有设备。在多道程序设计环境下，计算机系统允许多个用户作业同时出现在内存，它们的运行势必涉及对设备的使用。于是，对于设备本身，有一个如何有效利用的问题；对于设备和 CPU，有一个如何发挥并行工作能力的问题；对于设备和用户，有一个如何方便使用的问题。

外部设备品种繁多，功能各异，对它们管理的好坏，会直接影响整个系统的效率。不管设备怎样复杂，用户都不会愿意面对一种设备一种接口的、让人眼花缭乱的使用方式，总是希望面对所有设备有相同接口的方式，这就是所谓的"与设备无关性"。这样更增加了操作系统中设备管理实现的难度。

在众多的 I/O 设备中，并不是所有的设备都是可以共享的。也就是说，当一个作业使用某种设备时，另一个要使用设备的作业只能暂时等待，一直到对方使用完毕，它才能使用，这影响了系统效率的发挥。在设备管理中，可以借助于磁盘，把只能独享的设备变为共享，这就是所谓的"虚拟设备"。

本章着重讲述 4 个方面的内容：
（1）完成一个 I/O 请求的步骤；
（2）如何管理和分配系统中的设备；
（3）数据传输的各种控制方式；
（4）设备管理中常用的若干技术。

4.1 设备管理概述

这里所谓的"设备"，是指计算机中用以在机器之间进行传送和接收信息、完成用户输入/输出（I/O）操作的那些部件，比如磁盘、磁带、打印机、显示器、鼠标、键盘、调制解调器等。

4.1.1 I/O 系统的组织结构

计算机 I/O 系统的组织结构如图 4-1 所示。整个 I/O 结构可以划分成 3 个层次：底层是具体的设备和硬件接口，中间是与设备相关软件和与设备无关软件，最上面是用户程序。

1. 控制器

I/O 设备一般由机械和电子两个部分组成。为了使设计更加模块化、更具通用性，也为了降低设计制作的成本，如今常把它们分开来：电子部分被称作"设备控制器"或"适配器"，机械部分仍被称作"设备"。

设备控制器的一端与计算机连接，另一端与设备本身连接，如图 4-2 所示。设备控制器上通常有连接器，由设备引出的电缆可以插入这个连接器中，完成与设备控制器的连接。很多设备控制器可以同时连接 2 个、4 个甚至 8 个相同的设备，它们将共享设备控制器里的 I/O 逻辑部件。

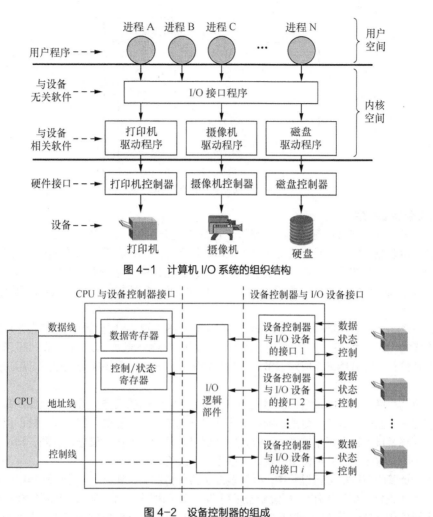

图 4-1 计算机 I/O 系统的组织结构

图 4-2 设备控制器的组成

设备控制器除了要将设备与计算机连接外，还有更为重要的任务，就是随时监视设备所处状态，实现对设备的控制与操作。每个设备控制器中都有若干个寄存器（如数据寄存器、控制/状态寄存器、数据缓冲区），用来与 CPU 进行通信。通过往寄存器里"写"，操作系统可以命令设备开启或关闭，可以让设备发送数据、接收数据，或者让设备执行其他操作。通过对寄存器的"读"，操作系统可以得知设备的状态，判断它是否可以接收新的命令等。

为了能够使 CPU 与设备控制器中的各个寄存器进行通信，常采用"单独的 I/O 空间"和"内存映射 I/O"两种方法。

（1）单独的 I/O 空间

在这种方法里，设备控制器里的每个寄存器都分配一个 I/O 端口号，它们单独组成一个地址空间。这样，计算机系统除了内存空间外，还有一个 I/O 端口地址空间，如图 4-3（a）所示。CPU 将用不同的指令，完成对内存空间和 I/O 端口地址空间的访问。

（2）内存映射 I/O

在这种方法里，设备控制器里的每个寄存器没有特定的设备（端口）地址，而是唯一地与一个内存地址相关联，这些地址不会分配作他用。这种系统称为"内存映射 I/O"，如图 4-3（b）所示。CPU 将通过相同的指令，实现对整个内存空间的访问。也就是说，采用内存映射 I/O，可以减少 CPU 中指令类型的数目。

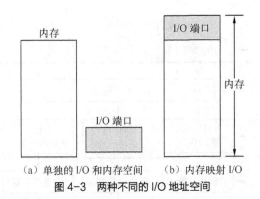

　　　　（a）单独的 I/O 和内存空间　　　　（b）内存映射 I/O
　　　　　　　　图 4-3　两种不同的 I/O 地址空间

2. 设备驱动程序

　　在 I/O 系统中，涉及设备管理的系统软件分为与设备相关和与设备无关的两个部分。与设备相关部分就是设备驱动程序，用于实现对具体设备的管理和操作；与设备无关部分是一些系统调用，用来把用户的 I/O 请求导向具体的设备驱动程序。设备管理中，与设备无关部分的软件相对较小，大部分管理和操作功能都是在设备驱动程序里实现（比如，打印机驱动程序里应该包含具体打印机的所有程序）。

　　要让设备工作，必须访问设备控制器中的各种寄存器，这当然是通过编写特定的程序代码来实现的，这样的代码程序就称为"设备驱动程序"。比如，在中断驱动 I/O 的情形下，设备驱动程序被分成两个部分：一部分用来完成对设备操作的初始化；另一部分是中断处理程序，用来处理设备操作的完成。

　　设备驱动程序通过访问设备控制器里的寄存器，了解设备的工作状态，发出操作命令。不同设备控制器里寄存器的个数和命令的功能是不一样的。比如，鼠标驱动程序必须从鼠标接收信息，得知移动的距离及按下的是哪个按键；而磁盘驱动程序必须知道扇区、磁道、柱面、移动臂的移动、定位的时间等。这表明，各种设备的驱动程序是有很大差异的。

　　在整个计算机系统的运行过程中，有可能发生各种情况。比如，在一个驱动程序运行时，有可能另一个 I/O 设备完成了操作，于是就出现了打断该驱动程序执行的情形。也可能有这样的时候：键盘驱动程序正在处理某个终端键盘的输入请求时，另一个终端键盘按了按键，于是相同的键盘驱动程序又要投入运行。这都表明，设备驱动程序必须设计成可重入的（也称"可再入"。）这是所编写程序具有的一种特性，它的代码在执行过程中不允许被修改。具有可重入特性的程序，适用于多道程序设计环境。

　　通常一类设备有一个设备驱动程序。设备驱动程序的工作任务，就是把用户提交的逻辑操作命令最终转化为物理操作的启动和实施。比如，将用户使用的逻辑设备名（下面会提及什么是逻辑设备名）转化成为端口地址这样的物理地址，将逻辑操作转化为对有关设备控制器接口中寄存器的读或写这样的物理操作，等等。换句话说，系统正是通过设备驱动程序隐蔽了设备的物理特性，为用户提供了使用各种设备的便利。

3. I/O 接口程序

　　I/O 接口程序是操作系统中与设备无关的软件，它从上层接收用户对设备提出的 I/O 请求，然后负责把 I/O 请求转变成所需要的 I/O 命令，调用具体的设备驱动程序去执行，完成这个 I/O 请求。

　　计算机系统中有大量的设备，如果用户在应用程序中都要使用具体的设备名去对它们进行访问，无疑是一件难以接受的事情。为此，I/O 接口程序要为用户提供统一的设备命名方式。通常系统都是用主设备号和次设备号组成的这种"逻辑设备名"来为设备命名，其中主设备号指定设备的类型，可以确定所要使用的设备驱动程序；次设备号作为参数传递给设备驱动程序，用来确定真正完成读写操作的设备。这种在用户编程时，不使用实际的设备名而使用逻辑设备名的方法，由于没有指定具体的物理设备，因此有利于 I/O 设备的故障处理，为 I/O 设备的分配增添了灵活性。人们常称这种方法具有设备管理中的"I/O 设备无关性"或"I/O 设备独立性"。

操作系统提供的设备无关性，有如下优点。

（1）方便用户。设备无关性向用户隐蔽了设备的物理特性，用户只需给出设备的逻辑名，就可以使用物理设备去完成所需的各种操作，这无疑给用户带来了极大的便利。

（2）提高设备的利用率。设备无关性使系统能够动态地分配物理设备，这就使得进程在执行时可以利用该类设备中的任何一台物理设备，有利于设备的分配和使用。比如，系统有 4 台物理名为 a、b、c、d 的输入机。如果进程 A 指定使用 a 和 b，那么如果 a、b 已分配别的进程使用，或其中有一台已坏，进程 A 就暂时无法运行。但如果系统提供了设备无关性，进程 A 仅指明要使用两台输入机即可，系统就会把当时可用的输入机分配给它使用。

I/O 接口程序还需要考虑向下与设备驱动程序的接口问题。如果各类设备的驱动程序都有自己不同的接口，那么要往系统里添加一种新的设备类型就会很困难，如图 4-4（a）所示。为此，希望提供驱动程序的标准接口，如图 4-4（b）所示。有了标准接口，添加一个新的驱动程序就很容易，开发设备驱动程序的人员也就知道应该如何着手去编写驱动程序。

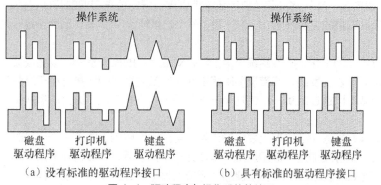

（a）没有标准的驱动程序接口　　　（b）具有标准的驱动程序接口

图 4-4　驱动程序与操作系统的接口

4.1.2　计算机设备的分类

可以从各种不同的角度对外部设备进行分类。

1. 基于设备的从属关系

基于设备的从属关系，可以把系统中的设备分为系统设备与用户设备两类。

（1）系统设备：操作系统生成时就纳入系统管理范围的设备是系统设备，通常也称为"标准设备"，比如键盘、显示器、打印机和磁盘驱动器等。

（2）用户设备：在完成任务的过程中，满足用户特殊需要的设备称为用户设备。由于这些是操作系统生成时未经登记的非标准设备，对于用户来说，需要向系统提供使用该设备的有关程序（如设备驱动程序等）；对于系统来说，需要提供接纳这些设备的手段，以便将它们纳入系统的管理。比如对于 MS-DOS，可以在 CONFIG.SYS 文件中，通过使用 DEVICE 命令，把特定的设备驱动程序装入到内存，以便把某一个设备（如鼠标、扫描仪等）配置到计算机中。

2. 基于设备的分配特性

基于设备的分配特性，可以把系统中的设备分为独享设备、共享设备和虚拟设备 3 类。

（1）独享设备：打印机、用户终端等大多数低速输入/输出设备都是所谓的"独享设备"。这种设备的特点是：一旦把它们分配给某个用户进程使用，就必须等它们使用完毕后，才能重新分配给另一个用户进程使用。否则不能保证所传送信息的连续性，可能会出现混乱不清、无法辨认的局面。也就是说，独享设备的使用具有排他性。

（2）共享设备：磁盘等设备是所谓的"共享设备"。这种设备的特点是：可以由几个用户进程交替地对它进行信息的读或写操作。从宏观上看，它们在同时使用，因此这种设备的利用率较高。

（3）虚拟设备：通过大容量辅助存储器的支持，利用 SPOOLing 技术，把独享设备"改造"成为可以共享的设备，但实际上这种共享设备是不存在的，于是把它们称为"虚拟设备"。

3. 基于设备的工作特性

基于设备的工作特性，可以把系统中的设备分为输入/输出设备和存储设备两类。

（1）输入/输出设备：输入设备是计算机"感知"或"接触"外部世界的设备，比如键盘。用户通过输入设备把信息送到计算机系统内部。输出设备是计算机"通知"或"控制"外部世界的设备，比如打印机。计算机系统通过输出设备把处理结果告知用户。由于这些输入/输出设备都是以单个字符为单位来传送信息的，因此通常也把它们称为"字符设备"。

（2）存储设备：存储设备是计算机用于长期保存各种信息、又可以随时访问这些信息的设备，磁带和磁盘是存储设备的典型代表。

① 磁带：磁带是一种严格按照信息存放物理顺序进行定位与存取的存储设备。磁带机读/写一个文件时，必须从磁带的头部开始，一个记录、一个记录地顺序读/写，因此它是一种适于顺序存取的存储设备。

为了控制磁带机的工作，硬件系统提供专门针对磁带机的操作指令，以完成读、反读、写、前跳或后跳一个记录、快速反绕、卸带及擦除等操作。比如要查找的记录号小于当前磁头所在位置的记录号时，系统就可以通过前跳一个或几个记录及反读指令来实现，这比总是从磁带的起始端开始查找要快得多。

磁带机的启停必须考虑到物理上惯性的作用，当启动读磁带上的下一个记录时，必须经过一段时间，才能使磁带从静止加速到额定速度；从读完一个记录后，到真正停下来，又要滑过一小段距离。因此，磁带上每个记录之间要有所谓的"记录间隙（IRG）"存在，如图 4-5（a）所示。

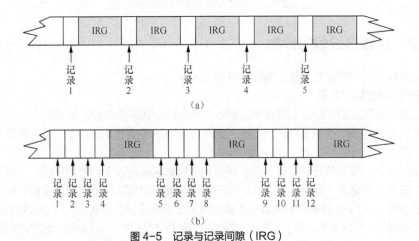

图 4-5　记录与记录间隙（IRG）

记录间隙一般为 0.5 英寸（1 英寸≈2.54cm）。设磁带的数据存储密度为每英寸 1 600 字节，一个记录长 80 字节，占用 0.05 英寸。那么图 4-5（a）的磁带存储空间的有效利用率为：

$$0.05 / (0.05 + 0.5) \approx 0.1$$

可以看出利用率是低下的。

为了减少 IRG 在磁带上的数量，提高磁带的存储利用率，实际上经常这样处理：把若干个记录组成一块，集中存放在磁带上，块与块之间有一个 IRG。这意味着启动一次磁带进行读/写时，其读/写单位不再是单个记录，而是一块。比如在图 4-5（b）中，把 4 个记录组成一块，每 4 个记录之间有一个 IRG。这样做，减少了启动设备的次数，提高了磁带存储空间的利用率。但随之带来的问题是读/写不能一次到位，中间要有内存缓冲区的支持。例如，读一个记录时，由于读出的是包含该记录的那一块，应该先把那一块读到内存缓冲区中，从里面挑选出所需要的记录，再把它送到内存的目的地址；写一个记录时，首先将此记录送入内存缓冲区，等依次把缓冲区装满后，才真正启动磁带，完成写操作。磁带写时，是在缓冲区中把若干个记录拼装成一块，然后写出，这个过程被称为"记录的成组"；磁带读时，是先把一块读到内存缓冲区，然后从中挑选出所需要的记录，这个过程被称为"记录的分解"。

② 磁盘：磁盘的特点是存储容量大，存取速度快，并且能够顺序或随机存取。操作系统中的很多实现技术（比如存储管理中的虚拟存储、本章将要介绍的虚拟设备等），都是以磁盘作为后援的。因此，它越来越成为现代计算机系统中一个不可缺少的重要组成部分。

磁盘有软盘、硬盘之分，硬盘又可分为固定头和活动头两种。磁盘种类虽多，但它们基本上由两大部分构成：一是存储信息的载体，也就是通常所说的盘片；二是磁盘驱动器，它包括磁头、读/写驱动放大电路、机械支撑机构和其他电器部分。图 4-6 所示为磁盘的结构示意。

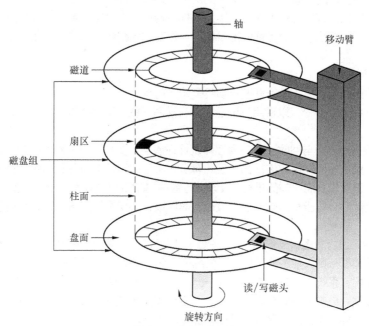

图 4-6　磁盘结构示意

每个盘片有正反两个盘面，若干盘片组成一个磁盘组。磁盘组被固定在一个轴上，沿着一个方向高速旋转。每个盘面有一个读/写磁头，所有的读/写磁头被固定在移动臂上；移动臂进行内、外的运动。

要把信息存储到磁盘上，必须给出磁盘的柱面号、磁头号和扇区号；读取信息时，也必须提供这些参数。每个盘面上有许多同心圆构成的磁道，它们从 0 开始由外向里顺序编号。不同盘面上具有相同编号的磁道形成一个个柱面。于是，盘面上的磁道号就称为"柱面号"。每个盘面所对应的读/写磁头从 0 开始由上到下顺序编号，称为"磁头号"。随着移动臂的内、外运动，带动读/写磁头访问所有的柱面（即磁道）。当移动臂运动到某一位置时，所有读/写磁头都位于同一柱面。不过根据磁头号，每次只能有一个磁头进行读或写操作。在磁盘初始化时，把每个盘面划分成相等数量的扇区，并按磁盘旋转的反向，从 0 开始为每个扇区编号，称为"扇区号"。

要注意的是，每个扇区对应的磁道弧长虽然不一样，但存储的信息量是相同的（比如都是 1 024 个字节）。扇区是磁盘与内存进行信息交换的单位，一个扇区内可能会存放若干个记录，因此，也称磁盘的扇区为"块"。由于磁带和磁盘都是以块为单位来传送信息的，因此通常把它们称为"块设备"。

4.1.3　设备管理的目标与功能

1. 设备管理的目标

为计算机配置操作系统的主要目的，一是为了提高系统资源的利用率，二是方便用户使用计算机。设备管理的目标，完全体现了这两点。

操作系统设备管理的目标之一是提高外部设备的利用率。在多道程序设计环境下，外部设备的数量肯定少于用户进程数，竞争不可避免。因此在系统运作过程中，如何合理地分配外部设备，协调它们之间的关系，如何充分发挥外部设备之间、外部设备与 CPU 之间的并行工作能力，使系统中的各种设备尽可能地处于忙碌状态，显然是一个非常重要的问题。

操作系统设备管理的目标之二是为用户提供便利、统一的使用界面。"界面"是用户与设备进行交流的手段。计算机系统配备的外部设备类型多样，特性不一，操作各异。操作系统必须把各种外部设备的物理特性隐藏起来，把各种外部设备的操作方式隐藏起来，这样，用户使用时才会感到便利，才会感到统一。

2. 设备管理的功能

要达到上述的两个目标，设备管理必须具有如下功能。

（1）提供一组 I/O 命令，以便用户进程能够在程序一级发出 I/O 请求，这就是用户使用外部设备的"界面"。

（2）进行设备的分配与回收。在多道程序设计环境下，多个用户进程可能会同时对某一类设备提出使用请求。设备管理软件应该根据一定的算法，决定把设备具体分配给哪个进程使用，对那些提出设备请求但暂时未分到设备的进程，应该进行管理（如组成设备请求队列），按一定的次序等待。当某设备使用完毕后，设备管理软件应该及时将其回收。如果有用户进程正在等待使用，那么马上进行再分配。

（3）对缓冲区进行管理。一般来说，CPU 的执行速度、访问内存储器的速度都比较高，而外部设备的数据传输速率则大都较低，从而产生高速 CPU 与慢速 I/O 设备之间速度不相匹配的矛盾。为了解决这种矛盾，系统往往在内存中开辟一些区域，称为"缓冲区"。CPU 和 I/O 设备都通过这种缓冲区传送数据，以实现设备与设备之间、设备与 CPU 之间的工作协调。在设备管理中，操作系统设有专门的软件对这种缓冲区进行分配和回收的管理。

（4）实现真正的 I/O 操作。用户进程在程序中使用了设备管理提供的 I/O 命令后，设备管理就要按照用户的具体请求启动设备，通过不同的设备驱动程序，进行实际的 I/O 操作。I/O 操作完成之后，设备管理又将结果通知用户进程。

4.2　输入/输出的处理步骤

当用户提出一个输入/输出请求后，系统将如何处理，可以分成 4 个步骤来描述：用户在程序中使用系统提供的输入/输出命令发出 I/O 请求；"输入/输出管理程序"接受这个请求；"设备驱动程序"

来具体完成所要求的 I/O 操作；设备中断处理程序来处理这个请求。图 4-7 给出了完成一个 I/O 请求所涉及的主要步骤，包括它们之间的关系，以及每一步要做的主要工作。由于各个操作系统的设备管理实现技术不尽相同，因此这只是一个粗略的框架。

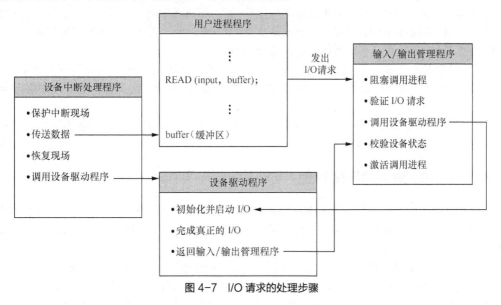

图 4-7 I/O 请求的处理步骤

4.2.1 I/O 请求的提出

输入/输出请求来自用户作业进程。比如在某个进程的程序中使用系统提供的 I/O 命令形式为：
$$READ（input，buffer，n）;$$
它表示要求通过输入设备 input，读入 n 个数据到由 buffer 指明的内存缓冲区中。编译程序会将源程序里的这一条 I/O 请求命令翻译成相应的硬指令，如具有图 4-8 所示的形式。

CALL IOCS
CONTRL
ADDRESS
NUMBER

图 4-8 硬指令形式

其中 IOCS 为操作系统中管理 I/O 请求的程序入口地址，因此 CALL IOCS 表示对输入/输出管理程序的调用。紧接着的 CONTRL、ADDRESS 和 NUMBER 是 3 个指令参数，CONTRL 是根据命令中的 input 翻译得到的，由它表示在哪个设备上有输入请求；ADDRESS 是根据命令中的 buffer 翻译得到的，由它表示输入数据存放的缓冲区起始地址；NUMBER 是根据命令中的 n 翻译得到的，由它表示输入数据的个数。

4.2.2 对 I/O 请求的管理

输入/输出管理程序的基本功能如图 4-7 所示。该程序一方面从用户程序那里接受 I/O 请求，另一方面把 I/O 请求交给设备驱动程序具体完成，因此起到一个桥梁的作用。

输入/输出管理程序首先接受用户对设备的操作请求，并把发出请求的进程由原来的运行状态改变为阻塞状态。管理程序根据命令中 CONTRL 参数提供的信息，让该进程的 PCB 到与这个设备有关的阻塞队列中排队，等候 I/O 的完成。

如果当前设备正处于忙碌状态，也就是设备正在为别的进程服务，那么现在提出 I/O 请求的进程只能在阻塞队列中排队等待；如果当前设备空闲，那么管理程序验证了 I/O 请求的合法性（比如不能对输入设备发输出命令，不能对输出设备发输入命令等）后，就把这个设备分配给该用户进程使用，调用设备驱动程序，完成具体的输入/输出任务。

在整个 I/O 操作完成之后，管理程序控制由设备驱动程序返回输入/输出管理程序，把等待这个 I/O 完成的进程从阻塞队列上摘下来，并把它的状态由阻塞变为就绪，到就绪队列排队，再次参与对 CPU 的竞争。

因此，设备的输入/输出管理程序由 3 块内容组成：接受用户的 I/O 请求，组织管理输入/输出的进行，以及输入/输出的善后处理。

4.2.3　I/O 请求的具体实现

在操作系统的设备管理中，是由设备驱动程序来具体实现 I/O 请求的。设备驱动程序有时也称为输入/输出处理程序，它必须使用有关输入/输出的特权指令来与设备硬件进行交往，以便真正实现用户的输入/输出操作要求。

在从输入/输出管理程序手中接过控制权后，设备驱动程序读出设备状态，判定其完好可用后，就直接向设备发出 I/O 硬指令。在多道程序系统中，设备驱动程序一旦启动了一个 I/O 操作，就让出对 CPU 的控制权，以便在输入/输出设备忙于进行 I/O 操作时，CPU 能脱身去做其他事情，从而提高处理器的利用率。

在设备完成一次输入/输出操作之后，通过中断来将此信息告知 CPU。在 CPU 接到来自 I/O 设备的中断信号后，就去调用该设备的中断处理程序。中断处理程序首先把 CPU 的当前状态保存起来，以便在中断处理完毕后，被中断的进程能够继续运行下去。中断处理程序的第 2 个任务是按照指令参数 ADDRESS 的指点，进行数据的传输。比如原来的请求是读操作，那么来自输入设备的中断，表明该设备已经为调用进程准备好了数据。于是中断处理程序就根据 ADDRESS 的指示，把数据放到缓冲区的当前位置，然后修改 ADDRESS（指向下一个存放数据的单元）和 NUMBER（在 NUMBER 上做减法）。如果 NUMBER 不等于 0，说明还需要设备继续输入，又去调用设备驱动程序，启动设备再次输入；如果 NUMBER 等于 0，说明用户进程要求的输入数据全部输入完毕，于是从设备驱动程序转到输入/输出管理程序，进行 I/O 请求的善后工作。

通过以上的描述，我们对一个 I/O 请求的操作步骤有了一定的了解。下面几节将重点介绍以下内容：

（1）系统如何对独享设备进行分配，如何对共享的磁盘进行调度。

（2）对于数据传输，计算机系统有哪几种可以采用的控制方式。

（3）系统怎样管理缓冲区，怎样通过 SPOOLing 技术提供虚拟设备。

4.3　设备的分配与调度算法

4.3.1　管理设备时的数据结构

从前面的讨论中已经知道，创建一个进程时，要开辟一个进程控制块（PCB），以便随时记录进程的信息；在把一个作业提交给系统时，系统也是开辟一个作业控制块（JCB），以便随时记录作业的信息。为了管理系统中的外部设备，操作系统仍然采用这种老办法：为每一台设备开辟一个存储区，随时记录系统中每一台设备的基本信息，这个存储区被称为"设备控制块（DCB）"。如图 4-9 所示，左侧的"DCB 表"表示系统中所有外部设备的 DCB 的集合；中间是对其中的第 *i* 个设备的 DCB 的放大，给出了 DCB 中可能有的一些表项。不难理解，随着系统的不同，DCB 中所含的内容也不同。

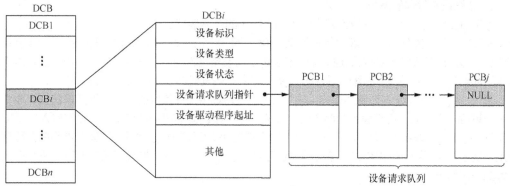

图 4-9　设备控制块 DCB 及设备请求队列

　　DCB 中其他表项的含义无须过多解释，这里主要说一下"设备请求队列指针"。如果一个独享设备已经分配给一个进程使用，那么继续对它发出 I/O 请求的其他进程就不可能立即得到它的服务。由于这些进程都是因为暂时得不到这个设备的服务而被阻塞的，所以应该排在与该设备有关的阻塞队列上，这个阻塞队列在操作系统的设备管理中就被称为"设备请求队列"。在设备的 DCB 中，表项"设备请求队列指针"总是指向设备请求队列上第 1 个进程的 PCB。比如图 4-9 中，进程 1, 2, …, *j* 的 PCB 排列在该设备的请求队列中，表明这些进程都想获得该设备的服务，但该设备当前只能分配给进程 1 使用（因为是独享设备），其他进程在队列中等待。当进程 1 的输入/输出完成后，由前面所讲的输入/输出管理程序把它的 PCB 从设备请求队列上摘下来，排到就绪队列上去，然后把该设备分配给请求队列的下一个进程使用。

　　因为设备控制块（DCB）中存放的是一台具体设备的有关信息，找到一个设备的 DCB，就得到了该设备的特性、各种参数、使用情况等，所以 DCB 是设备管理中最重要的一种数据结构。

　　为了管理设备，系统除了为每个设备设置 DCB，整个系统还要有一张所谓的"系统设备表（SDT）"。系统初启时，每一个标准的以及用户提供的外部设备，在该表中都有一个表目，表目的内容可以有该外部设备的标识、所属的类型，以及它的设备控制块（DCB）的指针（即 DCB 所在的起始地址），如图 4-10 所示。在输入/输出处理过程中，系统总是从系统设备表（SDT）得到一个设备的设备控制块（DCB），然后从 DCB 中得到该设备的信息。

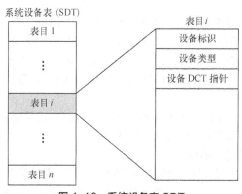

图 4-10　系统设备表 SDT

下面通过一个实例来说明设备管理中各种管理表格的作用和相互间的关系，读者也能通过实例对字符设备的输入/输出过程有进一步的理解。该例选自实时控制操作系统（RTOS）的设备管理部分，它运行在单任务多进程的环境中。整个系统的外部设备由一个用户作业使用，而进程间对设备进行竞争。我们通过3个方面来讲述。

1. 3张设备管理的表格

为了对设备进行管理，系统设置了图4-11所示的3张表格。

RTOS 把设备分为块设备和字符设备两类，图 4-11（a）所示是字符设备的设备控制块（DCB），这里做了必要的简略处理。其中不仅包含与设备特性有关的信息，如设备码、各处理程序的入口地址等，也有管理、分配及使用该设备的信息，如设备请求队列指针、加工单等。

图 4-11（b）所示是系统设备表（SDT），当前系统中允许使用的每一个外部设备在该表中都有一个表目与之对应。每个表目由两个内容组成：一个是设备的符号名称（比如终端输入机，取名为 TTI；打印机，取名为 LPT）；另一个是该设备控制块 DCB 的起始地址。这样，当用户在程序中使用设备名要求进行 I/O 操作时，系统通过设备名去查 SDT 表，得到该设备的 DCB，进而得到该设备的一切信息。

图 4-10（c）所示是所谓的中断向量表（IVT）。计算机为每一台设备赋予一个设备码，如同该设备的地址。IVT 表的表目以设备码为位移。初启时，如果当前系统配有该设备，则表目内容是该设备的 DCB 地址，否则填写"–1"。如图 4-11（c）所示，终端输入机 TTI 的设备码为 10，于是在 IVT 表位移为 10 的表目中存放着它的设备控制块起始地址 TTIDC。位移 0 和 1 的表目中目前是"–1"，表示当前系统中没有配备设备码为 0 和 1 的设备。

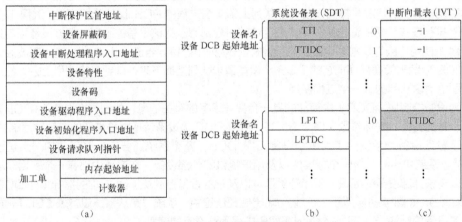

图4-11 3张设备管理的表格

由中断概念可知，系统响应中断后，最重要的是找到发出中断请求的中断源的中断处理程序入口地址，以便进行相应的中断处理。运行 RTOS 的计算机有一条硬指令"INTA"，其功能是执行它能够得到当前发出中断请求的设备的设备码。这样，根据设备码，去查中断向量表（IVT），就能够得到发出中断请求的设备的设备控制块（DCB）地址，进而从 DCB 中得到该设备的中断处理程序的入口地址。

由上面的描述可以看到，在 RTOS 中，系统设备表 SDT、设备控制块 DCB 及中断向量表 IVT 之间关系密切，其中心是要得到设备的设备控制块 DCB。

2. RTOS 设备管理的两个部分

在系统初启时，通过人–机对话，向用户询问系统设备的配置问题。根据用户的回答，产生特定的 SDT 表，并填写好 IVT 表。这一方面反映出用户对设备的总需求，另一方面也意味着系统已经将这些设备分配给该用户使用。

在程序运行时，涉及的设备不能超出 SDT 表的范围，否则就会出错。当进程提出输入/输出请求并引起设备竞争时，RTOS 就采用先来先服务的分配策略，提出设备请求的进程的 PCB，按照先后次序在设备请求队列中排队，由"设备请求队列指针"指向队首进程的 PCB，并把设备分配给它使用。

3. I/O 请求的具体实现

当用户程序中发出顺序读命令 RDS（实际上就是一条系统调用命令）时，整个处理过程如下所述。在 RTOS 中，顺序读命令的格式是：

RDS（设备名，内存地址，个数）

其中"设备名"指出要使用的设备，比如"TTI"；"内存地址"指出读入的数据存放在内存的起始地址；"个数"指出总共读入的字符个数。

执行这条命令时，控制转入操作系统，CPU 进入系统态。操作系统先把命令及其所有参数信息暂时存放在调用进程的 PCB 中，然后进行命令合法性检查。通过后，就用设备名去查系统设备表（SDT），得到设备的 DCB 起始地址，从而把进程的 PCB 排入该设备的设备请求队列末尾，进程状态由运行改变为阻塞。

如果该进程排在设备请求队列之首，则意味着当前设备空闲，可以立即分配给它使用。这时才去真正执行 RDS 命令处理程序。该程序把存放在进程 PCB 中的命令参数填写到设备控制块（DCB）里的加工单中，通过 DCB 中的设备驱动程序启动 TTI，等待用户从键盘输入数据。在 TTI 被启动之后，CPU 的控制转向进程调度程序，调度一个新的进程投入运行，以便 CPU 和 TTI 并行工作。

在键盘上输入一个字符后，设备发出中断请求。CPU 响应中断，并通过执行 INTA 指令，得到发出中断的设备的设备码，即 10。以它为索引顺序去查中断向量表 IVT，得到 TTI 设备控制块的起始地址 TTIDC，进而从 DCB 中得到 TTI 的中断处理程序入口地址，进行中断处理。TTI 中断处理程序的功能是根据加工单中的内存地址，把输入缓冲区中的字符存到内存指定的位置，然后调整加工单中的这两个参数。如果计数器减 1 后不为 0，表示还要继续输入。于是中断处理结束后，又一次去调用设备驱动程序，启动 TTI 工作。如果计数器减 1 后为 0，表示输入结束，这次 I/O 请求处理完毕。于是从设备请求队列上把首进程的 PCB 摘下，状态改为"就绪"，排到就绪队列参与调度。在摘下首进程的 PCB 之后，如果设备请求队列非空，表示还有进程在等待使用 TTI。于是又如前所述，把设备分配给为首的进程使用（也就是根据它的命令参数，形成加工单，然后启动设备工作）。

上面较为详细地讲述了对字符设备的管理和使用过程。它虽然是针对 RTOS 的，但不失普遍性。比如 UNIX 对其字符设备的管理过程也与此类似，只是增加了对缓冲区的使用，显得更加复杂罢了。

4.3.2 独享设备的分配

"独享设备"即是在使用上具有排他性的设备。当一个作业进程在使用某种设备时，别的作业进程只能等到该进程使用完毕才能用，这种设备就是独享设备。键盘输入机、磁带机和打印机等都是典型的独享设备。

独享设备的使用具有排他性，因此对这类设备只能采取"静态分配"的策略。也就是说，在一个作业运行前，就必须把这类设备分配给作业，直到作业运行结束，才将设备归还给系统。在作业的整个执行期间，它都独占使用该设备，即使设备暂时不用，别的作业也不能用。

计算机系统中配置有各种不同类型的外部设备，每一类外部设备也可能有多台。为了管理方便，系统在内部对每一台设备进行编号，以便相互识别。设备的这种内部编号称为设备的"绝对号"。

在多道程序设计环境下，一个用户并不知道当前哪一台设备已经被其他用户占用，哪一台设备仍然空闲可用。因此一般情况下，用户在请求 I/O 操作时，都不是通过设备的绝对号来特别指定某一台设备，而是只能指明要使用哪一类设备。至于实际使用哪一台，应该根据当时系统设备的分配情况而定。另一方面，有时用户可能会同时要求使用几台相同类型的设备，为了便于区分，避免混乱，允许用户对自己要求使用的几台相同类型的设备进行编号。这种编号出自于用户，因此称为设备的"相对号"。用户是通过"设备类，相对号"来提出使用设备的请求的。很显然，操作系统的设备管理必须提供一种映射机制，以便建立起用户给出的"设备类，相对号"与物理设备的"绝对号"之间的对应。

为此，操作系统应设置两种表，一是"设备类表"，如图 4-12（a）所示，整个系统就只有一张设备类表；一是"设备表"，如图 4-12（b）和图 4-12（c）所示，每一类设备有一张表。

系统中的每一类设备在设备类表中拥有一个表目，它指明这类设备的总数、现在还有的台数，以及该类设备设备表的起始地址。如图 4-12（a）所示，设备类表记录了系统中输入机和打印机的情况：输入机总共有 4 台，现在还有 2 台；打印机总共有 2 台，现在已经没有可以分配的了。

设备表记录了系统中某类物理设备每一台的使用情况。图 4-12（b）所示是输入机的设备表。系统中总共有 4 台输入机，它们的绝对号分别是 001、002、003 和 004。现在 001 号输入机已经分配给了 Job1 使用，Job1 规定它的相对号为 002。因此，当作业 Job1 在程序中使用 002 号输入机进行输入时，这个输入实际上是由 001 号输入机完成的。又如图 4-12（c）所示是打印机的设备表。系统中总共有 2 台打印机，它们的绝对号分别是 005 和 006。现在 005 号打印机分配给了 Job1 使用，Job1 规定它的相对号为 001。因此，当作业 Job1 在程序中使用 001 号打印机进行输出时，这个输出实际上是由 005 号打印机完成的。

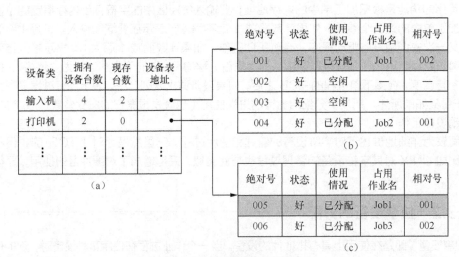

图 4-12　设备类表和设备表

当作业以"设备类，相对号"的形式申请设备时，系统先查设备类表。如果该类设备的现存台数可以满足提出的申请，就根据表目中的"设备表地址"找到该类设备的设备表，并依次查设备表中的登记项，找出状态完好的空闲设备加以分配，即把该作业的名字填入"占用作业名"栏，把用户给出的相对设备号填入"相对号"栏。这样一来，系统通过设备表建立起了物理设备与相对设备之间的联系，用户就可以进行所需要的输入/输出了。

当作业运行完毕，归还所占用的独享设备时，系统根据作业名查该类设备的设备表，找到它所占用的设备表表目，把该表目的"使用情况"栏改为"空闲"，删除占用的作业名和相对号。然后，到设备类表里把回收的设备台数加到相应的栏目中，完成设备的回收。

对于独享设备，常采用的分配算法有如下两种。

（1）先来先服务。当若干个进程都要求某台设备提供服务时，系统按照其发出 I/O 请求的先后顺序，将它们的进程控制块（PCB）排列在设备请求队列中等待，并总是把设备分配给排在队首的作业进程使用。一个进程使用完毕归还设备时，就把它的 PCB 从设备请求队列上摘下来（它肯定排在第 1 个），然后把设备分给队列中后面的进程使用。

（2）优先级高者先服务。进入设备请求队列等待的进程，按照其优先级进行排队，优先级相同的进程就按照达到的先后次序排队。这时，系统也总是把设备分配给请求队列的队首进程使用。

4.3.3 共享磁盘的调度

磁盘是一种典型的共享存储设备，允许多个作业进程同时使用，而不是让一个作业在整个执行期间独占。这里所谓的"同时使用"，是指当一个作业进程暂时不用时，其他作业进程就可以使用。这与独享设备有本质的区别。

由于磁盘是"你不用时我就可以用，每一时刻只有一个作业用"，当有很多进程向磁盘提出 I/O 请求时，对它们就有一个调度安排问题：即让谁先用，让谁后用。前面已经对磁盘的工作做了描述：为了完成一个磁盘的 I/O 任务，先要把移动臂移到相应的柱面，然后等待数据所在的扇区旋转到磁头位置下，最后让指定的磁头读/写信息，完成数据的传输。因此，执行一次磁盘的输入/输出需要花费的时间有如下几种，如图 4-13 所示。

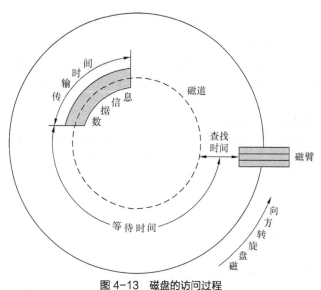

图 4-13　磁盘的访问过程

（1）查找时间：在移动臂的带动下，把磁头移动到指定柱面所需要的时间。

（2）等待时间：将指定的扇区旋转到磁头下所需要的时间。

（3）传输时间：由磁头进行读/写操作，完成信息传送所需要的时间。

在此，传输时间是设备固有的特性。要提高磁盘的使用效率，只能在减少查找时间和等待时间上想办法，它们都与 I/O 在磁盘上的分布位置有关。从减少查找时间着手，称为"磁盘的移臂调度"；

从减少等待时间着手，称为"磁盘的旋转调度"。由于移动臂的移动靠控制电路驱动步进电动机来实现，它的运动速度相对于磁盘轴的旋转要缓慢，因此减少查找时间比减少等待时间更为重要。本书仅介绍移臂调度的各种算法。

根据用户作业发出的磁盘 I/O 请求的柱面位置，来决定请求执行顺序的调度，称为"移臂调度"。移臂调度的目的是尽可能地减少各个 I/O 操作中的查找时间，也就是尽可能地减少移动臂的移动距离。移臂调度常采用"先来先服务"调度算法、"最短查找时间优先"调度算法、"电梯"调度算法及"单向扫描"调度算法。

1."先来先服务"调度算法

若以 I/O 请求到达的先后次序作为磁盘调度的顺序，就是先来先服务调度算法。可以看出，该算法实际上并不考虑 I/O 请求所涉及的访问位置。比如，现在假定读/写磁头位于 53 号柱面。开始调度时，有若干个进程顺序提出了对如下柱面的 I/O 请求：98、183、37、122、14、124、65、67。当实行的是先来先服务磁盘调度算法时，磁头应该从 53 号柱面移到 98 号，然后是 37 号……直到抵达最终的 67 号柱面。这时磁盘移动臂移动的路线如图 4-14 所示。

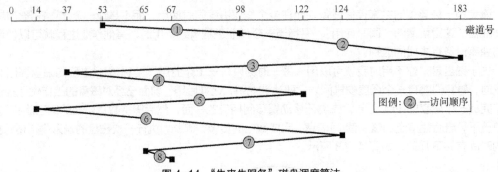

图 4-14 "先来先服务"磁盘调度算法

移动臂来回移动时，从 53 到 98，共滑过了 45 个磁道，从 98 到 183，共滑过了 85 个磁道，如此一点点计算下来，然后相加，磁头总共滑过了 640 个磁道的距离。不难看出，如果 I/O 请求很多，移动臂就有可能会里外地来回"振动"，极大地影响着输入/输出的工作效率。因此，先来先服务调度算法并不理想。

2."最短查找时间优先"调度算法

把距离磁头当前位置最近的 I/O 请求作为下一次调度的对象，这就是最短查找时间优先调度算法。仍以上面例子中的数据为依据，实施最短查找时间优先调度算法，这时移动臂移动的路线如图 4-15 所示。

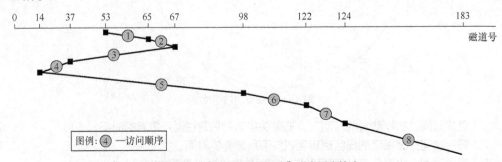

图 4-15 "最短查找时间优先"磁盘调度算法

磁头从 53 开始，在当前已有的 I/O 请求中，距离柱面（即磁道）65 的 I/O 请求最近，于是把磁头移动到 65，完成对它的 I/O 请求。接着应该移动到柱面 67。从 67 出发，若到柱面 98，需要滑过 31 个磁道，而到柱面 37，只需滑过 30 个磁道，所以应该把磁头移动到柱面 37，以此类推。根据这一调度顺序，磁头总共滑过了 236 个磁道的距离，效果明显好于先来先服务调度算法。

3. "电梯"调度算法

电梯调度算法基于日常生活中的电梯工作模式：电梯总是在一个方向上移动，直到在那个方向上没有请求为止，然后才改变移动方向。反映在磁盘调度上，总是沿着磁盘移动臂的移动方向选择距离磁头当前位置最近的 I/O 请求，作为下一次调度的对象。如果该方向上已无 I/O 请求，则改变方向，再做选择。

仍以上面例子中的数据为依据，只是改为实施电梯调度算法。要注意，电梯调度算法与移动臂的当前移动方向有关，因此移动臂移动的结果路线应该有两个答案。图 4-16 表示当前移动臂正在由里往外移动，因此从 53 柱面出发，下一个调度的对象应该是 37，然后到达 14，由于 14 柱面再往外已经没有 I/O 请求了，故改变移动臂的移动方向，由外往里运动。所以 14 柱面后，调度的是对 65 柱面的 I/O 请求。随后的调度顺序为 67、98、122、124，最后到达 183。采用这一调度顺序，磁头总共滑过了 208 个磁道的距离。

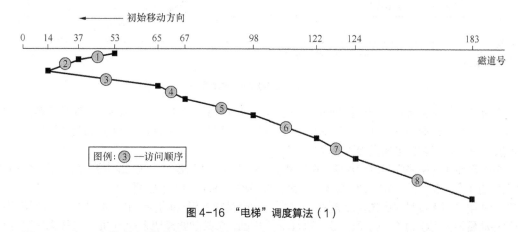

图 4-16 "电梯"调度算法（1）

图 4-17 表示当前磁盘移动臂正在由外往里移动，因此从 53 柱面出发，随后的调度顺序为 65、67、98、122、124，最后到达 183。到达 183 后，由于 183 柱面再往里已经没有 I/O 请求了，故改变移动臂的移动方向，由里往外运动。所以下一个处理的 I/O 请求是柱面 37，然后是柱面 14。采用这一调度顺序，磁头总共滑过了 299 个磁道的距离。

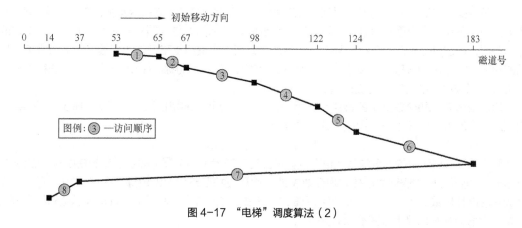

图 4-17 "电梯"调度算法（2）

4."单向扫描"调度算法

单向扫描调度算法总是从 0 号柱面开始往里移动移动臂，遇到 I/O 请求就进行处理，直到到达最后一个请求柱面。然后移动臂立即带动磁头不做任何服务地快速返回到 0 号柱面，开始下一次扫描。

仍以上面例子中的数据为依据，但实施单向扫描调度算法，这时移动臂移动的路线如图 4-18 所示。开始时的情形与电梯调度算法从外往里的情形相同（见图 4-17），从 53 号柱面出发，然后是 65、67、98、122、124、183。到了 183 号柱面并完成其 I/O 请求的处理后，由于再往里已经没有 I/O 请求了，故移动臂不做任何工作，立即返回到 0 号柱面，再开始对 14 号柱面以及 17 号柱面的 I/O 请求进行处理。采用这一调度顺序，磁头总共滑过了 350 个磁道的距离。

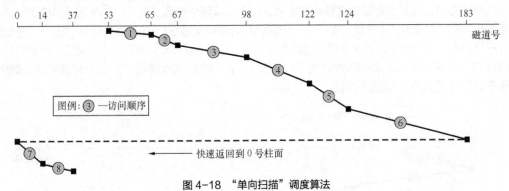

图 4-18 "单向扫描"调度算法

例 4-1 一个具有 40 个柱面的磁盘，现在正在处理柱面 11 上的 I/O 请求。这时又顺序到达新的请求，涉及的磁道是 1、36、16、34、9 和 12。分别采用先来先服务、最短查找时间优先及电梯调度算法，试问它们各需要滑过多少柱面？

解： 若使用先来先服务调度算法，则首先选择柱面 1，然后是 36，以此类推。所以要求移动臂分别移动 10、35、20、18、25 和 3 个柱面，总共需要移动 111 个柱面。

若使用最短查找时间优先调度算法，则对这些 I/O 请求的服务顺序是 12、9、16、1、34 和 36。于是移动臂将分别移动 1、3、7、15、33 和 2 个柱面，总共需要移动 61 个柱面。与先来先服务调度算法相比较，磁头的移动距离几乎减少了一半。

若使用电梯调度算法，并假定初始时是由外往里移动移动臂的，那么各个 I/O 请求获得服务的顺序是 12、16、34、36、9 和 1，于是移动臂将分别移动 1、4、18、2、27 和 8 个柱面，总共需要移动 60 个柱面。

为了减少移动臂移动时花费的时间，通常信息（也就是文件）不是按照盘面上的磁道顺序存放。也就是说，不是一个盘面存满之后，再存下一个盘面。实际信息是按照柱面来存放的，同一个柱面上的各磁道被放满信息后，再存放到下一个柱面上。所以，磁盘上磁盘块（即扇区）的编号按照柱面的顺序进行（从 0 开始），每个柱面按照柱面上的磁道顺序（也就是按照磁头顺序）进行（从 0 开始），每个磁道按照扇区顺序进行（从 0 开始）。

假定用 c 表示每个柱面上的磁道数，用 s 表示每个盘面上的扇区数，则第 i 个柱面、j 磁头、k 扇区所对应的磁盘块号 b 可以用如下的公式计算

$$b = k + s \times (j + i \times c) \tag{4-1}$$

同样地，根据给出的磁盘块号，也可以计算出它在磁盘上的位置（即它所在的柱面号、磁头号、扇区号）。仍以上面的假定为前提，现在要求第 p 个磁盘块在磁盘上的位置。令 $D = s \times c$（每个柱面上拥有的磁盘块数），设 $M = p/D$，$N = p \% D$（注意，这里的 "/" 和 "%" 分别表示整除和求余）。于是，求第 p 块在磁盘上位置的公式为

$$柱面号 = M;\ 磁头号 = N/s;\ 扇区号 = N\%s \qquad (4-2)$$

例 4-2 假定一个磁盘组共有 100 个柱面，每个柱面上有 8 个磁道，每个盘面被划分成 8 个扇区。现在有一个含 6 400 个记录的文件，记录大小与扇区尺寸相同，编号从 0 开始。该文件从 0 柱面、0 磁道、0 扇区顺序存放。试问：

（1）该文件的第 3 680 个记录应该存放在磁盘的哪个位置？

（2）第 78 柱面的第 6 磁道的第 6 扇区中应该存放该文件的第几个记录？

解：（1）注意，各种编号都是从 0 开始的。因为文件的记录大小与扇区尺寸相同，一个扇区里正好放下一个记录，因此记录号与磁盘块号相当，第 3 680 记录就放在第 3 680 块中。由题目可知，每个柱面有 $D = 8 \times 8 = 64$ 个扇区，$N = 3\,680\%D = 32$。根据式（4-2）该块的位置为：

$$柱面号 = 3\,680/D = 57（柱面）$$
$$磁头号 = 32/8 = 4（磁道）$$
$$扇区号 = 32\%8 = 0（扇区）$$

（2）根据式（4-1），该位置处存放的是：

$$磁盘块号 = 6 + 8 \times (6 + 78 \times 8) = 5\,046（块）$$

也就是存放的是文件中编号为 5 046 的记录（实际上应该是第 5 047 个记录，因为记录号是从 0 开始算起的）。

4.4 数据传输的方式

用户在作业程序中提出输入/输出请求，目的是要实现数据的传输。数据传输，或发生在 I/O 设备与内存之间，或发生在 I/O 设备与 CPU 之间。所谓"数据传输的方式"，就是讨论在进行输入/输出时，I/O 设备与 CPU 分别做什么的问题。随着计算机硬件的发展，随着高智能 I/O 设备的出现，数据传输的方式也在与时俱进地发展，I/O 设备与 CPU 的分工越来越合理，整个计算机系统的效率得到了更好的发挥。

设备挂接在控制器上，因此要让设备做输入/输出操作，操作系统总是与控制器交往，而不是与设备交往。操作系统把命令及执行命令时所需要的参数一起写入控制器的寄存器中，以实现输入/输出。控制器接受了一条命令后，就可以独立于 CPU 去完成命令指定的任务。

设备完成所要求的输入/输出任务后，要通知 CPU。早期采用的是"被动式"，即控制器只设置一个完成标志，等待 CPU 来查询，这对应于数据传输的"程序循环测试"的 I/O 控制方式。随着中断技术的出现，系统开始采用"主动式"的通知方式，即通过中断主动告诉 CPU，让 CPU 来进行处理。由此就出现了数据传输的"中断"控制方式、"直接存储器存取（DMA）"控制方式及"通道"控制方式。

4.4.1 程序循环测试方式

早期的计算机系统都是采用程序循环测试的方式来控制数据传输的。下面介绍设备控制器与 CPU 是如何进行分工合作的。

（1）设备控制器。命令寄存器与具体的 I/O 请求有关，数据寄存器和状态寄存器则与完成数据的传输更加密切。

- 数据寄存器：该寄存器用来存放传输的数据。输入设备总是把所要输入的数据送入该寄存器，然后由 CPU 从中取走；反之，输出设备输出数据时，也是先把数据送至该寄存器，再由设备输出。

- 状态寄存器：该寄存器是用来记录设备当前所处状态的。对于输入设备，在启动输入后，只有设备把数据读到数据寄存器，它才会将状态寄存器置成"完成"状态；对于输出设备，在启动输出后，只有设备让数据寄存器做好了接收数据的准备，它才会把状态寄存器置成"准备就绪"状态。

（2）CPU。对于 CPU，系统设有两条硬指令，一条是启动输入/输出的指令，比如记为 start。另一条是测试设备控制器中状态寄存器内容的指令，比如记为 test。

所谓"程序循环测试"的数据传输方式，就是指用户进程使用 start 指令启动设备后，不断地执行 test 指令，去测试所启动设备的状态寄存器。只有在状态寄存器出现所需要的状态后，才停止测试工作，完成输入/输出。

任何输入/输出操作大致要做这样几件事情：启动设备、数据传输、I/O 的管理（如计数、修改内存区域的指针等）及输入/输出操作的善后处理。使用程序循环测试的方式来进行数据传输，不需要更多硬件的支持，简单易行。但是采用这种方法，启动设备、I/O 管理、善后处理等工作肯定是由 CPU 来承担。即使在数据传输时，CPU 也要从控制器的数据寄存器里取出设备的输入信息，送至内存；CPU 要将输出的信息，从内存送至控制器的数据寄存器，以供设备输出。于是，数据传输过程中一方面 CPU 要花费大量时间进行测试和等待，使得利用率降低；另一方面 CPU 与设备只能串行工作，整个计算机系统的效率发挥不出来。所以这种数据传输的方式当前已经很少采用了。

4.4.2　中断方式

所谓"中断"，是一种使 CPU 暂时中止正在执行的程序而转去处理特殊事件的操作。能够引起中断的事件称为"中断源"，它们可能是计算机的一些异常事故或其他内部原因（比如缺页），更多的是来自外部设备的输入输出请求。程序中产生的中断、由 CPU 的某些错误结果（如计算溢出）产生的中断称为"内中断"，由外部设备控制器引起的中断称为"外中断"。

为了缩短程序循环测试中 CPU 进行测试和等待的时间，提高系统并行处理的能力，利用设备的中断能力来参与数据传输是一个很好的方法。这时，系统一方面要在 CPU 与设备控制器之间连有中断请求线路，另一方面要在设备控制器的状态寄存器中增设"中断允许位"，如图 4-19 所示。

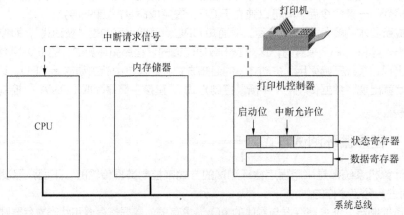

图 4-19　中断方式的数据传输

中断方式传输数据的步骤如下。

（1）通过 CPU 发出 start 指令，系统一方面启动所需要的外部设备，另一方面设置该设备控制器中状态寄存器里的中断允许位，以便产生中断时，可以调用相应的中断处理程序。

（2）发出 I/O 请求的进程由运行状态改变为阻塞状态，等待输入/输出的完成。进程调度程序得到控制权,并将 CPU 分配给另一个进程使用。这时,外部设备在进行输入/输出操作,CPU 在运行一个与 I/O 无关的进程的程序,从而实现设备与 CPU 的并行工作。

(3)输入/输出完成时,设备控制器通过中断请求线路向 CPU 发出中断请求信号。CPU 在接收到该中断请求信号并响应该中断后,就转向设备的中断处理程序,对数据的传输工作进行相应的处理。

(4)在被阻塞的进程所提出的输入/输出请求全部完成后,进程被解除阻塞,改变状态为"就绪态",以便进入它的下一步工作。

从上面的描述可以看出,CPU 启动设备后,并没有陷入循环测试的等待过程中,而是转去运行别的进程程序,这是利用中断方式进行数据传输优于程序循环测试的地方,从而一方面表明系统内有了并行处理能力,另一方面表明系统的效率得到了提高。

但是,这种并行处理发挥得并不充分。因为 I/O 操作要做的几件事情——启动设备、数据传输、I/O 的管理以及善后处理,除了数据传输时 CPU 和外部设备是并行工作外,启动设备、I/O 管理及善后处理仍然都要由 CPU 来承担,CPU 还没有真正从 I/O 中解脱出来。另外,设备控制器的数据寄存器装满后,控制器就会发出中断请求,因此在一次数据传输过程中,可能会发生多次中断。再者,系统中配有各种外部设备,如果这些设备都采用这种中断方式进行数据传输,那么 CPU 势必将把大量的时间用于中断处理,甚至会忙到无法响应中断的地步。

4.4.3　直接存储器存取方式

直接存储器存取方式(DMA 方式)主要适用于一些高速的 I/O 设备,如磁带、磁盘等。这些设备传输字节的速率非常快,如磁盘的数据传输速率约为 200 000B/s。也就是说,磁盘与存储器传输一个字节只需 5μs,因此,对于这类高速的 I/O 设备,如果用执行输入/输出指令的方式(即程序循环测试方式)或完成一次次中断的方式来传输字节,将会造成数据的丢失。DMA 方式传输数据的最大特点是能使 I/O 设备直接和内存储器进行成批数据的快速传输。带有 DMA 方式的设备控制器如图 4-20 所示。

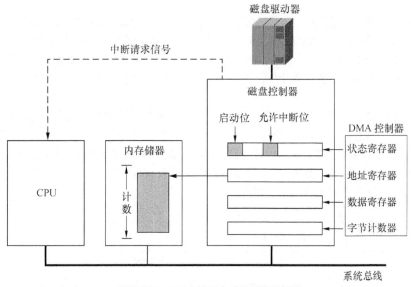

图 4-20　DMA 控制方式的设备控制器

DMA 控制器中包含 4 个寄存器:数据寄存器、状态寄存器、地址寄存器和字节计数器。在数据传输之前，DMA 控制器将根据 I/O 命令参数对这些寄存器进行初始化。每个字节传输后，地址寄存器内容自动增 1，字节计数器自动减 1。

DMA 传输数据的步骤如下。

（1）进程请求设备进行输入/输出时，CPU 把准备存放数据的内存起始地址以及要传输的字节个数分别存入 DMA 控制器中的地址寄存器和字节计数器，把状态寄存器中的"允许中断位"置为 1，从而启动设备，进行数据传输。

（2）CPU 将总线让给 DMA 控制器，在 DMA 控制器进行数据传输期间，CPU 不再使用总线。DMA 控制器获得了总线控制权。

（3）发出 I/O 请求的进程被阻塞，等待 I/O 的完成。

（4）DMA 控制器按照地址寄存器的指示，不断与内存储器进行直接的数据传输，并随时修改地址寄存器和字节计数器的值。当 DMA 控制器中的字节计数器减为 0 时，传输停止，通过中断请求线向 CPU 发出中断请求信号。

（5）CPU 接受 DMA 的中断请求，并调用相应的中断处理程序进行善后处理，随之结束这次 I/O 请求。

由上面的描述看出，使用 DMA 方式进行数据传输具有如下特点。

（1）DMA 控制器是在获得总线控制权的情况下，直接与内存储器进行数据交换，CPU 不介入数据传输的任何事宜。

（2）在 DMA 方式下，设备与内存储器之间进行的是成批数据传输，如一块（数据传输的数据单位）。

（3）用 DMA 方式传输数据时，CPU 不得使用总线，因此用 DMA 方式传输数据，不存在设备与 CPU 并行工作的问题。

（4）在 DMA 方式下，CPU 只做启动和善后处理工作，数据传输及 I/O 管理等事宜均由 DMA 负责实行。

4.4.4 通道方式

DMA 方式能够满足高速数据传输的需要，但它是通过"窃取"总线控制权的办法来工作的。在它工作时，CPU 被挂起，并没有与设备并行工作。这种做法对大、中型计算机系统显然不合适。

通道方式能够使 CPU 彻底从 I/O 操作中解放出来。当用户发出 I/O 请求后，CPU 就把该请求全部交由通道去完成。通道在整个 I/O 操作任务结束后，才发出中断信号，请求 CPU 进行善后处理。

通道是一个独立于 CPU 的、专门用来管理输入/输出操作的处理器，它控制设备与内存储器直接进行数据交换。通道有自己的指令系统，为了与 CPU 的指令相区别，通道的指令被称为"通道命令字"。通道命令字条数不多，主要涉及控制、转移、读、写及查询等功能。通道命令字一般包含：被交换数据在内存中的位置、传输方向、数据块长度，以及被控制的 I/O 设备的地址信息、特征信息等。图 4-21 给出了 IBM 通道命令字的格式。

图 4-21 IBM 的通道命令字格式

若干通道命令字构成一个"通道程序"，它规定了设备应该执行的各种操作和顺序。在 CPU 启动通道后，由通道执行通道程序，完成 CPU 所交给的 I/O 操作任务。通常，通道程序存放在通道自己的存储部件里。通道中没有存储部件时，就存放在内存储器里。这时，为了使通道能取到通道程序去执行，CPU 必须把存放通道程序的内存起始地址告诉通道。存放这个起始地址的内存固定单元，被称为"通道地址字"。

当采用通道来进行数据传输时，计算机系统的 I/O 结构应该是通道与主机相连，设备控制器与通道相连，设备与设备控制器相连。另外，一个设备控制器上可连接多个设备，一个通道上可连接多个设备控制器，如图 4-22 所示。

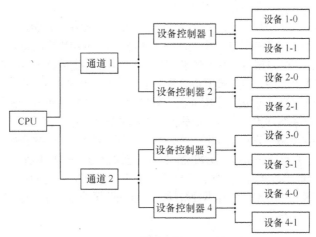

图 4-22 带有通道的 I/O 结构

使用通道方式进行数据传输的步骤如下。

（1）当进程提出 I/O 请求后，CPU 发出 start 命令，指明 I/O 操作、设备号和对应的通道，把数据传输的任务交给通道。

（2）发出 I/O 请求的进程被阻塞，进程调度程序把 CPU 分配给另一个进程使用。

（3）通道接收 CPU 发来的启动命令，调出通道程序执行，设备与 CPU 并行工作。

（4）通道逐条执行通道程序中的通道命令字，指示设备完成规定的操作，与内存储器进行数据交换。

（5）数据传输完毕，通道向 CPU 发出中断请求。

（6）CPU 响应通道提出的中断请求，对这次 I/O 请求进行善后处理，把阻塞进程的状态变为就绪，发出 I/O 请求的进程重新参与对 CPU 的竞争。

从以上的描述可以看出，这时 CPU 对 I/O 请求只去做启动和善后处理工作，I/O 操作的管理及数据传输等事宜，全部由通道独立完成，真正实现了 CPU 与设备之间的并行操作。

4.5 设备管理中的若干技术

4.5.1 I/O 缓冲技术

"缓冲"就是过渡一下的意思。在计算机系统的 I/O 操作中，由于 CPU 的处理速度很快，而设备的工作速度相对较慢，为了使这二者协调、匹配，就需要缓冲。否则，快者就不得不等待慢者，从而影响了快者速度的发挥。

另外，如果 I/O 操作每传输一个字节就产生一次中断，那么系统花费在 I/O 处理上的时间就会直线上升。如果我们设置 4 个字节的缓冲区，等放满 4 个字节后才产生一次中断，中断次数就会减少，系统花费在中断处理上的时间也就明显减少。

可见，在处理 I/O 请求时，引入缓冲技术是非常必要的。缓冲能够调节计算机系统各部分的负荷，使 CPU 和外部设备的工作都尽量保持在一个较为平稳的良好状态。

缓冲的实现有两种方法：一种是采用专门的硬件寄存器，比如设备控制器里的数据寄存器，这是"硬件缓冲"；另一种是在内存储器中开辟出 n 个单元，作为专用的 I/O 缓冲区，以便存放输入/输出的数据。这种内存缓冲区就是"软件缓冲"。由于硬件缓冲价格较贵，因此在 I/O 管理中，主要采用的是软件缓冲。

根据系统设置缓冲区的个数，可以分为单缓冲、双缓冲、多缓冲及缓冲池这 4 种。

（1）单缓冲：只为 I/O 设备设置一个缓冲区的情形称为"单缓冲"。图 4-23（a）所示是单缓冲的工作示意，它表示产生数据者（即生产者）不是把数据直接送给接收数据者（即接收者），而是把数据送入所设置的缓冲区中。接收数据者总是从缓冲区中取得需要的数据。

（2）双缓冲：为 I/O 设备设置两个缓冲区，就称为"双缓冲"。图 4-23（b）所示是双缓冲的工作示意图，它表示产生数据的生产者总是先把产生的数据送入缓冲区 1 中，下一次把产生的数据送入缓冲区 2 中；接收者总是先从缓冲区 1 中取数据，再从缓冲区 2 中取数据。所以，整个 I/O 管理的路线是先 1 后 2，并且交替进行。比如说，输入设备输入了一个数据到控制器的数据寄存器中，CPU 从数据寄存器中取出数据后，则把它放到缓冲区 1 中；CPU 从数据寄存器中取出下一个数据时，则把它放到缓冲区 2 中。用户进程需要数据时，就先取缓冲区 1 中的数据，再取缓冲区 2 中的数据，如此反复交替地进行。

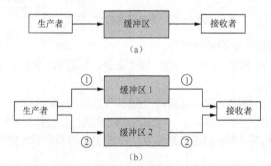

图 4-23　单缓冲与双缓冲的工作示意

（3）多缓冲：系统为同类型的 I/O 设备设置两个公共缓冲队列，一个专门用于输入，另一个专门用于输出，这就是"多缓冲"。当输入设备进行输入时，就到输入缓冲首指针所指的缓冲区队列里申请一个缓冲区使用，使用完毕后仍归还到该队列；当输出设备进行输出时，就到输出缓冲首指针所指的缓冲区队列中申请一个缓冲区使用，使用完毕后仍归还到该队列，如图 4-24 所示。

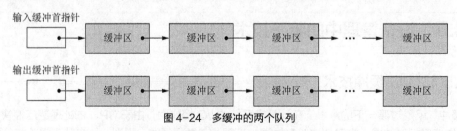

图 4-24　多缓冲的两个队列

（4）缓冲池：系统为同类型的 I/O 设备设置一个公共缓冲队列，既用于输入，也用于输出。它是多缓冲的一种变异，以避免缓冲区使用出现忙闲不均的现象。于是，在缓冲池中有 3 类缓冲区，第一类现在用于输入；第二类现在用于输出；第三类为空闲，既可用于输入，也可用于输出。无论现在用于输入的还是用于输出的缓冲区，它们在用完后，都归还到空闲的缓冲区队列中，受系统的统一管理和调配。

4.5.2 虚拟设备与 SPOOLing 技术

前面已经提到，一些低速的字符设备（如终端输入机或行式打印机等）都是独享设备，它们的使用具有排他性。当系统中只有一台输入设备或一台输出设备，又有好几个用户都要使用时，那么一个用户必须等待其他用户使用完毕，才能去使用，这不利于多道程序并行工作，也影响系统效率的发挥。

操作系统可以利用大容量的共享设备——磁盘作为后援，用软件技术来模拟独享设备的工作，使每个用户都认为获得了供自己独占使用的输入设备或输出设备，并且它们的传输速度与磁盘一样快。但这仅仅是一种"幻觉"，系统中并不存在多个独享设备。这种用一类物理设备模拟出的另一类物理设备，被称为"虚拟设备"。于是，在提供虚拟设备的系统中，用户进行 I/O 时，不是直接面对物理的独享设备，而是面对虚拟的独享设备。

不是任何计算机系统都可以提供虚拟设备的，它需要硬件和软件的支持。从硬件上来讲，系统必须配有大容量的磁盘，要具有设备与 CPU 并行工作的能力；从软件上来讲，系统应该采用多道程序设计。

为了实现虚拟设备，要在磁盘上划分出两块存储空间，一块用来预先存放多个作业的全部信息，这块存储空间被称为"输入#"；另一块用来暂时存放每个运行作业的输出信息，这块存储空间被称为"输出#"，如图 4-25 所示。可以想象，在多道程序设计环境下，作业的信息全部在"输入#"中，当某个作业运行时，不需要启动输入机去读信息，而是从磁盘的"输入#"中就可以得到。另外，由于磁盘里有"输出#"存在，一个作业产生输出时，就可以把输出信息先存放在"输出#"中，而不必直接去启动输出设备进行输出。磁盘上的"输入#"和"输出#"，是把一台独享设备变为共享的物质基础。

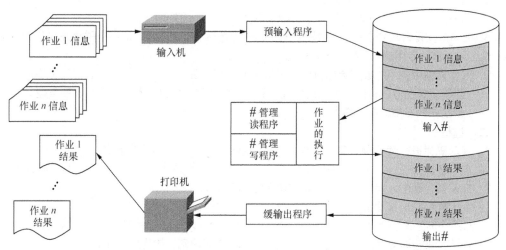

图 4-25 SPOOL 系统工作示意

为了真正提供虚拟设备，操作系统中还要有相应的软件，这就是建筑在多道程序设计基础上的"联机的外围设备同时操作"，即通常所说的斯普林（SPOOLing）技术。因此，有时把操作系统中实现虚拟设备的软件功能模块统称为"SPOOL 系统"。

操作系统中实现虚拟设备的软件功能模块由 3 部分组成。

1. 预输入程序

预输入程序的任务是预先把作业的全部信息输入磁盘的"输入井中存放，以便在需要作业信息，以及作业运行过程中需要数据时，都可以从"输入#"中直接得到，而无须与输入机交往，避免了等待使用输入机的情况发生。

2. 缓输出程序

缓输出程序总是定期查看"输出#"中是否有等待输出的作业信息。如果有，就启动输出设备（比如打印机）进行输出。由于作业的输出信息都暂时存放在"输出#"中，输出设备有空就去输出，不会出现作业因为等待输出而阻塞的情况。

3. #管理程序

#管理程序分为"#管理读程序"和"#管理写程序"。当请求输入设备工作时，操作系统就调用#管理读程序，它把让输入设备工作的任务，转换成从"输入#"中读取所需要的信息；当作业请求打印输出时，操作系统就调用#管理写程序，它把让输出设备工作的任务，转换成往"输出#"里输出。

习题

一、填空

1. I/O 设备一般由机械和电子两个部分组成。为了使设计更加模块化，更具通用性，也为了降低设计制作的成本，如今常把它们分开来处理：电子部分称作"＿＿＿＿＿＿"；机械部分称作"＿＿＿＿＿＿"。

2. 磁带、磁盘这样的存储设备都是以＿＿＿＿＿为单位与内存进行信息交换的。

3. 以用户作业发出的磁盘 I/O 请求的柱面位置，决定请求执行顺序的调度，称为＿＿＿＿＿调度。

4. DMA 控制器在获得总线控制权的情况下能直接与＿＿＿＿＿＿进行数据交换，无须 CPU 介入。

5. 在 DMA 方式下，设备与内存储器之间进行的是＿＿＿＿＿数据传输。

6. 通道程序是由＿＿＿＿＿执行的。

7. 通道是一个独立于 CPU 的、专门用来管理＿＿＿＿＿的处理器。

8. 缓冲的实现有两种方法：一种是采用专门硬件寄存器的硬件缓冲，另一种是在内存储器里开辟一个区域，作为专用的 I/O 缓冲区，称为＿＿＿＿＿。

9. 设备管理中使用的数据结构有系统设备表（SDT）和＿＿＿＿＿。

10. 基于设备的分配特性，可以把系统中的设备分为独享、共享和＿＿＿＿＿3 种类型。

11. 引起中断发生的事件称为＿＿＿＿＿。

二、选择

1. 在对磁盘进行读/写操作时，下面给出的参数中，＿＿＿＿＿是不正确的。
   A. 柱面号　　　　B. 磁头号　　　　　　C. 盘面号　　　　　　D. 扇区号

2. 在设备管理中，是由＿＿＿＿＿完成真正的 I/O 操作的。
   A. 输入/输出管理程序　　　　　　　B. 设备驱动程序
   C. 中断处理程序　　　　　　　　　D. 设备启动程序

3. 在下列磁盘调度算法中，只有＿＿＿＿＿考虑 I/O 请求到达的先后次序。
   A. 最短查找时间优先调度算法　　　　B. 电梯调度算法
   C. 单向扫描调度算法　　　　　　　　D. 先来先服务调度算法

4. 下面所列的内容里，＿＿＿＿＿不是 DMA 方式传输数据的特点。
   A. 直接与内存交换数据　　　　　　　B. 成批交换数据
   C. 与 CPU 并行工作　　　　　　　　D. 快速传输数据

5. 在 CPU 启动通道后，由＿＿＿＿＿执行通道程序，完成 CPU 所交给的 I/O 任务。
   A. 通道　　　　　　B. CPU　　　　　　　C. 设备　　　　　　D. 设备控制器

6. 利用 SPOOLing 技术实现虚拟设备的目的是_____。
   A. 把独享的设备变为可以共享　　　　　B. 便于独享设备的分配
   C. 便于对独享设备的管理　　　　　　　D. 便于独享设备与 CPU 并行工作

7. 通常，缓冲池位于_____中。
   A. 设备控制器　　　B. 辅助存储器　　　　C. 主存储器　　　　D. 寄存器

8. _____是直接存取的存储设备。
   A. 磁带　　　　　　B. 磁盘　　　　　　　C. 打印机　　　　　D. 键盘显示终端

9. SPOOL 系统提高了_____的利用率。
   A. 独享设备　　　B. 辅助存储器　　　　C. 共享设备　　　　D. 主存储器

10. 按照设备的_____分类，可将系统中的设备分为字符设备和块设备两种。
    A. 从属关系　　B. 分配特性　　　　　C. 操作方式　　　　D. 工作特性

11. 所谓"设备无关性"，是指_____。
    A. I/O 设备具有独立执行 I/O 功能的特性
    B. 用户程序中使用的设备名与具体的物理设备无关
    C. 设备驱动程序与具体的物理设备无关
    D. 系统能够独立地实现设备共享

三、问答

1. 基于设备的从属关系，可以把设备分为系统设备与用户设备两类。根据什么来区分一个设备是系统设备还是用户设备呢？

2. 设备管理的主要功能是什么？

3. 试分析最短查找时间优先调度算法的"不公平"之处。比如，例 4-1 里原来磁臂移到 16 柱面后，下一个被处理的 I/O 请求是柱面 1。假定在处理 16 柱面时，到达一个对柱面 8 的新 I/O 请求，那么下一个被处理的就不是柱面 1 而是柱面 8 了。这有什么弊端存在？

4. 总结设备和 CPU 在数据传输的 4 种方式中，各自在启动、数据传输、I/O 管理以及善后处理等环节所承担的责任。

5. 用户程序中采用"设备类，相对号"的方式使用设备有什么优点？

6. 启动磁盘执行一次输入/输出操作要花费哪几部分时间？哪部分时间对磁盘的调度最有影响？

7. 解释"通道命令字""通道程序"和"通道地址字"3 者的含义。

8. 何为 DMA？通道与 DMA 有何区别？

9. 解释记录的成组与分解。为什么要这样做？

10. 试述 SPOOL 系统中的 3 个组成软件模块各自的作用。

11. 为了能够使 CPU 与设备控制器中的各个寄存器进行通信，I/O 系统常采用哪两种方法来实现？

四、计算

1. 在例 4-1 里，对电梯调度算法只给出了初始由外往里移动磁臂的调度结果。试问如果初始时是由里往外移动磁臂，调度结果又是什么？

2. 磁盘请求以 10、22、20、2、40、6、38 柱面的次序到达磁盘驱动器。移动臂移动一个柱面需要 6ms，实行以下磁盘调度算法时，各需要多少总的查找时间？假定磁臂起始时定位于柱面 20。

（1）先来先服务；

（2）最短查找时间优先；

（3）电梯算法（初始由外向里移动）。

3. 假定磁盘的移动臂现在处于第 8 柱面。有表 4-1 所列的 6 个 I/O 请求等待访问磁盘，试列出最省时间的 I/O 响应次序。

表 4-1 6 个 I/O 请求

序号	柱面号	磁头号	扇区号
1	9	6	3
2	7	5	6
3	15	20	6
4	9	4	4
5	20	9	5
6	7	15	2

第 5 章
文件管理

前面几章分别介绍了处理器管理、存储管理和设备管理，它们涉及的管理对象都是计算机系统中的硬件资源，即中央处理器（CPU）、内存储器及各种外部设备。计算机系统中还有一类资源，即软件资源，对它们的管理，要由操作系统中的"文件管理"来完成。

用户总是把暂时或长期要保存的大量信息，组织成文件的形式存放在辅助存储器中，成为计算机系统中的软件资源。用户不会去考虑自己的文件以什么方式存放在辅存中（顺序式、链接式还是索引式），不会去过问自己的文件具体存放在辅存的什么地方，也不会去计算自己的文件需要占用多大的辅存空间。用户只希望能够通过文件的名称找到所需要的文件，完成对它的操作。也就是说，用户希望的是能够"按名存取"。

要实现用户提出的"按名存取"，操作系统必须解决文件如何在辅存存放，如何按照文件的名称检索到这个文件，如何对文件的内容进行更新，如何保证文件的共享和安全等问题。当然，操作系统还必须向用户提供一系列可以在程序中调用的命令（也就是系统调用），以便实现对文件的具体操作。

本章着重讲述 4 个方面的内容：
（1）用户组织文件的方式（逻辑结构）与存储文件时的组织方式（物理结构）；
（2）对文件存储空间——磁盘的管理；
（3）对文件目录结构的讨论；
（4）文件的共享与保护。

5.1　文件的结构

5.1.1　文件与文件系统

所谓"文件"，是指具有完整逻辑意义的一组相关信息的集合，它是在磁盘上保存信息且能方便以后读取的方法。文件用符号名加以标识，这个符号名就被称为"文件名"。

一个文件的文件名是在创建该文件时由用户给出的，操作系统将向用户提供组成文件名的命名规则。不同的操作系统，提供的文件命名规则不尽相同。大多数系统允许用不多于 8 个字母组成的字符串作为合法的文件名，通常也允许文件名中出现数字和某些特殊的字符，但要依系统而定。

有的操作系统区分文件名中的大、小写英文字母，例如 UNIX；有的则不区分，例如 MS-DOS。很多操作系统采取用句点"."将文件名形式隔开成两部分，句点前的部分称为文件名，句点后面的部分称为文件的"扩展名"。比如文件名 zong.c 和 cathy.doc 中的".c"、".doc"就分别是文件"zong"和文件"cathy"的扩展名。扩展名大多含 1～3 个字符，其作用是标明文件的类型和性质。比如，

表 5-1 列出了一些典型的扩展名及其含义。

表 5-1 一些典型的文件扩展名

扩展名	含义
.bak	备份文件
.bas	BASIC 源程序
.bin	可执行二进制文件
.c	C 源程序
.dat	数据文件
.doc	文档文件
.hlp	帮助文件
.obj	目标文件（编译程序输出，未加链接）
.pas	Pascal 文件
.txt	一般文本文件

文件被存放在大容量的辅助存储器中。当用户需要使用时，就通过文件名把相应的文件读到内存。为此，操作系统中必须要有涉及文件管理的相关软件。所谓操作系统的"文件系统"，是指操作系统中与文件管理有关的那部分软件、被管理的文件，以及管理文件所需要的数据结构（如目录、索引表等）的总体。

可以从各种不同的角度对文件进行分类。

1. 按文件的性质和用途

按文件的性质和用途，可以把文件分成下列 3 类。

（1）系统文件：操作系统及其他系统程序（如语言的编译程序）构成系统文件的范畴。这些文件通常是可执行的目标代码及所访问的数据，用户对它们只能执行，没有读和写的权利。

（2）用户文件：用户文件是用户在软件开发过程中产生的各种文件，如源程序、目标程序代码和计算结果等。这些文件只能由文件所有者和被授权者使用。

（3）库文件：常用的标准子程序（如求三角函数 sin、cos 的子程序）、实用子程序（如对数据进行排序的子程序）等组成库文件。库文件中的文件，用户在开发过程中可以直接调用，不过用户对这些文件只能读取或执行，不能修改。

2. 按文件的保护性质

按文件的保护性质，可以把文件分成下列 4 类。

（1）只读文件：只允许查看的文件为只读文件。对于只读文件，使用者不能对它们进行修改，也不能运行。

（2）读写文件：这是一种允许查看和修改的文件，但不能运行。

（3）可执行文件：这是一种可以在计算机上运行、以期完成特定的功能的文件。使用者不能对它进行查看和修改。

（4）不保护文件：这是一种不设防的文件，可以任意对它进行使用、查看和修改。

3. 按文件的保护期限

按文件的保护期限，可以把文件分成下列 3 类。

（1）临时文件：这是一种存放临时性或非永久性信息的文件。比如存放运行时中间结果的文件，就是临时文件。在 Windows 中，临时文件常以扩展名".tmp"标识。

（2）档案文件：这是一种用于备查或恢复的存档文件。

（3）永久文件：这是指信息需要长期保存的文件。

4. 按文件的存取方式

按文件的存取方式，可以把文件分成下列两类。

（1）顺序存取文件：如果对文件的存取操作，只能依照记录在文件中的先后次序进行，就是顺序存取文件。这种文件的特点是，如果当前是对文件的第 i 个记录进行操作，那么下面肯定是对第 $i+1$ 个记录进行操作。

（2）随机存取文件：如果对文件的存取操作，是根据给出关键字的值来确定的，这种文件就是随机存取文件。比如根据给出"姓名"（这时"姓名"就是关键字），立即得到此人的记录。

5. 按设备的类型

按设备的类型，可以把文件分成下列 3 类。

（1）磁盘文件：存放在磁盘上的文件，统称为磁盘文件。

（2）磁带文件：存放在磁带上的文件，统称为磁带文件。

（3）打印文件：由打印机输出的文件，统称为打印文件。

6. 按文件的逻辑结构

简单地说，用户眼中的文件形式，就是文件的逻辑结构。按文件的逻辑结构，可以把文件分成下列两类。

（1）流式文件：如果把文件视为有序的字符集合，那么这种文件被称为"流式文件"，它是用户组织自己文件的一种常用方式。

（2）记录式文件：如果把文件视为由一个个记录集合而成，那么这种文件被称为"记录式文件"，它也是用户组织自己文件的一种常用方式。

7. 按文件的物理结构

简单地说，文件存放在磁盘上的方式，就是文件的物理结构。按文件的物理结构，可以把文件分成下列 3 类。

（1）连续文件：如果把一个文件存放在辅存的连续存储块中，那么这样的文件被称为"连续文件"。

（2）链接文件：如果把一个文件存放在辅存的不连续存储块中，每块之间有指针链接，指明了它们的顺序关系，那么这样的文件被称为"链接文件"。

（3）索引文件：如果把一个文件存放在辅存的不连续存储块中，通过索引表来表明它们的顺序关系，那么这样的文件被称为"索引文件"。

8. 按文件的内容

按文件的内容，可以把文件分成下列 3 类。

（1）普通文件：即通常意义下的各种文件。

（2）目录文件：在管理文件时，要建立每一个文件的目录项。如果文件很多，文件的目录项也就很多，甚至很大。操作系统经常把这些目录项聚集在一起，构成一个文件来加以管理。由于这种文件中包含的都是文件的目录项，因此称其为"目录文件"。

（3）特殊文件：为了统一管理和方便使用，在操作系统中常以文件的观点来看待设备。被视为文件的设备称为设备文件，也常称为"特殊文件"。比如在 MS-DOS 中，把键盘视为文件来处理，该文件的名称为"CON"。如果用户键入如下命令并执行：

COPY　CON　A：ZONG．BAT

那么表示把文件 CON 的内容复制到 A 盘上的文件 ZONG．BAT 中去。由于文件 CON 代表的是键盘，这条命令的含义就是把键盘上的输入存放到 A 盘上的文件 ZONG．BAT 中。

5.1.2　文件的逻辑结构

用户总是从使用的角度出发去组织文件，系统则总是从存储的角度出发去组织文件。因此，文件有两种结构：从用户使用的角度出发组织的文件，被称为文件的"逻辑结构"；从系统存储的角度出发组织的文件，被称为文件的"物理结构"。文件系统的主要功能之一，就是要在文件的逻辑结构与物理结构之间建立起一种映射关系，并实现两者之间的转换。说得具体一点，就是如果用户要使用文件中的某个信息，系统就必须根据用户给出的文件名及所指的信息，从磁盘里找到这个文件，并找到这个文件里的那个信息。因此，"找到"就是进行逻辑结构与物理结构之间的映射。本小节介绍文件的逻辑结构，下一小节将介绍文件的物理结构。

用户把数据信息汇集在一起形成文件，目的是要使用它。因此，用户都是从使用方便的角度去组织文件的。这样组织出来的文件，就称为文件的逻辑结构。一个文件的逻辑结构，就是该文件在用户面前呈现的结构形式。

如上面文件的分类所述，按照文件的逻辑结构分类，可以把文件分为流式文件和记录式文件两种。这就是说，文件的逻辑结构有两种：流式和记录式。

如果把文件视为有序的字符集合，在其内部不再对信息进行组织和划分，那么这种文件的逻辑结构被称为"流式文件"，如图 5-1（a）所示。流式文件以字符为操作对象，适用于字符流的正文处理。UNIX 操作系统总是以流式作为文件的逻辑结构。

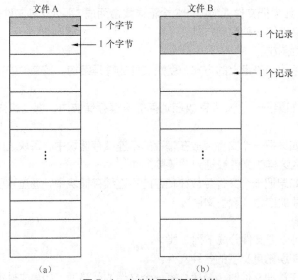

图 5-1　文件的两种逻辑结构

如果用户把文件信息划分成一个个记录，存取时以记录为单位进行，那么这种文件的逻辑结构称为"记录式文件"，如图 5-1（b）所示。在这种文件中，用户为每个记录顺序编号，称为"记录号"。记录号一般从 0 开始，因此有记录 0、记录 1、记录 2、……、记录 $n-1$。出现在用户文件中的记录称为"逻辑记录"。每个记录由若干个数据项组成。表 5-2 为一个具体文件的逻辑结构形式，它的每一个记录包含："学号""姓名""班级"和"各科成绩"（又分"外语""数学""操作系统"等课程）等数据项。

在记录式文件中，总要有一个数据项能够唯一地标识记录，以便对记录加以区分。文件中的这种数据项被称为主关键字或主键。表 5-2 所示的"学号"就是该文件的主关键字。要查找文件中的某个记录时，只要按主关键字去搜索，肯定能够找到。记录中的其他项被称为次关键字，或次键。

利用次键去查找记录，可以对文件中的记录进行分类。比如，用"操作系统= 85"的条件去搜索，会得到两个记录，即李伟业和袁中春的操作系统分数都是 85 分。

表 5-2　一个文件的逻辑结构

记录号	学号	姓名	班级	各科成绩			
				外语	数学	操作系统	……
0	981001	章城冰	980701	86	93	90	……
1	981002	李伟业	980701	99	76	85	……
2	981003	袁中春	980701	77	94	85	……
……	……	……	……	……	……	……	

5.1.3　文件的物理结构

用户文件只有储存在辅助存储器上，才能得到妥善的保存和使用。文件按不同的组织方式在辅存上存放，就会得到不同的物理结构。文件的物理结构有时也称为文件的"存储结构"。从设备管理得知，通常是采用记录成组的技术把文件存放到辅存的。也就是说，在辅存的一块里可能存放多个逻辑记录，块是辅助存储器与内存之间进行信息传输的单位。于是在文件的物理结构中，把一块称为一个物理记录。

文件在辅存上可以有 3 种不同的存放方式：连续存放、链接块存放及索引表存放。对应地，文件就有 3 种物理结构，分别叫作文件的顺序结构、链接结构和索引结构，也叫作连续文件、串联文件和索引文件。

1. 连续存放——连续文件

用户总是把自己的文件信息看作是连续的。把这种逻辑上连续的文件信息依次存放到辅存连续的物理块中，所涉及的这些物理块，就是这个用户文件的物理结构。因为这些物理块是连续的，所以这个文件的物理结构被称为顺序结构或连续文件。

比如现在用户 ZONG 有一个名为 MYFILE 的用户文件，采用记录式的逻辑结构，共 7 个逻辑记录，每个逻辑记录长为 500B，如图 5-2（a）所示。一个磁盘片共 4 个磁道，每个磁道 4 个扇区（块），每个扇区的尺寸为 1 000B。磁道与扇区（块）都从 0 开始编号，如图 5-2（b）所示。图中每块左上角的小方框里标示的是块的顺序编号（即相对块号）。

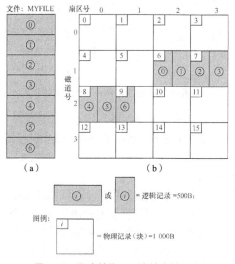

图 5-2　顺序结构——连续文件示意

　　每个逻辑记录为 500B 大小，因此一个磁盘块中可以存放 2 个逻辑记录。如果把文件 MYFILE 从第 6 个磁盘块开始顺序存放，该文件就占用从第 6 到第 9 共 4 个顺序的物理块（不过第 9 块只用了一半）。这就是文件 MYFILE 的物理结构，且是顺序结构，可以称它是文件 MYFILE 的连续文件。

　　分配辅存上的连续物理块来存储文件，是存储文件最为简单的实现方案。不过它有两个不足之处：一是必须预先知道文件的最大长度，否则操作系统就无法确定要为它开辟多少磁盘空间；二是如同存储管理中所述，这样做会造成磁盘碎片，有一些小的磁盘块连续区满足不了用户作业的存储需求，因此也就分配不出去。

2．链接块存放——串联文件

　　如果把逻辑上连续的用户文件信息存放到辅存的不连续物理块中，并在每一块中包含一个指针，指向与它链接的下一块所在的位置，最后一块的指针放上"–1"，表示文件的结束。那么这时所涉及的物理块，就是这个用户文件的物理结构。这些物理块是不连续的，逻辑文件信息的连续性就要通过这些块中的指针表现出来，因此把这个文件的物理结构称为链接结构，或串联文件。

　　仍以用户 ZONG 的文件 MYFILE 为例，假定现在把它存放在第 6、10、9 和 14 块中，显然这些块在辅存中不连续。第 0、1 两个逻辑记录存放在第 6 块，第 2、3 两个逻辑记录存放在第 10 块，第 4、5 两个逻辑记录存放在第 9 块，第 6 个逻辑记录存放在第 14 块（这一块只用了一半）。为了反映出逻辑记录之间的顺序关系，在每块里都设置了指针，还要有一个该文件的首块指针，如图 5-3（b）所示。由首块指针指出该文件是从第 6 块开始存放的；由第 6 块中的指针"10"表明信息存放的下一块是第 10 块；由第 10 块中的指针"9"表明信息存放的下一块是第 9 块；由第 9 块中的指针"14"表明信息存放的下一块是第 14 块；最后，第 14 块中的指针是"–1"，表示文件存放到此结束。于是，从首块指针出发，顺着指针的指点，就能够找到该文件的所有记录。这个由第 6、10、9、14 组成的文件，就是用户文件 MYFILE 的物理结构，且是链接结构，它就是文件 MYFILE 的串联文件。

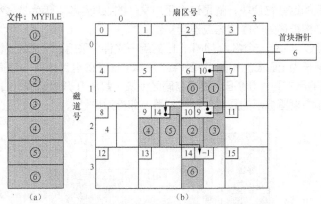

图 5-3　链接结构——串联文件

　　采用链接结构来存储文件，最大的好处是能够利用每一个存储块，不会因为磁盘碎片而浪费存储空间。但是要实现它，使用的指针要占去一些字节，每个磁盘块存储数据的字节数不再是 2 的幂，从而降低了系统的运行效率。

3．索引表存放——索引文件

　　如果把逻辑上连续的用户文件信息存放到辅存的不连续物理块中，系统为每个文件建立一张索引表，表中按照逻辑记录存放的物理块顺序记录了这些物理块号，那么此时所涉及的物理块，就是这个用户文件的物理结构。这些物理块是不连续的，逻辑文件信息的连续性是通过索引表中记录的物理块的块号反映出来，因此把这个文件的物理结构称为索引结构，或索引文件。

仍以用户 ZONG 的文件 MYFILE 为例，仍假定现在把它存放在第 6、10、9 和 14 块中。显然这些块在辅存中不连续。第 0、1 两个逻辑记录存放在第 6 块，第 2、3 两个逻辑记录存放在第 10 块，第 4、5 两个逻辑记录存放在第 9 块，第 6 个逻辑记录存放在第 14 块（这一块只用了一半）。为了反映出逻辑记录之间的顺序关系，系统为其设置一张索引表，如图 5-4（b）所示。索引表记录了依次分配给它的块的顺序与实际物理块的块号，也就是最先分配给它的第 0 块，实际是第 6 块；接着分配给它的第 1 块，实际是第 10 块；等等。在此，索引表的作用有点像页式存储管理中的页表：通过逻辑记录号，可以知道它应该位于第几块；由它在第几块，去查索引表，就知道此块实际是第几块。于是，就能够找到该记录在辅存的真正存放位置了。这个由第 6、10、9、14 组成的文件，就是用户文件 MYFILE 的物理结构，且是索引结构，它就是文件 MYFILE 的索引文件。

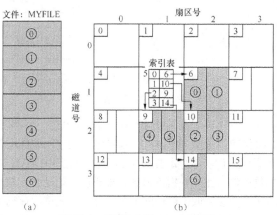

图 5-4　索引表存放——索引文件

文件的索引结构实际上就是把链接结构中的指针取出来，集中存放在一起，这样它既能够完全利用每一个存储块的最大存储量，又保持物理块为 2 的幂，从而克服了链接结构在这方面的缺点。

可以为每个文件建立自己的索引表，也可以为整个磁盘建立一张统一的索引表，称为"存储块索引表"。该表的表目个数与磁盘中的总块数相同，它以磁盘块的相对块号为索引，在每个表目中填写文件块的指针。

如图 5-5 所示，有 ZONG 的两个索引文件 MYFILE1 和 MYFILE2。MYFILE1 的索引文件存放在磁盘块 6、10、9 和 14 中，MYFILE2 的索引文件存放在磁盘块 4、15 和 1 中。系统统一设置一张存储块索引表。由于磁盘共有 16 个存储块，因此该表共有 16 个表目。对于名为 MYFILE1 的索引文件，在与磁盘块 6 对应的表目中，填写它下一块的指针 10；在与磁盘块 10 对应的表目中，填写它下一块的指针 9；在与磁盘块 9 对应的表目中，填写它下一块的指针 14；在与磁盘块 14 对应的表目中，填写"-1"，表示结束。对于名为 MYFILE2 的索引文件，在与磁盘块 4 对应的表目中，填写它下一块的指针 15；在与磁盘块 15 对应的表目中，填写它下一块的指针 1；在与磁盘块 1 对应的表目中，填写"-1"，表示结束。当然，仅有存储块索引表还不够，还必须指明每个文件从哪一块开始。这一信息将被记录在文件的目录中，详细的情形会在后面介绍。

5.1.4 文件的存取

存取方式可以作为文件的分类依据。用户在访问文件时，常采用顺序存取和随机存取（也称直接存取）两种方式。

（1）顺序存取：即按照文件记录的排列次序一个接一个地存取。为了存取第 i 个记录，必须先通过记录 1 到记录 $i-1$。

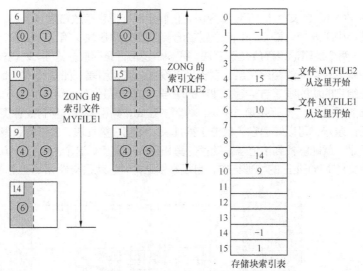

图 5-5　存储块索引表

由于磁带机的物理特性，文件只能采用顺序结构在其上存放，也只能采用顺序存取的方式对文件进行访问。对于磁盘，文件可以采用顺序结构、链接结构和索引表结构在其上存放。

（2）随机存取：即可以以任何次序存取文件中的记录，无须先涉及它前面的记录。这种存取方式对很多应用程序是必须具有的，比如数据库系统。如乘客打电话预定某个航班的机票，订票程序必须能根据用户给出的航班，直接存取该航班的记录，而不必先读出在它前面的各个航班记录。

对磁带机上的文件，不适宜采用随机存取的方式进行访问。对磁盘上的文件，如果该文件使用的是链接结构（也就是串联文件），那么也不适宜采用随机存取的方式进行访问。表 5-3 给出了存储设备、存储结构以及存取方式之间的关系。

表 5-3　存储设备、存储结构、存取方式的关系

存储设备	磁盘			磁带
存储结构	连续文件	串联文件	索引文件	连续文件
存取方式	顺序，随机	顺序	顺序，随机	顺序

5.2　磁盘存储空间的管理

通常文件都是存放在磁盘上的，所以磁盘空间的管理是操作系统文件管理部分需要考虑的一个主要问题。磁盘是以块为单位进行分配的，犹如分页式存储管理中需要考虑页面尺寸一样，确定物理块的大小也是很重要的事情。一般地，物理块的大小选为 512B、1KB 或 2KB。因为磁盘与内存之间是以磁盘块为信息传输的单位，所以，如果在扇区大小为 512B 的磁盘上选择 1KB 大小的磁盘块，那么文件系统可读/写两个连续的扇区，并且把它们看成是一个不可分割的单元。

选定了块的大小，还要对它们进行管理，即要记住哪些已经分配，哪些仍然空闲。常采用的磁盘存储空间管理方案有位示图、空闲块表及空闲块链。

5.2.1　位示图

在分页式存储管理中，已经见到过位示图的用法。由于磁盘被分块后，每一块的大小相同，块

数固定，也可以采用位示图法来管理磁盘的存储空间。

在这里，采用位示图的具体做法是：为所要管理的磁盘设置一张位示图。至于位示图的大小，由磁盘的总块数决定。位示图中的每个二进制位与一个磁盘块（这里假定一个扇区就是一个磁盘块）对应，该位状态为"1"，表示所对应的块已经被占用；状态为"0"，表示所对应的块仍然空闲，可以参加分配。

比如，有一个磁盘，共有 100 个柱面（编号为 0～99），每个柱面有 8 个磁道（编号为 0～7，注意，也就是磁头编号），每个盘面分成 4 个扇区（编号为 0～3），那么，整个磁盘空间磁盘块的总数为：

$$4 \times 8 \times 100 = 3\,200（块）$$

如果用字长为 32 位的字来构造位示图，那么共需要 100 个字，如图 5-6 所示。

	0 位	1 位	2 位	3 位		……	30 位	31 位		
第 0 字	0/1	0/1	0/1	0/1	…	0/1	0/1	0/1	0/1	←1 个柱面
第 1 字	0/1	0/1	0/1	0/1	…	0/1	0/1	0/1	0/1	
⋮					…					
	0/1	0/1	0/1	0/1	…	0/1	0/1	0/1	0/1	
	0/1	0/1	0/1	0/1	…	0/1	0/1	0/1	0/1	
第 99 字	0/1	0/1	0/1	0/1	…	0/1	0/1	0/1	0/1	

图 5-6　一个具体的位示图

在将文件存放到辅存上时，要提出存储申请。这时，就去查位示图，状态为"0"的那位所对应的块可以分配。因此，在申请磁盘空间时，就有一个"已知字号、位号，计算对应块号（即柱面号、磁头号、扇区号）"的问题。在文件被删除时，要把原来所占用的存储块归还给系统，因此，存储块释放时，就有一个"已知柱面号、磁头号和扇区号，计算对应字号和位号"的问题。我们仍以图 5-6 来加以说明（注意：下面所给出的计算公式，只是针对这个具体例子的，不是通用公式）。

先引入"相对块号"的概念。所谓"相对块号"，即是指从 0 开始，按柱面和盘面（即磁头）的顺序对磁盘块进行统一编号。于是，第 0 柱面第 0 盘面上的块号是 0～3。接着，第 0 柱面第 1 盘面上的块号是 4～7。由于第 0 柱面上共有 32 个磁盘块，故编号为 0～31。第 1 柱面上磁盘块的编号为 32～63，整个磁盘块的编号是 0～3 199，这就是所谓该磁盘块的"相对块号"。

这样一来，位示图中第 i 字的第 j 位对应的相对块号就是：

$$相对块号 = i \times 32 + j \qquad (5\text{-}1)$$

在申请磁盘空间时，根据查到的状态为"0"的那位的字号和位号，可以先计算出这一位所对应的相对块号，再求出具体的柱面号、磁头号和扇区号。假定引入两个符号 M 和 N，并对它们作如下定义：

$$M = 相对块号/32；\quad N = 相对块号\%32$$

那么由"字号、位号"求"柱面号、磁头号和扇区号"的公式如下：

$$柱面号 = M \qquad (5\text{-}2)$$
$$磁头号 = N/4 \qquad (5\text{-}3)$$
$$扇区号 = N\%4 \qquad (5\text{-}4)$$

在归还磁盘块时，根据释放块的"柱面号、磁头号和扇区号"，先计算出该块的相对块号，再求出它在位示图中的字号和位号。具体公式如下：

$$相对块号 = 柱面号 \times 32 + 磁头号 \times 4 + 扇区号 \qquad (5\text{-}5)$$
$$字号 = 相对块号/32 \qquad (5\text{-}6)$$
$$位号 = 相对块号\%32 \qquad (5\text{-}7)$$

注意，以上"/"和"%"表示整除和求余运算。

5.2.2 空闲区表

采用空闲区表来管理文件存储空间时，系统将设置一张表格，表中的每一个表目记录磁盘空间中一个连续空闲盘区的信息，比如该空闲盘区的起始空闲块号、连续的空闲块个数及表目的状态，见表 5-4（a），该表被称为"空闲区表"。

表 5-4　空闲区表

		(a)					(b)	
序号	起始空闲块号	连续空闲块个数	状态		序号	起始空闲块号	连续空闲块个数	状态
1	2	5	有效		1	2	5	有效
2	18	4	有效		2	18	4	有效
3	59	15	有效		3	65	9	有效
4	80	6	空白		4	80	6	空白
……	……	……	……		……	……	……	……

任何时刻，空闲区表都记录下当前磁盘空间内可以使用的所有空闲块信息。当创建一个新文件时，根据文件的长度查找该表。从状态为"有效"的表目中找到合适的表项时，就可以进行分配。如果该表目中的磁盘块数大于用户所需要的数目，那么表目内容经过修改后仍然存在；如果表目中记录的所有磁盘块都分配出去，那么该表目项的状态就被设置成"空白"，以表示它里面的内容是无效的。当删除一个文件时，应该在空闲区表中，找一个"空白"表项，将该文件原来占用的连续存储空间信息填写进去，并把表项的状态改为"有效"。

例如，现在有一个文件需要 6 个磁盘块的存储空间。查找表 5-5（a）中的空闲区表，虽然第 4 表项连续空闲区的数目为 6，但是它的状态是"空白"，因此所记录的这个信息是无效的。现在表项 3 中记录的是从第 59 块开始的连续 15 个空闲块，它能满足这个文件提出的存储要求。于是，把它前面的 6 个连续磁盘块分配出去（59、60、61、62、63、64），修改相应的表项，该空闲区的起始空闲块号成为 65，共有 9 个连续的空闲块。空闲区见表 5-5（b）。

例 5-1　有一磁盘，共有 200 个柱面，每个柱面有 20 个磁道，每个盘面分成 16 个扇区。为了对其存储空间进行管理，打算采用位示图与空闲区表两种方法进行比较。假定分配以扇区为单位，字长 32 个二进制位，空闲区表一个表目恰好一个字长。试问在空闲区表大于位示图之前，该磁盘里应该有多少空闲扇区出现？

解：依题意，该磁盘共有扇区数为：

$$20 \times 200 \times 16 = 64\,000（块）$$

如果采用位示图管理该磁盘存储空间，因为一个字长是 32 个二进制位，一个二进制位对应于一个磁盘块（扇区），所以整个位示图需要占用的字数为：

$$64\,000/32 = 2\,000（字）$$

由于空闲区表中的每一个表目需要用一个字长来表示，在有 2 000 个磁盘空闲区时，空闲区表所需要的存储量与位示图需要占用的字数相当。故在空闲区表大于位示图之前，系统应该出现 2 000 个空闲扇区。

空闲区表这种管理方式适用于采用顺序结构的文件。对于空闲块的分配与回收，类似于可变分区存储管理。分配时，可以用最先适应、最佳适应和最坏适应算法；回收时，也要考虑空闲区的合并。

5.2.3 空闲块链

所谓空闲块链，即在磁盘的每一个空闲块中设置一个指针，指向另一个磁盘空闲块，从而所有的空闲块形成一个链表，这就是磁盘的"空闲块链"。此时，系统要增设一个空闲块链首指针，链表最后一个空闲块中的指针应该表明为结束，比如记为"-1"。在前面所说的文件物理结构中，串联文件就是这样组织的，只是现在的空闲块链中，每一块中没有实用的信息罢了，因此，有时也把磁盘空闲块链称为"空白串联文件"。

用空闲块链管理磁盘存储空间时，如果申请存储块，就根据链首指针从链首开始一块一块地摘下分配；如果释放存储块，就把释放的块从链首插入。当然，无论是申请还是释放，都必须随时修改链首指针，并调整空闲块中的指针。

由于各空闲块的链接指针隐含在空闲磁盘块内，管理时所需的额外开销很少。但是，每分配一块时，为了调整指针，就必须启动磁盘，读出该空闲块，从里面得到下一个空闲块的指针，以便修改链首指针；每归还一块时，也必须启动磁盘，完成调整指针的工作。用这种方法来管理磁盘的存储空间，增加了对磁盘的读/写操作，对系统效率的发挥会产生不良的影响。

一种改进的方法被称为"成组链接"法。在这种方法中，系统根据磁盘块数，开辟若干块来专门登记系统当前拥有的空闲块的块号。Linux 操作系统就是采用这种方法，在第 8 章里会详细介绍它的实现过程。

举例说，如果块的尺寸为 1KB，磁盘块号要用 16 个二进制位表示，那么每一块中最多登记 511 个空闲块的块号，留下 2B 作为存放下一块的块指针用。假定整个磁盘的存储空间为 20MB，且初始时全部块都是空闲的，那么最多只需开辟 40 个磁盘块，就能够把所有的空闲块登记在册。在这 40 个块中，一方面登记了 511 个空闲块的块号；另一方面，用指针相链接，形成了一块里面含有一组空闲块的成组链接结构。如图 5-7 所示，用 0~39 块来登记空闲块，给出了当前第 16 块、第 17 块和第 18 块的情形。

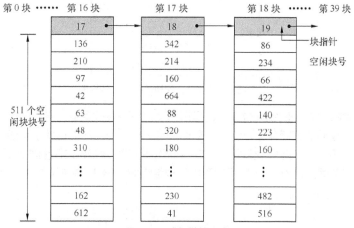

图 5-7　成组链接示意

5.3　文件管理与目录结构

前面，我们讨论了文件存放在磁盘上时有哪些组织方式，即文件的存储结构（连续文件、串联文件、索引文件）。我们也讨论了对磁盘存储空间的管理，以便创建新文件或删除旧文件时，系统能够分配磁盘块或回收磁盘块。那么，用户在以"按名存取"的方式，对自己的文件进行访问时，系统如何知道这个文件存放在哪里，如何得到有关这个文件的各种信息，以便完成用户的读/写请求，这些涉及对具体文件的管理问题。系统是通过文件的目录来管理文件的。

5.3.1 文件控制块与目录

从前面各章可以知道，操作系统都是通过各种"控制块"对具体的管理对象实施管理的，比如进程控制块（PCB）、作业控制块（JCB）和设备控制块（DCB）等。对于文件，操作系统仍然采用这种办法来管理。即为每一个文件开辟一个存储区，其中记录着该文件的有关信息，我们把该存储区称为"文件控制块（FCB）"。于是，找到一个文件的FCB，也就得到了这个文件的有关信息，就能够对它进行所需要的操作了。

FCB的称谓较多，比如"文件描述符""文件说明"等。下文或称文件控制块，或简记为FCB。随系统的不同，一个文件的FCB中所包含的内容及大小也不尽相同。图5-8所示为一个FCB的内容样例。

一般地，文件控制块中会包含如下的内容。

（1）文件名称：这是用户为自己的文件起的符号名，它是在外部区分文件的主要标识。很明显，不同文件不应该有相同的名字，否则系统无法对它们加以区分。

文件名称	
文件在辅存中的起始物理地址	
逻辑记录长	逻辑记录个数
文件主的存取权限	
其他用户的存取权限	
......	
......	
文件建立的日期和时间	
上次存取的日期和时间	

图5-8　一个文件控制块（FCB）的样例

（2）文件在辅存中存放的物理位置：这是指明文件在辅存位置的信息。由于文件在磁盘上的存储结构可以不同，指明其在辅存上位置的信息也就不一样，但目的都是使系统通过这些信息，知道该文件存放在哪些盘块上。这些信息对完成文件逻辑结构与物理结构之间的映射是有用处的。图5-9和图5-10给出了前面文件MYFILE采用不同物理结构时，FCB中关于位置信息的描述。

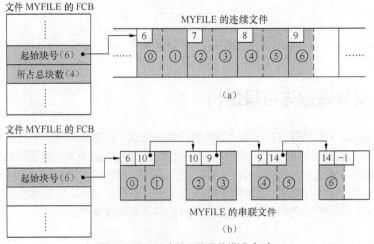

图5-9　FCB中关于位置的描述（1）

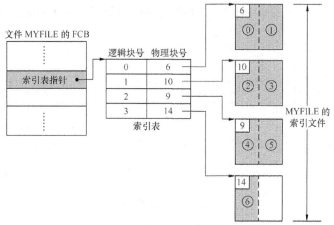

图 5-10　FCB 中关于位置的描述（2）

在图 5-9（a）中，由于文件 MYFILE 是顺序存放的连续文件，在 FCB 中，就要有记录文件的起始块号和文件占用总块数两个信息；在图 5-9（b）中，由于文件 MYFILE 是链接式存放的串联文件，在 FCB 中，只要有记录文件起始块号的信息即可。文件何时结束，由块中的指针是否为"−1"来定夺；在图 5-10 中，由于文件 MYFILE 是索引式存放的索引文件，在 FCB 中，只要有记录文件索引表起始地址的指针的信息就可以了。

（3）文件的逻辑结构：该信息确定了文件是流式的还是记录式的，文件中的记录是固定长度的还是变长的，以及每个记录的长度。这些信息对完成逻辑结构与物理结构之间的映射是有用处的。

（4）文件的物理结构：物理结构反映了文件在辅存中是如何存放的，它确定了对文件可以采用的存取方式，对完成逻辑结构与物理结构之间的映射是有用处的。

（5）文件的存取控制信息：这些信息将规定系统中各类用户对该文件的访问权限，起到保证文件共享和保密的作用。

（6）文件管理信息：如文件的创建日期和时间、文件最近一次访问的日期和时间，以及文件最近一次被修改的日期和时间等。

把文件的文件控制块汇集在一起，就形成了系统的文件目录，每个文件控制块就是一个目录项，其中包含了该文件的文件名、文件属性，以及文件的数据在磁盘上的地址等信息。用户在使用某个文件时，就是通过文件名去查所需要的文件目录项，从而获得文件的有关信息的。如果系统中的文件很多，文件的目录项就会很多，因此，一般常把文件目录视为一个文件，并以"目录文件"的形式存放在磁盘上。

5.3.2　目录的层次结构

如果把所有文件的 FCB 都登记在一个文件目录中，这样由文件名查文件目录项，直接就能够找到所需要的文件，那么就称这种文件目录为一级目录结构。比如，现在有 4 个用户 ZONG、WANG、LING 和 FANG。ZONG 为自己的 3 个文件起名为 test、count 和 wait；WANG 为自己的 2 个文件起名为 help 和 robit；LING 为自己的 1 个文件起名 food；FANG 为自己的 3 个文件起名 class、group 和 data，如图 5-11 所示。在图中，方框代表一个个文件的目录项，即 FCB，里面是文件的名字。把它们汇集在一起，就形成系统的目录（这就是根目录），而圆圈代表文件本身。目录项到文件之间有一个箭头，表示 FCB 中给出了该文件在辅存中的位置，它是文件的指针。

可以看出，一级目录结构是最简单的目录结构。新建一个文件时，就在文件目录中增加一个文件控制块（目录项），把该文件的有关信息填入 FCB 中，这样，系统就可以感知到这个文件的存在了；删除一个文件时，就从目录中删去该文件控制块的全部信息，并释放该文件控制块。因此管理起来是很方便的。

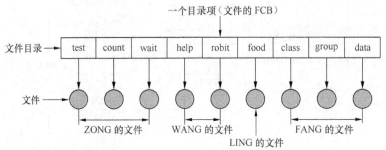

图 5-11　一级目录结构

一级文件目录虽然简单，但也有以下缺点。

（1）如果系统中的文件很多，文件目录就会很大。可以想象，按文件名去查找一个文件的 FCB，平均需要搜索半个目录文件，会耗费很多时间。

（2）系统里面的文件不能重名。即便是不同的用户，也不能给他们的文件起相同的名字，否则就有可能找不到指定的文件。

总之，一级文件目录结构不能应对用户多方面的需求，缺乏灵活性，现在已经很少在操作系统中采用了。

为了克服一级目录结构的缺点，有了二级目录结构，如图 5-12 所示。

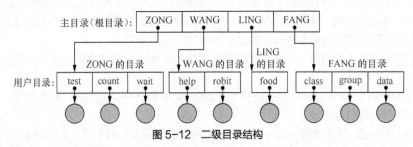

图 5-12　二级目录结构

二级目录结构由"主目录"与"用户目录"两级构成。在主目录（也就是根目录）中，每个目录项的内容只是给出文件主名及它的目录所在的磁盘地址。在一个个用户目录中，才是由文件的 FCB 组成的目录。因此，这里的用户目录，实际上就是上面所述的一级目录。

在二级目录结构下，每个用户拥有自己的目录，因此按名查找一个文件的时间会减少。另外，在这样的结构下，不同的用户也可以给文件取相同的名字了，文件重名已经不再成为问题。

但是，如果一个用户拥有很多的文件，那么在他的目录中进行查找，所花费的时间仍然会很长。另外，在二级目录结构中，用户无法对自己的文件进行再分类安排。所以，这种目录结构还是难以使用户感到满意。为此，又引入了树型目录结构。

树型目录结构即是目录的层次结构。在这种结构中，允许每个用户可以拥有多个目录，即在用户目录的下面，可以再分子目录，子目录的下面还可以有子目录。如图 5-13 所示，用户 C 的子目录就有 3 层之多（注意，在图 5-13 中，只是用字母表示文件或目录的所有者，并没有给它们分别取名字）。

在这一棵倒置的树中，第 1 层为根目录，第 2 层为用户目录，再往下是用户的子目录。另外，每一层目录中，既可以有子目录的目录项，也可以有具体文件的目录项。利用这种目录结构，用户可以按照需要，组织起自己的目录层次，既灵活，又方便。

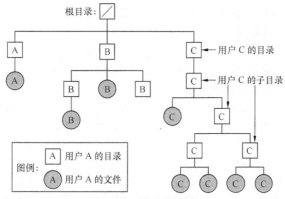

图 5-13　树型目录结构

在用树型结构组织文件系统时，为了能够明确地指定文件，不仅文件要有文件名，目录和子目录也都要有名字。从根目录出发到具体文件所经过的各层名字，就构成了文件的"路径名"。从根目录出发的这个路径名，也称为文件的"绝对路径名"。要注意，文件的绝对路径名必须从根目录出发，且是唯一的，路径名中的每一个名字之间用分隔符分开。在 UNIX 系统中，路径各部分之间是用"/"分隔；在 MS-DOS系统中，路径各部分之间是用"\"分隔；在名为 MULTICS 的操作系统中，路径各部分之间是用">"分隔。不管采用哪种分隔符，凡是以分隔符打头的路径名必定是绝对路径名。

绝对路径名较长，使用不方便。于是，对于文件又有一种相对路径名。用户可以指定一个目录作为当前目录（也称为工作目录）。从当前目录往下的文件的路径名，称为文件的相对路径名。因此，一个文件的相对路径名与当前所处的位置有关，它不是唯一的。

5.3.3　"按名存取"的实现

用户访问文件时，系统根据文件名查文件目录，找到它的文件控制块。经过合法性检查，从控制块中得到该文件所在的物理地址，然后进行所需要的存取操作。

原则上，有了一级文件目录和一张位示图（或其他磁盘空间的管理方案），就能够实现文件管理的基本功能了。下面通过一个例子来说明"按名存取"的实现过程，从中也能了解逻辑结构与物理结构之间进行映射的含义。

以图 5-14（a）（它就是前面的图 5-2（b））为基础，假定文件 MYFILE 的文件控制块的内容如图 5-14（b）所示。

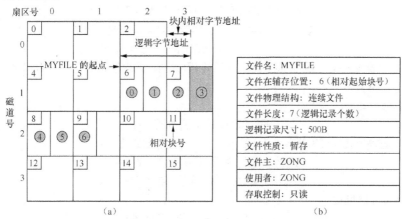

图 5-14　文件 MYFILE 的 FCB 内容

143

现在要读文件 MYFILE 的第 3 个记录，把它存放到内存数组 A(A[0]，A[1]，…，A[499])中。为此，在程序中发出读命令如下：

READ (MYFILE, 3, A)

从命令中可以看出，用户是通过文件名来对一个文件进行存取的，并且只与他眼里的逻辑文件打交道，完全不去过问该文件的物理信息。

文件系统接到这个命令后，就通过命令中提供的文件名 MYFILE，去查文件目录，看文件目录中哪个文件控制块中记录的文件名是"MYFILE"。如果没有名为 MYFILE 的文件，就会出错，否则就找到了该文件的 FCB，如图 5-14（b）所示。

考虑到系统运行时，任何时刻真正用到的文件个数不会很多，没有必要让整个目录文件内容都常驻内存，占用大量宝贵的存储资源，实际的做法是只把要使用的文件的 FCB 内容复制到内存的专用区域里。复制文件的 FCB 的过程称为对文件的"打开"。所有被打开的文件的 FCB 被称为"活动文件目录"。这样，一个文件被打开后，再用到它的有关信息时，就不必到磁盘中去寻找，只需到活动文件目录中就可以找到了。根据这种设计，实际上在程序发出 READ 命令之前，应该先通过打开（OPEN）命令，把该文件的 FCB 复制到活动文件目录中。这样发出命令 READ 时，系统就可以直接从活动文件目录中找到该文件的 FCB 了。

找到文件 MYFILE 的 FCB 后，系统就把该命令改为

READ (FCB, 3, A)

有了文件的 FCB，首先是进行存取控制验证，核实发出该命令的合法性。如果根本不允许对这个文件发出此命令，下面的事情就没有做的必要了。

命令验证合法后，系统就把对文件的读/写请求从逻辑结构映射到物理结构。这里是要读第 3 个逻辑记录。从图 5-14（a）中看出，MYFILE 的第 3 个记录放在相对块号为 7 的磁盘块中，该块的真正物理地址应该是第 1 道第 3 块。为了从"3"转换成为"第 1 道第 3 块"，需要经过如下的 3 个步骤。

（1）把逻辑记录号 3 转换成相应的逻辑字节地址，即这个记录相对于该文件起点的字节数。计算方法是：

逻辑字节地址=逻辑记录号×逻辑记录长度= 3×500 = 1 500

于是，读命令转换成

READ (FCB, 1 500, A)

（2）把逻辑字节地址转换成相对块号和块内相对字节地址。计算方法是：

相对块号 =（逻辑字节地址/物理块尺寸）+ 相对起始块号

=（1 500/1 000）+6 = 1+6 = 7

块内相对字节地址 = 逻辑字节地址%物理块尺寸

= 1 500%1 000 = 500

注意，"相对起始块号"的信息在文件的 FCB 里得到，这里的运算符"/"和"%"含义是整除和求余运算（下同）。

于是，读命令转换成

READ (FCB, 7, 500, A)

（3）把相对块号转换成物理地址：道号和块号。计算方法是：

道号 = 相对块号/每道块数 = 7/4 = 1

块号 = 相对块号%每道块数 = 7%4 = 3

于是，读命令转换成

READ (FCB, 1, 3, 500, A)

至此，文件系统已经实现了由逻辑记录到物理记录的转换工作。要真正实现 READ 命令，还必

须与设备管理交往。设备管理接到此命令后，要申请一个 1 000B 大小的缓冲区，找到磁盘的 DCB，根据命令提供的物理地址，启动磁盘，执行所需要的操作，把第 1 道第 3 块中的信息读至内存缓冲区中。再根据读命令中的信息"500"，将缓冲区中第 500B 往后的 500B 内容送入数组 A 的 A[0]、A[1]、…、A[499]中。到此，设备发出中断信号，系统进行中断处理，I/O 请求处理完毕。发出命令的进程被解除阻塞，到就绪队列里重新排队参与调度。

通过该例，我们可以大致了解文件系统的工作过程，了解文件系统与设备管理的关系，了解各种数据结构（FCB 等）在具体管理中所起的作用。

5.4 文件的使用

5.4.1 文件的共享

文件的"共享"，是指一个文件可以被多个授权的用户共同使用。文件共享不仅减少了文件复制操作要花费的时间，节省了大量文件的存储空间，也为不同用户完成各自的任务所必需。

文件共享分两种情形，一种是任何时刻只允许一个用户使用共享文件，即"大家都能使用，但一次只能一个用户用"。在一个用户打开共享文件后，另一个用户只有等到该用户使用完毕，将其关闭后，才能把它重新打开，然后使用。另一种是允许多个用户同时使用同一个共享文件。这时，只允许多个用户同时打开共享文件进行读操作，不允许多个用户同时打开共享文件后有读有写，也不允许多个用户同时打开共享文件后同时进行写操作，否则，文件信息有可能失去完整性，遭受不必要的破坏。

为了做到文件共享，文件主不仅要指明哪些用户能够使用这个文件，哪些用户不能使用这个文件（为文件分组），还要指明用户的使用权限，即他能对该文件进行"读（R）""写（W）""执行（E）"操作中的哪一种或它们的哪种组合。这些信息将记录在 FCB 里。

为了做到文件共享，要共享的用户必须能找到这个文件。一种办法是从文件主那里把该文件的 FCB 复制到这个用户的目录中，形成这个用户自己的一个文件目录项。但这样做很难保证两个 FCB 内容的一致性。如果文件主对文件做了修改，他的文件的 FCB 能及时反映出这一情形，但在其他用户目录中的这个文件的 FCB 却不会自动更新。

另一种实现文件共享的方法是"连接"法。为此，先要对文件控制块做一番改造，即把文件的文件控制块分成两个部分：第 1 部分称为"目录"，它里面只含文件名及一个指向第 2 部分所在区域的指针；第 2 部分称为"属性"，它里面包含文件的磁盘地址、存取控制信息，以及各种管理所需的信息。"目录"和"属性"相加，就是一个文件的 FCB，如图 5-15（a）所示。

连接法的基本思想是：用一个文件目录项直接指向要共享的文件的目录项，从而在两个文件之间建立起一种等价的关系。具体做法是，在文件主的允许下，一个用户在他的文件目录中开辟一个目录项，该目录项中的指针直接指向所要共享的那个文件的目录项。

如图 5-15（b）所示，用户 A 有一个名为 test 的文件，它允许用户 B 共享。于是，用户 B 在自己的文件目录中，开辟一个目录项，比如把文件名取为 robit，其指针直接指向用户 A 的 test 文件的目录项。于是，在用户 A 的文件 test 和用户 B 的文件 robit 之间，建立起了一个连接关系。当用户 B 要访问文件 robit 时，从它的目录项中得到的是连接指针，从而引导到用户 A 的文件 test 的目录项，实质上是对文件 test 的访问，实现了对文件 test 的共享。

当然，真正要实现文件的共享，还必须指明文件项 robit 中的指针是"连接"指针，而不是指向文件的指针；在用户 A 的 test 文件中，还要有记录共享它的用户的个数，以便要删除 test 时，检查是否还有别的用户在使用。

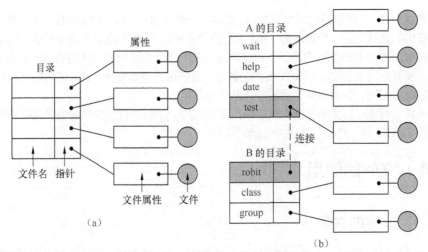

图 5-15　用"连接法"实现文件的共享

5.4.2　文件的保护

"文件保护"的含义，是指要防止未经授权的用户使用文件，也要防止文件主自己错误地使用文件而给文件带来破坏。通常，可以采用存取控制矩阵、存取控制表、权限表和口令等方法，来达到保护文件不受侵犯的目的。

1. 存取控制矩阵

所谓"存取控制矩阵"，就是整个系统维持一个二维表，一维列出系统中的所有文件名，一维列出系统中所有的用户名，在行、列交汇处给出用户对文件的存取权限，见表 5-5。例如，用户A 对文件 1 只能读，对文件 2 可以读、写和执行等。交汇处为空时，表示用户无权对此文件进行任何访问。

表 5-5　存取控制矩阵

用户	权限				
	文件 1	文件 2	文件 3	文件 4	文件 5
用户 A	R	RWE	R	RW	
用户 B	RWE		RW		RW
用户 C	R				R
用户 D		R		RWE	

说明：R–读；W–写；　E–执行。

文件系统接收到来自用户对某个文件的操作请求后，根据用户名和文件名，查询存取控制矩阵，用以检验命令的合法性（5.3.3 小节中曾提及过这项工作）。如果所发的命令与矩阵中的限定不符，则表示命令出错，转而进行出错处理。只有在命令符合存取控制权限的要求时，才能去完成具体的文件存取请求。

不难看出，存取控制矩阵的道理虽然简明，但如果系统中的用户数和文件数都很大，那么该矩阵里的空项会非常多。保存这样一个大而空的矩阵，实为对磁盘存储空间的一种浪费。如果只按矩阵的列或行来存储矩阵，且只存储它们的非空元素，那么情况会好得多。按列存储，就形成了所谓的"存取控制表"；按行存储，就形成了所谓的"权限表"。

2. 存取控制表

如上所述，如果只按存取控制矩阵的列存储，且只存储非空元素，就形成了所谓的"存取控制表"。

从存取控制表的描述可以看出，它是以文件为单位构成的，每一个文件一张表，可以把它存放在文件的 FCB 中，图 5-8 给出的文件的 FCB 正是这样安排的。为了克服存取控制矩阵中大量空项的问题，在形成文件的存取控制表时，应对用户分组，比如分为："文件主""同组用户"及"其他用户" 3 类（当然还可以多分），然后赋予各类用户对此文件的不同存取权限。

比如对于文件 1，可以构成一张表 5-6 所示的存取控制表。其中，文件主是"用户 B"，它对该文件的存取权限是可读、可写、可执行；用户 A 和用户 C 与用户 B 同组（比如完成一个共同的工作），它们对于文件 1 具有只读的权限；其他用户无权使用文件 1。

表 5-6　文件 1 存取控制表

用户分组	权限
文件主：（用户 B）	RWE
同组用户：（用户 A，用户 C）	R
其他用户：（用户 D）	

3. 权限表

如上所述，如果只按存取控制矩阵的行存储，且只存储非空元素，就形成了所谓的"权限表"。

从对权限表的描述可以看出，它是以用户为单位构成的，记述了用户对系统中每个文件的存取权限。通常一个用户的权限表被存放在他的 PCB 中。表 5-7 给出了用户 A 的权限表。

表 5-7　用户 A 权限表

文件名	权限
文件 1	R
文件 2	RWE
文件 3	R
文件 4	RW
文件 5	

4. 口令

上面是系统对文件提供的 3 种保护机制，口令则是一种验证手段，也是最广泛采用的一种认证形式。当用户发出对某个文件的使用请求后，系统会要求他给出口令。这时，用户就要在键盘上键入口令，否则无法使用它。当然，用户键入时，口令是不会在屏幕上显示的，以防止旁人窥视。只有输入的口令核对无误，用户才能使用指定的文件。

采用口令的方式保护文件，容易理解，也容易实现。但口令常被放在文件的 FCB 里，所以常被专业人员破译，以致达不到保护的效果。另外，口令也容易遗忘、记错，给文件的使用带来不必要的麻烦。

5.4.3　文件的备份

当前，个人信息、商业和政府部门的信息都被保存在计算机里，都要在网络中进行传递，因此操作系统应该提供一个环境，以保证信息使用的私密和共享，这是内部安全问题；另外，操作系统还需要提供各种手段，防止来自各方有意或无意的入侵和攻击，这是外部安全问题。事实上，比起对人为入侵者（比如黑客）的防范，关注数据的意外丢失（比如发生火灾、突然断电等）显得更为重要，因为它们的发生会带来更为惨痛的、无法挽回的损失。所以，操作系统的文件系统必须解决文件的备份问题。

1. 独立磁盘冗余阵列

在现代计算机系统中，磁盘的作用越来越突显：在它的支持下，各种虚拟技术（如虚拟存储器、虚拟设备等）相继得到了实现。遗憾的是，磁盘性能的改善，却远远跟不上处理器和内存储器性能的飞速发展。这种不匹配的现实，使得磁盘已经成为提高整个计算机系统性能的主要瓶颈所在。

人们早已了解，可以通过使用多个并行的组件来提高某种系统的性能。对于磁盘存储器来讲也是如此：通过多个磁盘，多个独立的 I/O 请求可以并行地得到处理，只要它们所需要的数据分布在不同的磁盘中；即使是同一个 I/O 请求，如果其要访问的数据分布在多个磁盘上，则该请求也可以并行地得到执行。这实际就是一个在磁盘上组织数据的问题。

在磁盘上组织数据时，利用多磁盘的并行访问能力，可以改善磁盘的传输率。最简单的一种形式是将数据分散存放。分散存放有两种方法，第一种方法是在多个磁盘上分散每个字节的各个位，称为"位级分散"。例如，如果有 8 个磁盘，则可将每个字节的第 i 位写到第 i 个磁盘上。在这样的数据组织下，每个磁盘都参与每次访问（读或写），每次访问的数据量在同样时间内与单个磁盘系统读 8 倍的数据相同。也就是说，相比把一个字节存放在一个磁盘上，这样的多磁盘阵列由于并行操作，其传输率提高了 8 倍。第二种方法是所谓的"块级分散"，即是将文件数据进行分块，以块为单位分散存放在多个磁盘上。比如有 n 个磁盘，可以把一个文件的第 i 块存放在第（i mod n）+1 个磁盘上。比如要处理 10 块数据，磁盘速度为 1 块/ms，CPU 处理 1 块数据的时间是 10μs。在不考虑内存存储访问时间开销的情况下，对单磁盘和 5 个磁盘（采用块级分散）的系统来说，完成此任务的时间分别如下。

单一磁盘	多个磁盘
每次读出一块：1ms	每次读出 5 块：1ms
CPU 处理 1 块：10μs	CPU 处理 5 块：50μs
读出 10 次+处理 10 次所需	读出 2 次+处理 2 次所需
总时间为：10ms+0.1ms=10.1ms	总时间为：2ms+0.1ms=2.1ms

可见，在多磁盘情况下，由于各磁盘独立地处理 I/O 请求，实现并行处理，使整体处理速度提高了近 5 倍。

在磁盘上组织数据时，利用多磁盘的大容量，可以改善磁盘存储的可靠性。这是因为在多个磁盘组成的磁盘阵列里，可以存储有关数据的额外的信息，它们或是数据本身的备份，或是诸如差错纠正码、奇偶校验码等信息。这样的冗余信息，正常情况下是没有什么用的，但在系统出错或磁盘损坏时，可以用来进行对数据的纠错或修复。

综上所述，利用多磁盘阵列，可以改善磁盘的传输率，也可以增强磁盘的可靠性。现在，将同时具有这两种性能的磁盘阵列称为"独立磁盘冗余阵列（RAID）"。

2. 文件的备份

"文件备份"的含义就是为系统中的文件建立相应的副本，它通常有两种方法，一种是所谓的"全量转储"，另一种是所谓的"增量转储"。

（1）全量转储。

全量转储又称为"周期性转储"或"定期后备"，即按固定的时间周期把系统中所有的文件内容转存到另外的磁带或磁盘上。这样，在系统失效时，就可以根据这些磁带或磁盘，把系统中的文件恢复到最后一次转储时的状态，从而减少损失。

采用这种文件备份的方法，优点是在恢复的同时，可以重新整合文件在辅助存储器上的分布。这样，系统重启后就可以提高对文件的访问速度。缺点是由于转储的量很大，可能要耗费很多时间，导致转储期间文件系统被迫暂停工作。也正因为如此，这种转储不能频繁进行，一般每周进行一次，对于灾难后所带来的损失，其效果仍然是有限的。

（2）增量转储。

增量转储指每次只是转储上次转储后新建立的或发生过变更的那些信息，而不是转储系统中的整个信息。由于这样的转储信息量较小，因此进行的周期可以缩短，比如每隔 2 小时转储一次。

不难看出，相对于全量转储，增量转储的优点是每次耗费的转储时间少，一旦系统遭受破坏，能够恢复到几小时前的状态，造成的损失不大。但要实施增量转储，必须对更新的文件做上记号，并在转储后删除该记号。

在实际工作中，常将这样的两种转储方法结合在一起使用。这时，一旦系统遭到破坏，整个文件系统的恢复过程大致如下。

（1）从最近一次全量转储磁盘中装入全部系统文件，使系统得以重新启动，并在其控制下进行后续的恢复工作。

（2）由近及远地从增量转储磁盘上恢复文件，若一个文件被转存过几次，就只恢复最后一次转存的副本，其他都略去。

（3）从最近一次全量转储磁盘中，恢复没有恢复过的文件。

5.4.4 文件的操作

不同系统提供的文件操作，在数量上和功能上都会有差别。下面是与文件操作有关的最基本的一些系统调用。

1. 创建文件（CREATE）

CREATE 表示创建一个没有任何数据的文件。该命令的主要功能是：向系统申请一个存储区，作为创建文件的 FCB；把诸如文件名、创建日期等有关文件属性存入 FCB。一个文件被创建后，系统中有了它的 FCB，表示该文件已经存在，用户可以使用它了。

2. 删除文件（DELETE）

DELETE 表示把不再需要的文件从系统里删除。该命令的主要功能是：收回该文件所占用的磁盘存储空间，收回该文件控制块所使用的存储区。一个文件被删除后，由于它的 FCB 不复存在，系统也就无法再感知到它了。

3. 打开文件（OPEN）

OPEN 表示在使用一个文件之前，为后面的访问做好准备工作。该命令的主要功能是：把指定文件的有关属性（在 FCB 中）复制到内存的活动目录表中，以便随后对文件进行的各种操作，可以直接从活动目录表里获得该文件的信息。这样做以后，避免每次涉及文件时，都要与磁盘交往，从而快速进行后续的文件访问工作。

4. 关闭文件（CLOSE）

CLOSE 表示在使用完一个文件后，做善后工作。该命令的主要功能是：释放该文件在内存活动文件目录表里所占据的位置，以便腾出活动文件目录表里的表目，供别的用户打开别的文件时使用。为了节省内存空间，系统为活动文件目录表开辟的存储区域通常都比较小。用户能同时打开的文件个数是有限的。所以，在使用完一个文件后，应该及时将它关闭。

5. 读文件（READ）

READ 表示在文件中读取数据。该命令的主要功能是：申请一个输入缓冲区，根据命令所给需要读出数据的个数，以及读出数据在内存的存放位置，对文件进行读操作。读出的数据先被存放在申请到的缓冲区里，然后将缓冲区中所需要的数据截出，送到指定的内存区域里。

6. 写文件（WRITE）

WRITE 表示往文件中写数据。该命令的主要功能是：首先把输出的数据送入内存缓冲区。缓冲区满后，按照指定位置做写操作，完成往文件里写的工作。如果指定位置是文件的末尾，那么写入内容被添加到最后，文件长度增加；如果指定位置在文件中间，那么写入的数据就会把原来的内容覆盖，原来的内容就永远消失了。

习题

一、填空

1. 一个文件的文件名是在_____时给出的。

2. 所谓"文件系统"，由与文件管理有关的_____、被管理的文件以及管理所需要的数据结构 3 部分组成。

3. _____是辅助存储器与内存之间进行信息传输的单位。

4. 在用位示图管理磁盘存储空间时，位示图的尺寸由磁盘的_____决定。

5. 采用空闲区表法管理磁盘存储空间，类似于存储管理中采用_____方法管理内存储器。

6. 操作系统是通过_____感知一个文件的存在的。

7. 按用户对文件的存取权限将用户分成若干组，规定每一组用户对文件的访问权限。这样，所有用户组存取权限的集合称为该文件的_____。

8. 根据在辅存上的不同存储方式，文件可以有顺序、_____和索引 3 种不同的物理结构。

9. 如果把文件视为有序的字符集合，在其内部不再对信息进行组织划分，那么这种文件的逻辑结构被称为"_____"。

10. 如果用户把文件信息划分成一个个记录，存取时以记录为单位进行，那么这种文件的逻辑结构称为"_____"。

11. 操作系统应该提供一个环境，保证信息使用的私密和共享，这是系统_____的安全问题；另外，操作系统还需要提供各种手段，防止来自各方的有意或无意的入侵和攻击，这是系统_____的安全问题。

12. "文件备份"的含义，就是为系统中的文件建立相应的副本。它通常有两种方法，一种是所谓的"_____转储"，另一种是所谓的"_____转储"。

13. 用户总是从_____的角度出发去组织文件，系统则总是从_____的角度出发去组织文件的。

14. 在记录式文件中，总要有一个数据项能够唯一地标识记录，以便对记录加以区分。文件中的这种数据项被称为_____或_____。

二、选择

1. 下面的_____不是文件的存储结构。
    A. 索引文件   B. 记录式文件   C. 串联文件   D. 连续文件

2. 有一磁盘，共有 10 个柱面，每个柱面有 20 个磁道，每个盘面分成 16 个扇区。采用位示图对其存储空间进行管理。如果字长是 16 个二进制位，那么位示图共需_____字。
    A. 200   B. 128   C. 256   D. 100

3. 操作系统为每一个文件开辟一个存储区，在它的里面记录着该文件的有关信息。这就是所谓的_____。
    A. 进程控制块   B. 文件控制块   C. 设备控制块   D. 作业控制块

4. 文件控制块的英文缩写符号是_____。
    A. PCB   B. DCB   C. FCB   D. JCB

5. 一个文件的绝对路径名总是以_____打头。

    A. 磁盘名   B. 字符串   C. 分隔符   D. 文件名

6. 一个文件的绝对路径名是从_____开始，逐步沿着每一级子目录向下，最后到达指定文件的整个通路上所有子目录名组成的一个字符串。

    A. 当前目录   B. 根目录   C. 多级目录   D. 二级目录

7. 从用户的角度看，引入文件系统的主要目的是_____。

    A. 实现虚拟存储   B. 保存用户和系统文档

    C. 保存系统文档   D. 实现对文件的按名存取

8. 按文件的逻辑结构划分，文件主要有两类：_____。

    A. 流式文件和记录式文件   B. 索引文件和随机文件

    C. 永久文件和临时文件   D. 只读文件和读写文件

9. 位示图用于_____。

    A. 文件目录的查找   B. 磁盘空间的管理

    C. 主存空间的共享   D. 文件的保护和保密

10. 用户可以通过调用_____文件操作，来归还文件的使用权。

    A. 建立   B. 打开   C. 关闭   D. 删除

11. 文件目录采用树型结构而不采用简单的表结构，最主要的原因是_____。

    A. 解决查询速度   B. 方便用户使用

    C. 解决文件重名   D. 便于文件保密

三、问答

1. 为什么位示图法适用于分页式存储管理和对磁盘存储空间的管理？如果在存储管理中采用可变分区存储管理方案，也能采用位示图法来管理空闲区吗？为什么？

2. 有些操作系统提供系统调用命令 RENAME 给文件重新命名。同样，也可以通过把一个文件复制到一个新文件、然后删除旧文件的方法达到给文件重新命名的目的。试问这两种做法有何不同？

3. "文件目录"和"目录文件"有何不同？

4. 一个文件的绝对路径名和相对路径名有何不同？

5. 试述"创建文件"与"打开文件"两个系统调用在功能上的不同之处。

6. 试述"删除文件"与"关闭文件"两个系统调用在功能上的不同之处。

7. 为什么在使用文件之前，总是先将其打开后再用？

8. 如果一个文件系统没有提供显式的打开命令（即没有 OPEN 命令），但又希望有打开的功能，以便在使用文件时能减少与磁盘的交往次数，那么应该把这一功能安排在哪个系统调用里合适？如何安排？

9. 何为"独立磁盘冗余阵列（RAID）"？

四、计算

1. 我们知道，可以用位示图法或成组链接法来管理磁盘空间。假定表示一个磁盘地址需要 D 个二进制位，一个磁盘共有 B 块，其中有 F 块空闲。在什么条件下，成组链接法占用的存储空间少于位示图？

2. 假定磁带的存储密度为每英寸 800 字符，每个逻辑记录长为 160 字符，记录间隙为 0.6 英寸。现在有 1 000 个逻辑记录需要存储到磁带上。分别回答以下问题。

（1）不采用记录成组技术，这时磁带存储空间的利用率是多少？

（2）采用以 5 个逻辑记录为一组的成组技术进行存放，这时磁带存储空间的利用率是多少？

（3）若希望磁带存储空间的利用率大于 50%，应该多少个逻辑记录为一组？

3. 假定有一个名为 MYFILE 的文件，共有 10 个逻辑记录，每个逻辑记录长为 250 字节。磁盘块尺寸为 512 字节，磁盘地址需要 2 个字节表示。把 MYFILE 采用链接结构存储在磁盘上。

（1）画出该文件在磁盘上的链接结构图（磁盘块号自定）。

（2）现在用户要读文件上包含第 1 425 字符的逻辑记录，给出完成这一请求的主要工作步骤。

4. 假设文件 W 有 100 个逻辑记录，尺寸为 512KB。磁盘块的尺寸与逻辑记录相同。现要求分别用连续文件、串联文件、索引文件的形式来存储它。

（1）画出这 3 种文件的物理结构图。

（2）若要随机读取记录 r7，试问在这 3 种结构下，分别需要做多少次磁盘读操作，并给出相应说明（记录号与磁盘块号都从 0 开始）。

5. 某文件系统在每个文件的目录项中，开辟出有 6 个元素的一个一维数组，用以描述文件的物理结构。数组的前 4 个元素为直接索引表，第 5 个元素为一级间接索引，第 6 个元素为二级间接索引。磁盘块尺寸为 512 字节，记录磁盘块号需要花费 2 个字节。请回答以下问题。

（1）该文件系统能建立的最大文件尺寸为多少字节？

（2）名为 ZONG 的文件有 268 个记录，每个记录尺寸为 512 字节，试画出该文件的物理结构。

第6章
进程间的制约关系

在多道程序设计环境下，一方面，系统中有若干个作业同时执行，每一个作业又可能需要多个进程协同工作；另一方面，这些进程使用系统中的各种资源，而资源个数往往少于进程数，从而导致了它们对系统资源的竞争。于是，系统中的所有进程，相互之间必定存在着这样或那样的关系。这些关系势必影响到进程执行的速度，影响到进程执行的顺利与否，甚至会影响到进程执行结果的正确性。由于进程间的制约关系，程序执行的结果有可能失去了"再现性"：在相同条件下，这一次的执行结果可能与下一次的执行结果不同，这就是所谓的"与时间有关的错误"。

进程之间存在着哪些制约关系？它们是如何产生的？怎样处理这些关系，才能确保进程执行的正确性？这些是本章要解决的主要问题。

本章将引入操作系统中的重要概念：信号量及在信号量上的 P、V 操作。利用信号量及在信号量上的 P、V 操作，可以很好地解决进程间的互斥与同步关系，保证进程程序的正确执行。

本章着重讲述 4 个方面的内容：
（1）进程间的两种制约关系——互斥与同步；
（2）正确处理互斥与同步的方法——信号量及在信号量上的 P、V 操作；
（3）死锁及解决死锁的途径；
（4）进程间的高级通信。

6.1　进程间的制约关系

6.1.1　与时间有关的错误

在第 2 章，通过单行道交通流量的例子，说明了在多道程序设计环境下，程序执行时"结果的再现性"被打破了。这就是说，在相同的前提条件下，两次执行的结果有可能不相同。这是因为在多道程序设计环境下，进程程序的执行具有并发性。进程的"并发"，使得一个进程何时占有处理机、占有处理机时间的长短、执行速度的快慢，以及外界对进程何时产生作用等都带有随机性，使得一个进程对另一个进程的影响无法预测。在操作系统里，这种由于时间因素的影响而产生的错误，被称为"与时间有关的错误"。下面再来看几个这方面的例子。

在讲虚拟设备时曾涉及"输出井"等概念。现在假定是这样进行管理的：为输出井设置一张"输出井文件目录表"，它由若干个目录项组成，每个目录项记录一个要打印输出的文件名及该文件在磁盘的存放地址。为了管理该目录表，系统安排两个指针：out 和 in。"缓输出程序"根据 out 的指点进行打印，out 总是指向下一个被打印的文件；井管理写程序根据 in 的指点存放要求输出的文件目录信息，in 总是指向下一个可用的目录项，如图 6-1 所示。

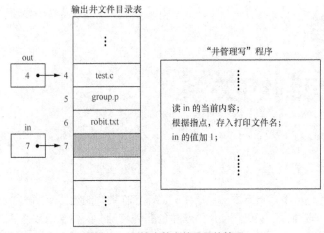

图 6-1　对输出井文件目录的管理

如果现在进程 A 要求打印自己名为"games"的文件。为此调用"井管理写"程序。在做了一些准备工作后，它读出 in 中当前的内容为 7。若恰在此时，系统分配给进程 A 的时间片到时，调度进程 B 运行。假定现在进程 B 要求打印输出自己的文件"mail"，于是也去调用"井管理写"程序。在做了一些准备工作后，它读取 in 中的内容。此时，in 中的值没有改变，得到的值仍旧为 7。于是把它的文件"mail"存入输出井文件目录表中的第 7 个表目，并且把 in 更新为 8，然后继续做其他的操作。

调度程序再次调度进程 A 运行，从断点往下执行。由于它已读过 in 中的内容是 7，就把文件"games"存入输出井文件目录表中的第 7 个表目，把原来里面进程 B 的文件名删去，并且把 in 更新为 9（因为进程 B 已经把 in 改为 8 了），然后继续做其他的操作。

这样一来，进程 B 要输出的文件信息荡然无存，它永远也得不到任何打印输出。另外，输出井文件目录表的表目 8 被跳过去了，它的里面没有记录下任何要输出的文件信息。

再来看一个例子。编写一个复制 n 个记录的程序，它把文件 F 中的每一个记录依次先读到输入缓冲区 R，再从 R 复制到输出缓冲区 T，最后写到文件 G 中。假定 R 和 T 的大小正好存放一个记录，如图 6-2 所示。

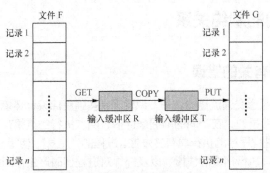

图 6-2　通过双缓冲区复制文件

可以编写 3 个子程序来完成这一工作。

（1）GET：负责从文件 F 中按照顺序读出一个记录，然后送入输入缓冲区 R。

（2）COPY：负责把输入缓冲区 R 中的记录复制到输出缓冲区 T 中。

（3）PUT：负责从输出缓冲区 T 中读出一个记录，然后依照顺序写入文件 G。

用 G_i、C_i、P_i 分别表示读出、复制、写入第 i 个记录的操作。如果这 3 个程序的工作顺序是：

$$G_1 \rightarrow C_1 \rightarrow P_1 \rightarrow G_2 \rightarrow C_2 \rightarrow P_2 \rightarrow \cdots \rightarrow G_i \rightarrow C_i \rightarrow P_i \rightarrow \cdots \rightarrow G_n \rightarrow C_n \rightarrow P_n$$

也就是先由 GET 从 F 读第 1 个记录到 R，由 COPY 把它复制到 T，由 PUT 取出并写到 G 的第 1 个记录。接着，GET 从 F 读第 2 个记录到 R，由 COPY 把它复制到 T，由 PUT 取出并写到 G 的第 2 个记录。如此循环，直到 GET 从 F 读第 n 个记录到 R，由 COPY 把它复制到 T，由 PUT 取出并写到 G 的第 n 个记录为止。这样的执行序列，绝对保证复制的正确性，但是工作速度慢，效率低下。

其实不难看出，在复制过程中，如果 COPY 已经把 R 中的记录复制到了 T 中，GET 和 PUT 就可以并发执行了。即 GET 从 F 中读出下一个记录送到 R 中的操作，与 PUT 从 T 中取出内容写入 G 的操作，谁先做、谁后做都没有关系，不会影响到复制结果的正确性。由于利用了并发性，工作效率就会提高。

但是，如果不去顾及三者之间执行顺序的这种关系，随意让 GET、COPY 和 PUT 并发执行，就会产生"与时间有关的错误"。

假定现在处于图 6-3（a）所示的状态，即文件 F 的第 1 个记录已顺利地复制到了文件 G，文件 F 的第 2 个记录也已由 GET 读到了输入缓冲区 R 中。要说明的是，为表示文件 F 中的第 1、2 两个记录已经被 GET 顺序读出，这里就没有将它们标示出来。下面也这样表示。

如果现在不去考虑 GET、COPY 和 PUT 的执行关系，那么它们的执行顺序有 6 种可能：

（1）COPY→PUT→GET；

（2）COPY→GET→PUT；

（3）PUT→COPY→GET；

（4）PUT→GET→COPY；

（5）GET→COPY→PUT；

（6）GET→PUT→COPY。

例如，现在在图 6-3（a）的基础上，来看第 6 种可能的执行顺序。这时先执行 GET，把文件 F 中的第 3 个记录读入缓冲区 R，致使原来 R 中的记录 2 被删去，由记录 3 代替，如图 6-3（b）所示。然后执行 PUT，把现在还在输出缓冲区中的记录 1 写入文件 G 中，成为它的第 2 个记录，如图 6-3（c）所示。最后执行 COPY，把记录 3 从输入缓冲区 R 复制到输出缓冲区 T 中，如图 6-3（d）所示。由于这种执行顺序没有遵循这 3 个程序在执行顺序上的限制，导致了"与时间有关的错误"发生：复制过程中，把第 2 个记录丢失了，第 1 个记录在文件 G 里重复复制了两次。

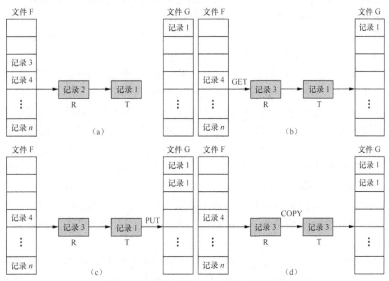

图 6-3　GET→PUT→COPY 导致错误

在这 6 种执行顺序中，只有第 1 和第 2 种执行顺序是正确的，其余的都不正确，都会导致"与时间有关的错误"。

下面将用两小节，通过分析两个例子，得到进程间具有的两种制约关系：互斥与同步。由于对共享资源的争夺，导致进程之间出现互斥关系；由于对任务的协同工作，导致进程之间出现同步关系。只有很好地解决这些关系，才能避免"与时间有关的错误"的出现。

6.1.2　竞争资源——互斥

下面来分析第 1 个例子，看它为什么会导致"与时间有关的错误"的发生。

在这个例子中，进程 A 和 B 没有任何直接的关系，各自做自己的事情。不过，当它们要求输出时，都要访问变量 in。也就是说，in 是它们的共享变量。如果在进程 A 使用完变量 in（也就是取出 in 的值，把文件按它的指点存入输出井目录表，把 in 的值加 1）后，进程 B 才去使用，那么是不会发生"与时间有关的错误"的。同样地，如果在进程 B 使用完变量 in（也就是取出 in 的值，把文件按它的指点存入输出井目录表，把 in 的值加 1）后，进程 A 才去使用，那么也不会发生"与时间有关的错误"。可以看出，进程 A 和进程 B 谁先用 in、谁后用 in 的次序是无关紧要的。

但是，现在偏偏是在进程 A 取出变量 in 的值、还没有按照其指点往目录表中存放文件信息、没有对 in 实行加 1 操作的情况下，进程 B 就使用了变量 in。这就是说，在进程 A 还没有结束对变量 in 的使用的情况下，进程 B 就开始了对 in 的使用，从而导致了"与时间有关的错误"的出现。

很明显，进程 A 和进程 B 谁先做、谁后做都没有关系，谁先使用变量 in、谁后使用变量 in 也都没有关系，重要的是它们两个不能同时使用变量 in。这里，"不能同时"的含义是：在一个进程已经开始使用变量 in 但还没有用完时，不允许另一个进程也使用变量 in。这就是说，它们对变量 in 的使用必须保持"互斥"。

在操作系统中，凡是牵扯到数据、队列、缓冲区、表格和变量等任何形式的共享资源时，都很容易出现类似的这种"与时间有关的错误"。为了避免错误的发生，关键是要找到一种途径，来阻止多于一个进程同时使用它们。即要有一种办法，保证对它们的使用是互斥进行的。

为了下面讨论方便，在此把那些可以共享的资源（文件、队列、缓冲区、表格、变量等）统称为共享变量或临界资源。于是，与一个共享变量（或临界资源）交往的多个进程，为了保证它们各自运行结果的正确性，当其中的一个进程正在对该变量（或临界资源）进行操作时，就不允许其他进程同时对它进行操作。进程间的这种制约关系被称为"互斥"。

比如，上面的第 1 个例子中，进程 A 与进程 B 都要与变量 in 交往，因此变量 in 是它们的一个共享变量。进程 A 对 in 的操作与进程 B 对 in 的操作要互斥进行。

比如，进程调度程序要从就绪队列中挑选进程投入运行，它要对就绪队列做摘下某个进程 PCB 的操作；时间片用完时，时钟中断处理程序就要把当前运行进程的 PCB 插入到就绪队列中去重新参与调度。可见，进程调度程序与时钟中断处理程序都要对系统中的就绪队列进行操作，就绪队列是它们的一个共享变量。因此，进程调度程序对就绪队列所做的摘下某个进程 PCB 的操作，与时钟中断处理程序把当前运行进程的 PCB 插入到就绪队列中去的操作必须互斥进行。

比如，飞机航班售票系统有 n 个售票处，每个售票处通过终端访问系统的公共数据区，以便完成旅客提出的订票请求。各售票处旅客订票的时间及要求购买的机票日期和航班都是随机的，因此可能有若干个旅客在不同的售票处几乎同时提出购买同一日期同一班次的要求。这样，每一个售票处所运行的程序都要对公共数据区的这一信息进行访问和操作，这一信息显然是它们的共享变量。对它的访问和操作必须互斥。

这样的例子还可以列举很多。总之是要说明，在操作系统中要保证对共享变量所做的操作必须互斥进行，否则在大多数情况下运行结果可能都很好，但在少数情况下会发生一些难以解释的奇怪现象。

对具有互斥关系的进程，要注意以下 4 点。

（1）作为具有互斥关系的进程，它的一部分程序可能用于内部的计算以及内部的数据处理等。那么只有涉及共享变量的那一部分程序，才真正需要保证互斥地执行。通常，把进程程序中"真正需要保证互斥执行"的那一段程序，称为该进程的"临界区（或临界段）"。

比如，进程调度程序要做很多事情，而其中完成"在就绪队列上进行搜索，然后摘下某个进程的 PCB"的那段程序，才是它的临界区。对于时钟中断处理程序，其中完成"把当前运行进程的 PCB 插入到就绪队列中去"的那段程序，才是它的临界区。

（2）具有互斥关系的进程，并不关心对方的存在。即使对方不存在，自己也能够正确地运行，不会受到它存在与否的影响。

比如，上述进程 A 的工作与进程 B 各做各的事情。即使进程 B 不存在，进程 A 照样去访问变量 in。进程 A 的运行，不会因为进程 B 的不存在而无法进行下去。

（3）具有互斥关系的那些进程程序中的临界区，虽然都是针对同一个共享变量的程序段，但在其上的操作可以相同也可以不相同。

比如，在进程调度程序中，临界区里对就绪队列的操作主要是摘下某个进程的 PCB；而在时钟中断处理程序中，临界区里对就绪队列的操作主要是插入一个进程的 PCB。这两个进程程序中的临界区对共享变量的操作是不同的。然而，在飞机订票系统中，每个售票处所运行的订票程序是相同的，因此，该程序中涉及对公共数据区的操作也是相同的，即临界区的程序段一样。

（4）进程的临界区是相对于某个共享变量而言的，不同共享变量的临界区之间，不存在互斥关系。

比如，在进程调度程序中的临界区与飞机订票系统中每个售票程序里的临界区，它们不可能也没有必要构成互斥执行的关系。下面只要谈及临界区，一定是指相对于同一个共享变量的。

如何来保证进程在临界区执行的互斥性，这将由下一节的信号量及其定义在信号量上的 P、V 操作具体完成。但是，要解决这个问题，必须遵循以下准则。

（1）如果有若干个进程要求进入自己的临界区，那么它们不应互相排斥，致使谁也进不了临界区。

（2）每次只允许一个进程进入临界区。

（3）一个进程在临界区内逗留有限时间后，就应该退出，以便给其他进程创造进入临界区的机会。

第 1 条准则表明当大家都希望进入临界区时，至少应该允许一个进入，而不能谁也进不去；第 2 条准则表明每次只能让一个进程进入自己的临界区，其他要求进入的进程只能在临界区外等候；第 3 条准则表明进入临界区的进程不能无限期地把持临界区，应该在有限的时间后，退出自己的临界区，把使用临界区的权利让给别的进程。

6.1.3　协同工作——同步

下面来分析第 2 个例子，看为什么会发生"与时间有关的错误"。

前面提及，系统中的进程在运行过程中，由于对资源的竞争而产生了相互制约的关系。具有这种关系的进程，在所完成的任务上都不以对方的工作为前提，互相没有什么依赖，各自单独运行都是正确的。因此，这是进程间的一种间接关系。

但是，在第 2 个例子中，GET、COPY、PUT 3 者之间呈现的却是另外一种关系。拿 GET 和 COPY 来说，当 GET 还没有把记录从文件 F 读到输入缓冲区 R 之前，COPY 不能进行把输入缓冲区 R 中的内容复制到输出缓冲区 T 中的操作。同样地，在 COPY 还没有把输入缓冲区 R 中的内容复制到输出缓冲区 T 之前，GET 不得把下一个记录从文件 F 读到输入缓冲区 R 中。这就是说，只有 GET 先于 COPY 工作，COPY 的工作才有意义；只有 COPY 取走了 R 中的内容，GET 进入下一步工作才有意义。COPY 与 PUT 之间也有这种类似的关系，这是进程之间由于协同工作而产生的一种直接关系。

GET 和 COPY 如何才能协调一致地工作呢？图 6-4 描述了它们之间应该具有的安排。在 GET 读了一个记录到输入缓冲区 R 后，就给 COPY 发送一个消息，告诉它 R 中已经有记录可以复制了，然后自己暂停下来，等待 COPY 发来"复制结束"的消息。只有接到这个消息，GET 才能去做下一步的工作。对 COPY 而言，一直处于等待状态。只有在接收到 GET 发送来的"可以复制"的消息后才能工作，将 R 中的记录复制到输出缓冲区 T 中，然后就向 GET 发送"复制结束"的消息，随之又等待 GET 发来消息。

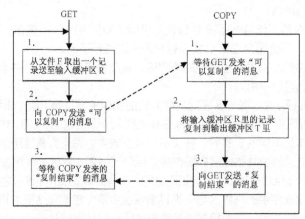

图 6-4　GET 和 COPY 协调一致地工作

很明显，这里所描述的进程间的关系有如下特点。

（1）具有这种关系的进程，需要在某些点上协调相互的动作，谁先到达、谁后到达是有顺序要求的。

比如，GET 应该先期到达它标有"2"的地方，在 R 中为 COPY 准备好记录。这样，当 COPY 运行时就有数据可用了。如果 COPY 先于 GET 到达它标有"1"的地方，那么由于 GET 还没有为它准备好数据，它只能等待。所以，GET 的"2"与 COPY 的"1"是协调相互动作的"点"。另外，GET 的"3"与 COPY 的"3"也是需要协调动作的"点"。

（2）这些进程都应该了解对方的工作，对方如果不存在，或任何一方单独运行，就会出现差错。

比如，GET 应该知道 COPY 只有得到自己给它的数据后，才能往下运行。COPY 应该知道 GET 只有在得到它发出的"复制结束"消息后，才能继续去做。只有这样配合，才能保证它们处于正常的工作状态。

（3）一方或双方的运行会直接地依赖于对方所产生的信息或发出的消息。

比如，GET 和 COPY 双方都依赖于对方发来的消息，接收不到对方的消息，自己就一直保持等待状态。

于是，一个进程运行到某一点时，除非合作进程已经完成了某种操作或发来了信息，否则就必须暂时等待那些操作的完成或信息的到来。进程间的这种关系被称为"同步"。暂停等待以取得同步的那一点，称为"同步点"，需要等待一个进程完成的操作或发送的信息，称为"同步条件"。

如图 6-4 所示，COPY 中标有"1"的地方，是它要与 GET 取得同步的同步点，而 GET 中标有"2"的地方是为 COPY 准备同步条件的地方。同样地，GET 中标有"3"的地方是它要与 COPY 取得同步的同步点，而 COPY 中标有"3"的地方，是为 GET 准备同步条件的地方。

如何来控制进程间的同步，使它们能够协同一致地工作，这将由下一节里的信号量及定义在信号量上的 P、V 操作具体实现。

6.2　信号量与 P、V 操作

1968 年，荷兰人 Dijkstra 给出了一种解决并发进程间互斥与同步关系的通用方法。他定义了一种名为"信号量"的变量，并且规定在这种变量上只能做所谓的 P 操作和 V 操作。这样，通过信号量取不同的初值及在其上做 P、V 操作，就能够实现进程间的互斥、同步，甚至用来管理资源的分配。

6.2.1　信号量与 P、V 操作的定义

所谓"信号量"，是一个具有非负初值的整型变量，并且有一个队列与它关联。因此，定义一个信号量 S 时，要给出它的初值 Vs，给出与它相关的队列指针 Vq。

在一个信号量 S 上，只能做规定的两种操作：P 操作，记为 P（S）；和 V 操作，记为 V（S）。P、V 操作的具体定义如下。

1. 信号量 S 上的 P 操作定义

当一个进程调用 P（S）时，应该顺序做下面不可分割的两个动作。

（1）Vs = Vs－1，即把当前信号量 S 的取值减 1。

（2）若 Vs >= 0，则调用进程继续运行；若 Vs<0，则调用进程由运行状态变为阻塞状态，到与该信号量有关的队列 Vq 上排队等待，直到其他进程在 S 上执行 V 操作将其释放为止。

2. 信号量 S 上的 V 操作定义

当一个进程调用 V（S）时，应该顺序做下面不可分割的两个动作。

（1）Vs = Vs＋1，即把当前信号量 S 的取值加 1。

（2）若 Vs > 0，则调用进程继续运行；若 Vs<= 0，则先从与该信号量有关的队列 Vq 上摘下一个等待进程，让它从阻塞状态变为就绪状态，到就绪队列里排队，然后调用进程继续运行。

关于信号量及其 P、V 操作，有如下几点说明。

（1）设置的信号量初值一定是一个非负的整数。比如，它可以是 0，可以是 1，也可以是 8，但不能是－1、－3 等。不过，由于 P 操作会在信号量的当前值上进行减 1 操作，而 V 操作会在信号量的当前值上进行加 1 操作，因此运行过程中，信号量的取值就不再受"非负"限了。

（2）定义在信号量上的 P 操作和 V 操作都由两个不可分割的动作组成，也就是说，只要进入了 P（S）或 V（S），这两个动作就必须顺序地做完，中间不能被打断。信号量上的 P、V 操作，实际都是原语，如前面在原语时所说的，为了保证执行时的不可分割性，常采用关、开中断的办法来具体实现信号量上的 P、V 操作。

（3）从 P（S）的定义可以看出，调用它的进程有两个出路：如果对信号量当前值减 1 后信号量值大于等于 0，则该进程继续运行下去；否则它就被阻塞，直到有别的进程通过做 V（S）操作来唤醒它。但是从 V（S）的定义可以看出，调用它的进程的状态不会改变，无论对信号量当前值加 1 后的结果如何，调用它的进程最终都将继续运行下去。

（4）注意，如果一个进程在做 P 操作后被阻塞，到关于信号量的队列上去排队等待，其含义是让进程的 PCB 到此队列上排队。

6.2.2　用 P、V 操作实现互斥

假定把进程 A 程序中的临界区记为 CSa，把进程 B 程序中的临界区记为 CSb，如图 6-5（a）所示。所谓"CSa 和 CSb 互斥地执行"，含义是：如果进程 A 已进入了 CSa，那么进程 B 就只能

在其 CSb 的进入点处等待，只有等到进程 A 退出了 CSa，进程 B 才能进入 CSb。同样地，如果进程 B 已进入了 CSb，进程 A 就只能在其 CSa 的进入点处等待，只有等到进程 B 退出了 CSb，进程 A 才能进入 CSa。

为了保证做到这一点，设置一个初值为 1 的信号量 S，在进程 A 和 B 的进入点处安排关于信号量 S 的 P 操作，在进程 A 和 B 的退出点处安排关于信号量 S 的 V 操作。这样，就能够确保 CSa 和 CSb 互斥地执行，如图 6-5（b）所示。

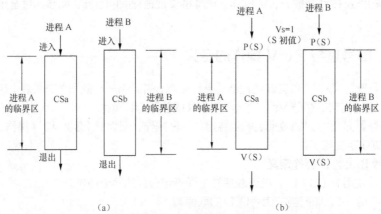

图 6-5　P、V 操作用于进程互斥

现在来分析一下为什么这样的安排就能够保证 CSa 和 CSb 的互斥执行。在图 6-5（b）的情形下，不失其一般性，假定进程 A 先于进程 B 做 P（S）。由于 Vs 初始时取值为 1，做了 P（S）后，Vs 变为 0。根据信号量上 P 操作的定义，在实施减 1 后如果 Vs>= 0，则调用进程继续运行，因此进程 A 进入了它的临界区。如果这时进程 A 的时间片到，则调度到进程 B 运行。当它调用信号量 S 的 P 操作时，由于现在的 Vs= 0，于是减 1 后 Vs= –1<0。根据信号量上 P 操作的定义，在实施减 1 后如果 Vs<0，那么调用进程由运行状态变为阻塞状态，并到与该信号量有关的队列 Vq 上排队等待，直到其他进程在 S 上执行 V 操作将其释放为止。因此进程 B 被阻塞（不能进入它的临界区 CSb），到关于信号量 S 的队列 Vq 上去排队，等候别的进程释放它。可见这样安排 P、V 操作，可以保证只有一个进程进入它的临界区。

这时进程 A 在它的临界区里，进程 B 被阻挡在它的临界区外等待进入。下面介绍进程 B 要等到什么时候才有可能进入自己的临界区。如果又一次调度到进程 A 运行，则它从临界区里的断点处往下做，退出临界区时做 V（S）。由于现在的 Vs= –1，于是加 1 后 Vs= 0。根据信号量上 V 操作的定义，在实施加 1 后如果 Vs<= 0，则先从与该信号量有关的队列 Vq 上摘下一个等待进程，让它从阻塞状态变为就绪状态，到就绪队列中排队，然后调用进程继续运行。现在，在队列 Vq 上等待的正是进程 B。于是将进程 B 的 PCB 从队列上摘下，把状态由阻塞改变成为就绪，让它重新参与调度。而进程 A 在做完这些事情后，继续运行下去。这里要注意，上次进程 B 已经做了 P 操作，只是没有能进入临界区罢了，当再调度到它运行时，就直接进入临界区了。

通过这一分析可以看到，在这种安排下，哪个进程先对信号量 S 做 P 操作，就会使 S 的值由 1 变成为 0，且它就获得了进入临界区的权利。当有一个进程在临界区内时，S 的值肯定是 0。因此，此时另一个进程想通过做 P 操作进入自己的临界区时，就会因为使 S 的值由 0 变为 –1 而受到阻挡。只有等到在临界区内的那个进程退出，对 S 做 V 操作，使 S 的值由 –1 变为 0，才会解除阻挡，以此来保证进程间的互斥。

例 6-1　在第 2 章描述单行道交通流量问题时，给出了一个"观察者—报告者"的例子。试用信号量上的 P、V 操作来保证它们正确地配合工作。

解：观察者（程序 A）只管计数工作，报告者（程序 B）只管打印工作，如下面解法（a）所示。它们都要用到 COUNT，因此 COUNT 是这两个程序的共享变量。在一个程序使用 COUNT 时，另一个程序就暂时不能使用，这是一个典型的互斥问题。为此，设置一个取初值为 1 的信号量 S，在两个程序里安排 S 的 P 操作和 V 操作，如下面解法（b）所示。这样就能够确保它们正确无误地配合工作。

这里要注意，在安排 P、V 操作时，不要把与共享变量无关的语句放入临界区。比如在观察者程序中，不要把 P（S）放在"收到监视器的信号"的前面，这样会降低系统并发执行的能力。

程序 A（观察者）:	程序 B（报告者）:	程序 A（观察者）:	程序 B（报告者）:
while(1)	while(1)	while(1)	while(1)
{	{	{	{
A1: 收到监视器的信号;	B1: 延迟半小时;	A1: 收到监视器的信号;	B1: 延迟半小时;
A2: COUNT=COUNT+1;	B2: 打印 COUNT 的值;	P(S)	P(S)
}	B3: COUNT=0;	A2: COUNT=COUNT+1;	B2: 打印COUNT的值;
	}	V(S)	B3: COUNT=0;
		}	V(S)
			}

解法（a）   解法（b）

例 6-2　有 3 个进程 A、B、C，要互斥地访问某共享资源，其程序及临界区的位置如图 6-6 所示。为了保证各个进程在临界区能够互斥地执行，设置初始值为 1 的信号量 lock。分析 3 个进程并发执行过程中，信号量 lock 的 lock.count、lock.queue 的变化情况。

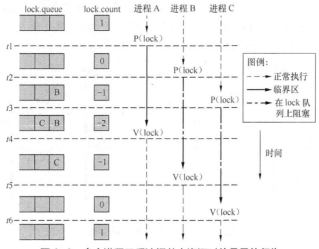

图 6-6　多个进程互斥访问共享资源时信号量的行为

解：（1）初启时，lock.count=1，lock.queue 为空，3 个进程开始并发执行。

（2）假定时刻 t1 时执行的是进程 A，于是它在信号量 lock 上做 P 操作，致使 lock.count=0，进程 A 顺利进入自己的临界区，lock.queue 仍为空。这样，进程 A 在临界区里执行，进程 B 和进程 C 仍然处于正常执行中。

（3）假定时刻 t2 时执行的是进程 B，它在信号量 lock 上做 P 操作后，使 lock.count=-1。这表明进程 B 无法进入自己的临界区，只能在 lock.queue 上等待。所以，这时进程 B 被排在阻塞队列 lock.queue 里。这样，进程 A 仍在自己的临界区里执行；进程 B 被阻塞，不能执行；进程 C 处于正常执行中。

（4）假定时刻 t3 时执行的是进程 C，它在信号量 lock 上做 P 操作后，使 lock.count=-2。这

161

表明进程 C 无法进入自己的临界区，只能在 lock.queue 上等待。所以，这时的阻塞队列 lock.queue 里排有两个进程：B 和 C。这样，在 3 个进程中，现在只有进程 A 可以在自己的临界区里执行了。

（5）到时刻 t4 时，进程 A 在信号量 lock 上做 V 操作，使 lock.count=-1，应该从阻塞队列 lock.queue 上摘下一个等待进程。如果采用 FIFO 的策略，那么进程 B 将从 lock.queue 上摘下，到就绪队列排队。这样，lock.queue 上只有进程 C 在排队了，进程 A 恢复成正常执行，进程 B 可以进入自己的临界区执行。

（6）假定时刻 t5 时执行的是进程 B，它在信号量 lock 上做 V 操作后，使 lock.count=0，应该从阻塞队列 lock.queue 上摘下一个等待进程，就是进程 C。这样，lock.queue 变为空，进程 B 恢复正常执行，进程 C 可以进入自己的临界区执行。

（7）到时刻 t6 时，进程 C 在信号量 lock 上做 V 操作，使 lock.count=1。于是，一切都恢复正常，3 个进程又都正常执行了。

6.2.3　用 P、V 操作实现同步

假定进程 A 在执行到标有 X 的地方需要得到进程 B 提供的信息，否则无法执行下去；而进程 B 在做到标有 Y 的地方后，就为进程 A 准备好了所需要的信息，如图 6-7（a）所示。这表明进程 A 要在 X 点处与进程 B 取得同步，其含义是：如果在进程 B 未到达 Y 点之前，进程 A 先到达了 X 点，那么由于进程 A 所需要的信息还没有准备好，它只能在 X 点处等待，直到进程 B 为它准备好信息。但如果在进程 A 到达 X 点之前，进程 B 已经通过了 Y 点，即进程 B 已经为进程 A 准备好了所需要的信息，那么在进程 A 到达 X 点时，就不会受到阻挡。

为了保证做到这一点，设置一个初值为 0 的信号量 S，在进程 A 的 X 点处（即同步点），安排一个关于信号量 S 的 P 操作，在进程 B 的 Y 点处，安排关于信号量 S 的 V 操作。这样，就能够确保进程 A 在 X 点处与进程 B 取得同步了，如图 6-7（b）所示。

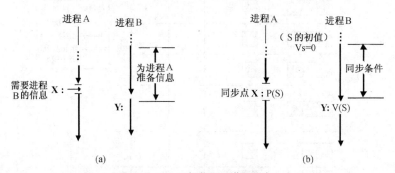

图 6-7　P、V 操作用于进程同步

现在来分析一下，为什么这样的安排就能够保证进程 A 在 X 点与进程 B 取得同步。首先假定在进程 B 未到达 Y 点之前，进程 A 先于进程 B 到达了 X 点。Vs 初始时取值为 0，做了 P（S）后，Vs 变为-1。根据信号量上 P 操作的定义，在实施减 1 后如果 Vs<0，则调用进程由运行状态变为阻塞状态，到与该信号量有关的队列 Vq 上排队等待，直到其他进程在 S 上执行 V 操作将其释放为止。因此进程 A 被阻塞，到关于信号量 S 的队列 Vq 上去排队，等候别的进程释放它。这时，调度程序调度到进程 B 运行。当它准备好信息后，就在信号量 S 上做 V 操作。由于现在的 Vs = -1，加 1 后是 Vs = 0，根据信号量上 V 操作的定义，在实施加 1 后如果 Vs <= 0，则先从与该信号量有关的队列 Vq 上摘下一个等待进程，让它从阻塞状态变为就绪状态，到就绪队列中排队，然后调用进程继续运行。现在，在队列 Vq 上等待的正是进程 A。于是将进程 A 的 PCB 从队列上摘下，把状态由阻塞改变成为就绪，让它重新参与调度。可见，在进程 A 中这样安排 P 操作，在进程 B 中这

样安排 V 操作，可以保证在进程 B 还没有为进程 A 准备好所需要的信息时，进程 A 就在 X 点处等待，一直等到进程 B 准备好信息，解除进程 A 的等待。

再来看一下，如果在进程 A 到达 X 点之前（也就是在进程 A 还没有做 P 操作之前），进程 B 已经通过了 Y 点（即做了 V 操作），那么 Vs 的初值是 0，V 操作后 Vs 的值就变为 1。这样，当进程 A 到达 X 点对信号量 S 做 P 操作时，是在 Vs 当前值 1 上做减 1 的操作，于是 Vs 变为 0。根据信号量上 P 操作的定义，在实施减 1 后如果 Vs >= 0，则调用进程继续运行。即现在进程 A 没有受到阻挡，顺利地通过了 X 点。

通过这一分析可以看到，在这种安排下，如果准备同步条件的进程把信息准备好了，先在信号量上做了 V 操作（这就是告诉对方，你所需要的信息已经有了），求得同步的进程就不会受到任何阻挡地通过同步点。但如果准备同步条件的进程还没有把信息准备好，那么要取得同步的进程在通过同步点时就会受到阻挡，停下来等待对方提供信息。

例 6-3 试用信号量上的 P、V 操作，来保证如图 6-4 所示的 GET 和 COPY 两者之间协调地工作。

解： 先来分析一下，在图 6-4 中，存在着两个同步问题要解决：一个是 GET 要与 COPY 取得同步，另一个是 COPY 要与 GET 取得同步。在 GET 程序中，它从文件 F 中取出一个记录送至输入缓冲区 R 后，要等到 COPY 把 R 中的记录取走，发来"复制结束"的消息后，才能继续运行。这就是说，在 GET 中，标有"3"的框是一个同步点，它要在此与 COPY 取得同步。在 COPY 程序中，它总是要等到 GET 发来"可以复制"的消息后，才能进行复制。因此，在 COPY 中，标有"1"的框是一个同步点，它要在此与 GET 取得同步。而 GET 里，标有"1"的框是为 COPY 准备同步条件的地方；COPY 中，标有"2"的框是为 GET 准备同步条件的地方。

既然有两个同步问题，就要设置两个不同的信号量来解决它们，如图 6-8 所示。其中，两个信号量分别为 S1 和 S2，初值都为 0（因为是用来解决同步问题的），用 S1 来处理 COPY 与 GET 取得同步的问题，用 S2 来处理 GET 与 COPY 取得同步的问题。

设置信号量后，就按照前面所述的用 P、V 操作实现同步的办法来安排所需要的 P、V 操作。一方面，在 GET 中的第 2 框处安放对信号量 S1 的 V 操作，实际作用就是向 COPY 发"可以复制"的消息；在第 3 框处安放对信号量 S2 的 P 操作，以便在此等待 COPY 发来"复制结束"的信息。另一方面，在 COPY 中的第 1 框处安放对信号量 S1 的 P 操作，以便在此等待 GET 发来"可以复制"的消息；在第 3 框处安放对信号量 S2 的 V 操作，实际作用就是向 GET 发"复制结束"的消息。

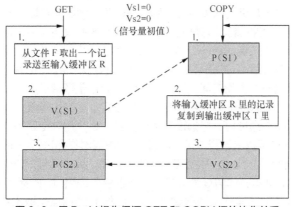

图 6-8　用 P、V 操作保证 GET 和 COPY 间的协作关系

在用信号量解决同步问题时，要注意 P、V 操作的安放和配对问题。由于信号量 S1 是用来管

理 COPY 与 GET 取得同步的问题的，对 S1 的 P 操作应该出现在 COPY 中，V 操作应该出现在 GET 中；由于信号量 S2 是用来管理 GET 与 COPY 取得同步的问题的，对 S2 的 P 操作应该出现在 GET 里，V 操作应该出现在 COPY 中。

6.2.4 用 P、V 操作实现资源分配

从前面可知，信号量初始时取非负整数值，P 操作在信号量值的基础上减 1，V 操作在信号量值的基础上加 1。因此，如果把信号量的初始值，比如 n，理解为是系统中某种资源的数目，那么，对它做 P 操作，就是申请一个资源；对它做 V 操作，就是释放一个用完的资源。与该信号量有关的队列，是资源等待队列。

某个进程在信号量 S 上做一次 P 操作后，如果 Vs>= 0，表示该进程分到了一个资源单位（注意，P 操作完毕后 Vs>= 0，表示 P 操作前 Vs>= 1，即至少还有一个资源可以分配），现在 Vs 的值是这种资源的剩余数；如果 Vs<0（P 操作完毕后 Vs<0，表示 P 操作前，Vs<= 0），表示现在已经没有资源可以分配，申请资源的进程只能被阻塞，到资源等待队列 Vq 上去排队等待。在 Vs<0 的情况下，Vs 的绝对值恰是提出资源请求但没有分配到资源的进程个数。

某个进程在信号量 S 上做一次 V 操作后，如果 Vs<= 0，表示申请资源的等待队列上有进程在等待该资源（注意，V 操作完毕后 Vs<= 0，表示 V 操作前 Vs<= -1，即至少有一个进程在队列上等待使用该资源），故将该队列上的一个进程摘下，让它到就绪队列中排队；V 操作完毕后 Vs>0，表示 V 操作前 Vs>= 0，即资源等待队列上没有进程在等待，只是收回了一个资源。

在真正用 P、V 操作实现资源分配时，把所设置的信号量初值设为资源的个数 n。在进行资源分配的进程中对信号量做 P 操作。每做一次 P 操作，就分配一个资源。在进行资源回收的进程里对信号量做 V 操作。每做一次 V 操作，就收回一个资源。由于资源初启时共有 n 个，如果对资源进行连续 n 次申请，就能够立即得到满足。但第 $n+1$ 个提出申请的进程就不得不在资源等待队列中了。

例 6-4　（简单的"生产者—消费者"问题）假定有一个生产者和一个消费者，他们共享 10 个缓冲区。生产者不断地生产物品，将每个物品依次放入缓冲区中（一个缓冲区正好放一个物品）。消费者依次从缓冲区中取出物品进行消费。只有在缓冲区中有空位时，生产者生产出来的物品才能往里面放；只有在缓冲区有物品时，消费者才能从它的里面取出物品。试用 P、V 操作来协调生产者和消费者的工作。

解：在此，可以把缓冲区看作一种资源。生产者在生产出一个物品后，申请使用一个空缓冲区，以便存放物品。如果暂时没有空闲的缓冲区，那么只能等待消费者在取出一个物品后，释放它所占用的缓冲区。如果所有的缓冲区都没有存放物品，那么消费者只能等待。这里有两个"等待"需要用信号量上的 P、V 操作来协调，前一个等待与可用缓冲区个数有关。由于开始时所有缓冲区都空闲可用，所以设置一个初值为 10 的信号量，取名 M。只有在 M=0（也就是生产者连续不断地生产了 10 个物品，而消费者一个也没有取）时，生产者才会处于等待。后一个等待与缓冲区里是否有物品有关。开始时，一个物品也没有，因此设置一个初值为 0 的信号量，取名为 N。

另外，为了管理 10 个缓冲区，必须设置两个指针，一个用来指明当前哪个缓冲区是空闲的，可以往里面存放物品；一个用来指明当前可以从哪个位置取出物品进行消费。前一个指针起名为 in，后一个起名为 out，初值都为 0。由于生产者不断地生产物品，消费者不断地消费物品，10 个缓冲区必须循环使用。为此，要这样来管理缓冲区：生产者总是按照 in 的指点来存放物品，然后对 in 执行 in = (in+1) mod 10 的操作；消费者总是按照 out 的指点来取出物品，然后对 out 执行 out = (out+1) mod 10 的操作。

图 6-9 给出了这个简单生产者—消费者的解决办法。

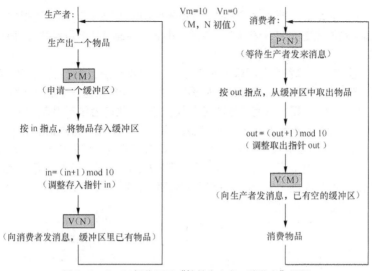

图 6-9　P、V 操作用于"简单生产者—消费者"问题

对于生产者来说，生产一个物品后，就在信号量 M 上做一个 P 操作，以便能够申请到一个缓冲区来存放。如果他能够过这一关（即在 M 上做减 1 操作后，Vm>= 0），他就可以按照存入指针 in 的指点存放该物品。调整 in 后，就在信号量 N 上做 V 操作。其作用是如果消费者已在等待，则解除他的阻塞；否则就对缓冲区中已有的物品进行计数（这时，信号量 N 的值 Vn 就是缓冲区中已有物品的数目）。然后又继续去生产物品。

对于消费者来说，他只有等到缓冲区中有物品（哪怕只有一个）时才能去取出，所以一开始，他就在信号量 N 上做 P 操作，以便测试缓冲区中现在有没有物品。如果在生产者还没有开始工作前，消费者就先于它要求消费，那么它肯定被阻塞（因为 N 的初始值为 0，一做 P 操作，消费者只能等待）。如果生产者先于消费者开始了生产，那么缓冲区里已经有了物品，消费者就不会受到阻塞了。通过了这一关，消费者就按照取出指针 out 的指点，从缓冲区中依次取出物品。然后调整 out，并在信号量 M 上做 V 操作，以便告知生产者，腾空了一个缓冲区。如果生产者生产出物品正在等待空闲的缓冲区，这个 V 操作就会解除生产者的阻塞状态。

从上面的描述可以看出，实际上是利用信号量 M 的值 Vm，来记录当前还有多少个空闲的缓冲区。生产出一个物品，生产者做一个 P（M）操作，Vm 就减 1，表示可用来存放物品的缓冲区又少了一个；消费者取出一个物品，就做一个 V（M）操作，Vm 就加 1，表示能用来存放物品的缓冲区又多了一个。所以，生产者中的 P（M）和消费者中的 V（M）是配合工作的一对 P、V 操作。另一方面，利用信号量 N 来记录当前已经生产了几个物品。生产出一个物品，生产者做一个 V（N）操作，Vn 就加 1，表示缓冲区里又多了一个物品；消费者做一个 P（N）操作，Vn 就减 1，表示缓冲区中又少了一个物品。所以，生产者中的 V（N）和消费者中的 P（N）是配合工作的一对 P、V 操作。

在上面的讨论中，把信号量及其 P、V 操作的应用分为用于互斥、同步和资源分配 3 类。无论是互斥还是资源分配，其中都有同步的含义。比如，若干进程互斥使用共享变量时，一个等待进入临界区的进程，在占用临界区的进程调用了 V 操作后，它就可以进入临界区，这实际上就是两者间取得同步。又如在资源分配中，等待使用资源的进程，在使用资源的进程做了 V 操作后，就可以获得资源，这也是两者间取得同步。所以，互斥与资源分配，只是同步的不同表现形式罢了。

6.2.5　互斥/同步的案例分析

利用信号量及其 P、V 操作解决实际问题时，必须从问题中提炼出各类同步问题，即哪个属于互斥，哪个属于资源分配。只有这样，才能设置取不同初值的信号量，然后按照它们使用的固定模式，在程序里适当的位置安排 P、V 操作。在这一小节，将通过几个更复杂的例子，来进一步说明 P、V 操作的应用。

例 6-5　（"生产者—消费者"问题）假定有 i 个生产者和 j 个消费者，他们共享 k 个缓冲区。生产者不断地生产物品，将每个物品依次放入缓冲区中（一个缓冲区正好放一个物品）。消费者依次从缓冲区中取出物品进行消费。只有在缓冲区中有空位时，生产者生产出来的物品才能往里面放；只有在缓冲区有物品时，消费者才能从中取出物品。试用 P、V 操作来协调生产者和消费者的工作。

解：这是例 6-4 的一般形式。在例 6-4 中，生产者和消费者都只有一个。现在有 i 个生产者，有 j 个消费者。问题虽然复杂了一些，但每一个生产者和消费者的工作框架基本相同。图 6-10 给出了解决的办法。该图的左侧为 i 个生产者共享的程序，右侧为 j 个消费者共享的程序。

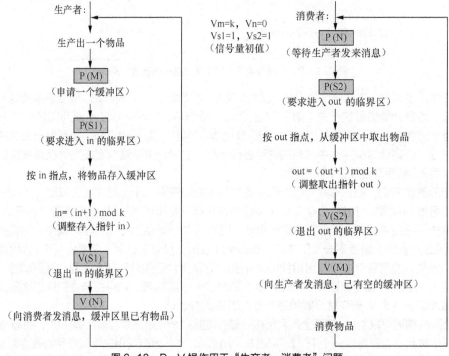

图 6-10　P、V 操作用于"生产者—消费者"问题

对比图 6-9 和图 6-10 可以看出，这里比前面多用了两个信号量，一个是生产者中的 S1，一个是消费者中的 S2。它们的初值都是 1，主要原因是现在的存入指针 in，是 i 个生产者进程都要使用的共享变量，因此，对它的使用应该互斥。设置 S1 的目的，就是在程序中关于 in 操作的地方构成一个临界区，以确保这 i 个进程在申请到缓冲区后，不会同时使用 in 去存放物品。同样地，取出指针 out 是 j 个消费者共享的变量，对它的使用也必须互斥。因此，在消费者进程中，通过对信号量 S2 的 P、V 操作，形成一个临界区，以确保在缓冲区中有物品时，这 j 个消费者不会同时使用 out 去取物品。

操作系统中有很多问题都可以以"生产者—消费者"问题为自己的模型。比如，一个进程需要打印输出文件，这个进程就是生产者，而负责打印的管理进程（在 SPOOL 系统中，就是缓输出程序）就是消费者。又比如，负责数据输入的管理进程（在 SPOOL 系统中，就是预输入程序）是生产者，需要读入数据的进程就是消费者。

例 6-6　（"读者—写者"问题）若一批数据被多个并发进程共享使用。其中一些进程只要求读数据，称为"读者"；另一些会对数据进行修改，称为"写者"。多个读者同时工作时，访问不会有问题。但是读者和写者或写者和写者同时工作时，就可能导致错误的访问结果。假定在有读者访问时，又来写者要求访问，那么写者只能等待，而后续到来的读者则可以进行访问（隐含着读者比写者有更高的访问权）。试用 P、V 操作来协调读者和写者的工作。

解：图 6-11 给出了 P、V 操作用于"读者—写者"问题的解决办法。在图中，设置了两个信号量：MUTEX 和 WRT，初值都是 1，还设了一个初值为 0 的变量 reader（它不是信号量）。下面来分析为什么这样做。

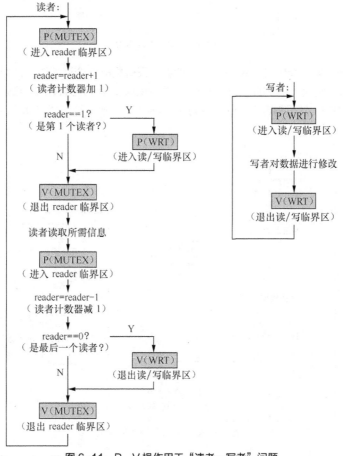

图 6-11 P、V 操作用于"读者—写者"问题

题目中说有一批数据被多个读者、写者共享使用，又说允许多个读者同时访问这些数据，但如果有一个写者在访问数据时，就不允许其他读者或写者使用。所以，对这一批数据，要保证读者和写者互斥地使用，也要保证写者和写者互斥使用。也就是说，在读者程序中，使用数据的程序段应该构成临界区；在写者程序中，使用数据的程序段应该构成临界区。信号量 WRT 被用来在读者和写者程序中构成这种临界区。

在写者程序中，P（WRT）和 V（WRT）的安放是容易理解的。在读者程序中，允许多个读者同时访问数据，又说读者比写者具有更高的数据访问权限，因此问题处理起来就复杂一些。

一般互斥的安排，如图 6-12 所示。这种安排在一个写者进入临界区使用数据时，能保证另外的写者不进入使用，也能保证不让所有读者进入使用；这种安排在一个读者进入临界区使用数据时，能保证写者不进入使用，同时其他读者也都不能使用该数据。这是不符合题目要求的。题目要求的是，当读者先于写者使用数据时，后续的读者也能够使用，而不应该被阻挡在外面。

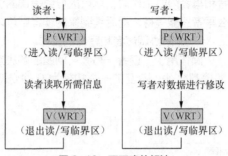

图 6-12　不正确的解法

因此希望有一个办法能判定是否是第 1 个读者。只有是第 1 个读者时，才对信号量 WRT 做 P 操作，以取得和写者的互斥。为此，设置一个变量 reader，它的初值为 0。任何一个读者运行时，都先在 reader 上加 1，然后判定它是否取值为 1，如果是 1，则做 P（WRT），否则不做，如图 6-13 所示。

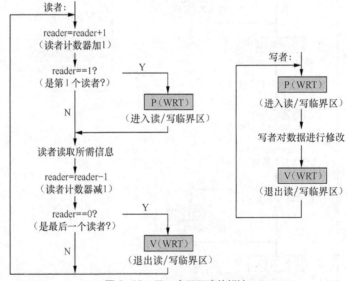

图 6-13　又一个不正确的解法

但是这个解法仍然有问题，因为它没有考虑到变量 reader 是所有读者都使用的变量，也就是说，它是所有读者的共享变量。每一个读者在使用它时，应该互斥才对，所以，在图 6-13 的基础上又设置一个初值为 1 的互斥信号量 MUTEX，由它保证读者不会同时去测试和操作变量 reader。

这里还要说明一点，当已有一个写者在使用数据时，第 1 个来到的读者在做 P（MUTEX）时不会受到阻拦，它在 reader 上加 1，这时 reader 肯定是 1，于是读者就做 P（WRT）。由于已有一个写者在临界区里，故第 1 个读者在此受阻，即在与信号量 WRT 有关的等待队列中等待。这时如果再来后续的读者，它们每一个都在与信号量 MUTEX 有关的等待队列上排队，而不是在与信号量 WRT 有关的等待队列上排队。这是因为第 1 个读者在做 P（WRT）受阻时，没有退出 MUTEX 的临界区，即没有做 V（MUTEX）。既然它一直占据着这个临界区，后续的读者当然就只能在与信号量 MUTEX 有关的等待队列上排队了。

6.3 死锁、高级进程通信

6.3.1 死锁与产生死锁的必要条件

在计算机系统中有很多独享资源，在任何时刻它们只能被一个进程使用，比如打印机、磁带机和文件等。另一方面，系统中的资源数是有限的，请求使用资源的进程数却可能很多，从而产生"供一需"矛盾。如果分配不当，或诸进程推进速度巧合，就会使系统中的某些进程相互等待从而无法继续工作。

常用方框代表资源，圆圈代表进程，如果画一条由资源到进程的有向边，则表示把该资源分配给了这个进程；如果画一条由进程到资源的有向边，则表示该进程申请这个资源，这样的图就是所谓的"资源分配图"。图 6-14（a）表示将资源 R 分配给了进程 A 使用，即进程 A 现在占用资源 R；图 6-14（b）表示进程 B 要申请使用资源 S。图 6-14（c）表示现在已把资源 T 分配给了进程 D，进程 D 申请使用资源 U，资源 U 已经分配给了进程 C，进程 C 申请使用资源 T。这表明在资源 T、U 与进程 C、D 之间出现了循环等待的情形：进程 C 占用着资源 U，想要资源 T；资源 T 已被进程 D 占用，它却想要被进程 C 占用的资源 U，这样一来，进程 C、D 都无法运行下去。

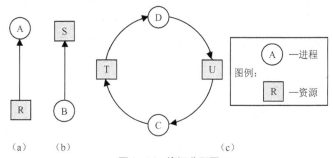

图 6-14　资源分配图

例 6-7　现在有进程 A 对资源的需求序列是（申请 R，申请 S，释放 R，释放 S）；进程 B 对资源的需求序列是（申请 S，申请 T，释放 S，释放 T）；进程 C 对资源的需求序列是（申请 T，申请 R，释放 T，释放 R）。请对以下序列分别画出对应的资源分配图，说明谁能够运行，谁无法运行：

（1）"A 申请 R，B 申请 S，C 申请 T，A 申请 S，B 申请 T，C 申请 R"；

（2）"A 申请 R，C 申请 T，A 申请 S，C 申请 R，A 释放 R，A 释放 S"。

解：对于第 1 个序列，按照提出的先后次序进行分配，那么，图 6-15（a）表示把资源 R 分配给进程 A，图 6-15（b）表示把资源 S 分配给进程 B，图 6-15（c）表示把资源 T 分配给进程 C。接下来，进程 A 提出对资源 S 的请求，但这时资源已经分配给了进程 B，因此进程 A 被阻塞，如图 6-15（d）所示。后续的请求同样不能满足，导致进程 B 和 C 阻塞，如图 6-15（e）和图 6-15（f）所示。从图上可以看出，这一序列，在进程 A、B、C 和资源 R、S、T 之间形成了一个循环等待的态势，使得进程 A、B、C 都无法运行下去。

第 2 个序列的资源分配图如图 6-16 所示，它不会出现循环等待的情形。要注意的是，到图 6-16（d）时，资源 R 由进程 A 占用，进程 C 在请求使用资源 R。等到图 6-16（e）时，进程 A 释放了资源 R，于是就可以把它分配给进程 C 了（有向边的箭头改向，表示把资源 R 分配给进程 C）。

由上述可知，对于进程提出的资源请求，如果采取不考虑后果的办法，只要提出请求，就一味地予以满足，就有可能使一些进程陷入无法工作的地步，即死锁了。

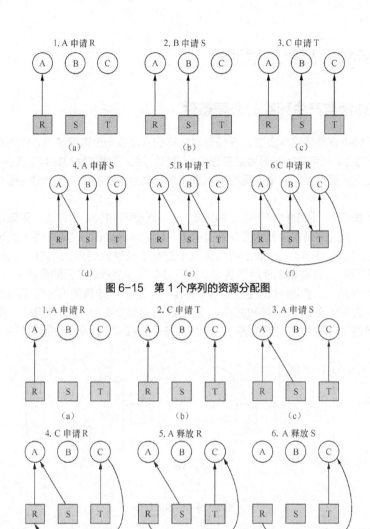

图 6-15 第 1 个序列的资源分配图

图 6-16 第 2 个序列的资源分配图

所谓"死锁"，即指系统中若存在一组（至少两个或以上）进程，它们中的每一个都占用了某种资源而又都在等待其中另一个所占用的资源，这种等待永远不会结束，这就是"死锁"，或称这一组进程处于"死锁"状态。

一个系统出现死锁，会存在 4 个必要条件。

（1）互斥条件：每个资源每次只能分配给一个进程使用。某个进程一旦获得资源，就把持住，不准其他进程使用，直到它释放为止。

（2）部分分配（占用并等待）条件：进程由于申请不到所需的资源而等待时，仍然占据着已经分配到的资源。也就是说，进程并不是一次性地得到所需的所有资源，而是得到一部分资源后，还允许继续申请新的资源。

（3）非剥夺条件：已经分配给进程的资源，别的进程不能强行夺取。资源只能被占用它的进程自己释放。

（4）循环等待条件：系统中存在两个以上的进程，它们组成一个环路，该环路中的每个进程都在等待其相邻进程占用的资源。也就是在多个进程之间，由于资源的占有和请求关系，从而形成了一个循环等待的态势。

上面的 4 个条件是系统产生死锁的必要条件。在一个系统中，只要这 4 个条件中有一个或几个不具备，该系统就不会产生死锁。

要解决系统中的死锁问题，有下面几种对策。

（1）忽略死锁：任凭死锁出现。当系统中出现死锁时，就将系统重新启动。采用这种对策，主要看出现死锁的概率有多大，花费极大的精力去解决系统中的死锁问题是否值得。比如，UNIX 操作系统就是采用这种对策，因为它认为在其系统里，出现死锁的各种可能性都极小。

（2）预防死锁：就是通过破坏上面提及的 4 个必要条件之一，使系统不具备产生死锁的条件。

（3）避免死锁：极小心地对待进程提出的每一个资源请求，只有确保所提出的资源请求不会招致死锁时，才接受它，因此，系统里存在着产生死锁的可能，只是不让死锁出现。可见，避免死锁和预防死锁的出发点是不同的。

（4）检测死锁并恢复：允许系统出现死锁，在死锁发生后，通过一定的办法加以恢复，并尽可能地减少损失。这种对策与忽略死锁不同。忽略死锁只是在出现死锁时，无奈地重新启动而已，根本不去过问所造成的损失问题；而检测并恢复的应对方略，要考虑如何尽量降低系统的损失。

下面分 3 小节来分别讨论死锁的预防、死锁的避免及死锁的检测并恢复。

6.3.2　死锁的预防

所谓"死锁的预防"，是指破坏产生死锁的 4 个必要条件中的一个或几个，以使系统不会产生死锁。

（1）破坏"互斥条件"。系统中互斥条件的产生，是由于资源本身的"独享"特征引起的。比如，若允许两个进程同时使用打印机，会出现混乱，两个进程的打印结果会交织在一起，让用户不能接受，因此，对于打印机等独享资源，就必须维护"互斥条件"。设备管理中提及的 SPOOL 技术就是一种破坏互斥条件的方法。采用 SPOOL 技术，会使得原来独享的设备具有了共享的性能，从而破坏了它的"互斥条件"。但 SPOOL 技术并不是对所有的独享资源适用，因此，在死锁预防里，主要是破坏其他几个必要条件，而较少涉及"互斥条件"。

（2）破坏"部分分配（占用并等待）条件"。只要系统对进程实行一次性分配的方案，就可以破坏部分分配条件。也就是说，一个进程总是合盘提出总的资源需求，系统要么分配给它所需要的全部资源，要么一个也不给它。如果一个进程提出资源请求时，它所需要的资源中有几个正在被别的进程使用，那么它得不到任何资源，只有被阻塞等待。既然系统中每个进程要得就得到它所需要的全部资源，那么系统中的每个进程都肯定能够运行到结束。死锁在这种系统中绝对不会出现。

（3）破坏"非剥夺条件"。资源使用的"非剥夺"性，就是已经分配给进程的资源，即使暂时不用，别的进程也不能强行夺取。要破坏它，唯一的办法就是允许别的进程从占用进程手中强抢所占用的资源。这种办法显然有些"粗野"，可能会造成混乱。

（4）破坏"循环等待条件"。为了破坏这个条件，常采用的办法是将系统中的所有资源进行统一编号，进程按编号的顺序，由小到大提出对资源使用的申请。这样做就能保证系统不出现死锁。

如图 6-17（a）所示，对系统中的 5 种资源进行了统一编号，进程可以先申请打印机，再申请磁带机，但不能先申请磁带机，再申请打印机，因为这样的申请顺序就不对了。这样做系统就不会出现死锁的原因如图 6-17（b）所示，假定把不同编号的资源 i 和 j 分配给了进程 A 和 B，那么如果 $i>j$，A 就不允许再申请资源 j；如果 $i<j$，B 就不允许再申请资源 i。于是形成不了如图 6-17（c）所示的

1. 输入机
2. 打印机
3. 绘图仪
4. 磁带机
5. CD-ROM

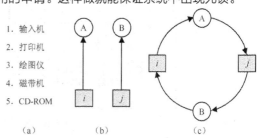

（a）　　　（b）　　　（c）
图 6-17　用顺序编号破坏"循环等待条件"

循环等待的环路，从而破坏了"循环等待"的条件。

6.3.3　死锁的避免

死锁的避免是指虽然系统中存在产生死锁的条件，但小心对待进程提出的每一个资源请求。在接到一个资源请求时，不是立即进行分配，而是根据当时资源的使用情况，按照一定的算法去模拟分配，探测出模拟分配的结果。只有在探测结果表明绝对不会出现死锁时，才真正接受这次资源请求。

通常，进行模拟分配的探测算法称为"银行家算法"。在这个算法中，要用到"安全状态"和"不安全状态"两个概念。如果在有限的时间内能保证所有进程得到自己需要的全部资源，那么称系统处于"安全状态"；否则称系统处于"不安全状态"。很明显，在系统处于安全状态时，绝对不会发生死锁；在系统处于不安全状态时，系统有可能发生死锁。

为了实行银行家算法，对系统中的每个进程提出如下要求。

（1）必须预先说明自己对资源的最大需求量。

（2）只能一次一个地申请所需要的资源。

（3）如果已经获得了资源的最大需求量，那么应该在有限的时间内使用完毕，并归还给系统。

为了实行银行家算法，系统的承诺如下。

（1）如果一个进程对资源的最大需求量没有超过该资源的总量，则必须接纳这个进程，不得拒绝它。

（2）在接到一个进程对资源的请求时，有权根据当前资源的使用情况暂时加以拒绝（即阻塞该进程），但保证在有限的时间内让它得到所需要的资源。

银行家算法有单种资源和多种资源之分。"单种资源"的银行家算法，只针对一种资源的情况；"多种资源"的银行家算法，针对多种资源的情况。下面分别进行介绍。

单种资源银行家算法的基本思想如图 6-18 所示。

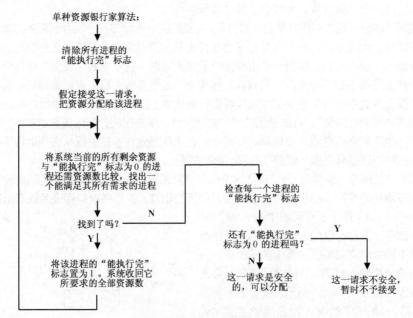

图 6-18　银行家算法的基本思想

单种资源银行家算法的执行步骤如下所述。

（1）在安全状态下，系统接到一个进程的资源请求后，先假定接受这一请求，把需要的资源分配给这个进程。

（2）在这一假设下，检查每一个进程对资源的还需要数，看能否找到一个进程，其还需数量小于系统剩余资源数。如果找不到，系统就有可能死锁，因为任何进程都无法运行结束。

（3）如果找到了，就假设它获得了最大资源数，并能运行结束，把它的"能执行完"标志设置为 1。这样就能假定收回它使用的所有资源，使系统剩余资源数增加。

（4）在"能执行完"标志为 0 的进程中重复（2）（3）两步，直到找不到资源还需数小于系统剩余资源数的进程时为止。

（5）如果所有进程的"能执行完"均为 1，表示接受这次请求是安全的；否则暂时不能接受这次资源请求。

比如，系统中有一种资源总量为 10。现在有 3 个进程，A 的最大需求量为 9，B 的最大需求量为 4，C 的最大需求量为 7，如图 6-19（a）所示。它们对资源的需求量都不超过 10，但总需求量大于 10。通过若干次资源请求后，资源的使用情况如图 6-19（b）所示。

图 6-19　一个导致安全状态的请求

现在进程 B 提出一个资源请求，系统应该接受这一请求吗？用银行家算法来测试一下。

假定接受它，这样进程 B 已有资源 3，系统的资源剩余数为 2，如图 6-19（c）所示。这时，进程 A 还需 6 个资源，进程 B 还需 1 个资源，进程 C 还需 5 个资源。用当前系统剩余资源数 2 与 6、1、5 比较，可知现在系统能够满足进程 B 的所有需求。满足它，资源的使用情况如图 6-19（d）所示。由于进程 B 已经获得它所需要的资源最大量，它肯定能够完成。假定它已完成，收回它使用的资源，把它的"能执行完"标志设置为 1。这时，系统的资源剩余数变为 5，如图 6-19（e）所示。再用当前系统剩余资源数 5 与进程 A、C 的还需资源数 6、5 比较，可知现在系统能够满足进程 C 的所有需求。满足它，资源的使用情况如图 6-19（f）所示。这样，进程 C 也能最终完成，收回它使用的资源，把它的"能执行完"标志设置为 1。这时，系统的资源剩余数变为 7，如图 6-19（g）所示。再用当前系统剩余资源数 7 与进程 A 的还需资源数 6 比较，可知现在系统能够满足进程 A 的所有需求。于是进程 A 也能够最终完成。收回它使用的资源，把它的"能执行完"标志设置为 1。至此，A、B、C 的"能执行完"标志都被设置为 1。可见，如果在图 6-19（b）时接受进程 B 的一个资源请求，它所导致的图 6-19（c）的状态是安全的，系统可以放心地去做这一次资源分配。这就是用银行家算法进行模拟预测的全过程。

在图 6-19（b）的情况下，进程 A 提出了一个资源请求，系统是否应该接受它？仍用银行家算法来进行测试。

假定接受它，这样进程 A 已有资源 4，系统的资源剩余数为 2，如图 6-20（b）所示。这时，进程 A 还需要 5 个资源，进程 B 还需要 2 个资源，进程 C 还需要 5 个资源。用当前系统剩余资源数 2 与 5、2、5 比较，可知现在系统能够满足进程 B 的所有需求。满足它，资源的使用情况如图 6-20（c）所示。由于进程 B 已经获得它所需要的资源最大量，它肯定能够完成。假定它已完成，收回它使用的资源，把它的"能执行完"标志设置为 1。这时，系统的资源剩余数变为 4，如图 6-20（d）所示。再用当前系统剩余资源数 4，与进程 A、C 的还需要资源数 5、5 比较。此时，它既无法满足进程 A 的还需要资源量，也无法满足进程 C 的还需要资源量，因此，进程 A 和 C 都无法最终完成。可见，这时不能接受进程 A 的资源请求，只能暂时将进程 A 阻塞。这就是说，如果接受进程 A 的资源请求，所导致的图 6-20（b）的状态是不安全的。

图 6-20　一个导致不安全状态的请求

从安全的状态出发，系统能够保证所有进程都能完成；从不安全的状态出发，系统就不存在这种保证，这就是安全状态和不安全状态的区别。但是，不要认为从不安全状态出发，就一定会导致死锁，只能说它是不安全的，可能会导致死锁。这是因为运行中，系统千变万化，银行家算法都是从进程对资源的最大需求量考虑问题的。如果在运行中，某个进程对资源的使用没有真正达到最大需求，情况就不会是这样了。

银行家算法可以推广用于处理多种资源。此时，系统要为算法设置两张表，一张记录已分配给各进程的资源数，一张记录各进程还需要的资源数。另外还要有 3 个向量：向量 E 记录各种资源的总数，向量 P 记录各种资源已分配数，向量 A 记录各种资源的剩余数。比如，现在有 A～E 共 5 个进程，系统中有磁带机 6 台、绘图仪 3 台、打印机 4 台、CD-ROM 2 台。当前的已分配资源表如图 6-21（a）所示，还需资源表如图 6-21（b）所示，3 个向量如图 6-21（c）所示。

进程	磁带机	绘图仪	打印机	CD-ROM
A	3	0	1	1
B	0	1	0	0
C	1	1	1	0
D	1	1	0	1
E	0	0	0	0

（a）

进程	磁带机	绘图仪	打印机	CD-ROM
A	1	1	0	0
B	0	1	1	2
C	3	1	0	0
D	0	0	1	0
E	2	1	1	0

（b）

E [6 3 4 2]

（资源总数）

P [5 3 2 2]

（已分配数）

A [1 0 2 0]

（剩余数）

（c）

图 6-21　多种资源的银行家算法

多种资源银行家算法的执行步骤如下。

（1）假定接受一个进程提出的资源请求，修改向量 P 和 A。

（2）检查还需资源表中是否有一个进程的行向量小于或等于向量 A。如果没有，系统就可能会死锁，因为现在任何进程都无法完成了。

（3）如果存在这种进程，那么假定它已获得需要的所有资源，并完成工作，把它的"能执行完"标志设置成 1。收回它占用的资源，更新向量 A。

（4）重复（2）（3）两步，直至再也找不到行向量小于或等于向量 A 的进程。

（5）检查所有进程的"能执行完"标志。如果它们的这个标志都是 1，那么表示都能够顺利地执行完毕。因此，如果真正进行资源分配，导致的新状态是安全的；如果仍存在"能执行完"标志为 0 的进程，则说明这一请求所导致的状态是不安全的，应该暂时拒绝这个请求。

图 6-21 所示的状态是安全的。如果这时进程 B 提出申请一台打印机，那么此时的系统状态将从图 6-21 变为如图 6-22（a）所示。它是安全的，因为这时系统的资源剩余数能满足进程 D 的全部需要，于是进程 D 可以完成；收回 D 的资源后，向量 A 成为[2 1 1 1]。它可以满足进程 A 或进程 E，最后所有进程都可以顺利结束。

在图 6-22（a）所示的安全状态下，如果进程 E 提出对打印机的请求时，系统能接受这一请求吗？

假定接受，那么系统的状态就成为图 6-22（b）所示，此时系统资源剩余数为向量 A[1 0 0 0]。这个剩余数无法满足任何进程还需的资源数，因此，这个请求暂时不能接受，即图 6-22（b）所表示的状态是不安全的。

进程	磁带机	绘图仪	打印机	CD-ROM
A	3	0	1	1
B	0	1	1	0
C	1	1	1	0
D	1	1	0	1
E	0	0	0	0

进程	磁带机	绘图仪	打印机	CD-ROM
A	1	1	0	0
B	0	1	0	2
C	3	1	0	0
D	0	0	1	0
E	2	1	1	0

E[6 3 4 2]（资源总数）
P[5 3 3 2]（已分配数）
A[1 0 1 0]（剩余数）

（a）

进程	磁带机	绘图仪	打印机	CD-ROM
A	3	0	1	1
B	0	1	1	0
C	1	1	1	0
D	1	1	0	1
E	0	0	1	0

进程	磁带机	绘图仪	打印机	CD-ROM
A	1	1	0	0
B	0	1	0	2
C	3	1	0	0
D	0	0	1	0
E	2	1	0	0

E[6 3 4 2]（资源总数）
P[5 3 4 2]（已分配数）
A[1 0 0 0]（剩余数）

（b）

图 6-22　安全和不安全状态的对照

6.3.4　死锁的检测并恢复

死锁的检测也可以分为单种资源和多种资源两种。这里只讨论单种资源的死锁检测。

可以通过画当前的资源分配图，来检测在某些进程间是否已经构成了死锁。比如系统中有 A～G 共 7 个进程，有 6 个同类型的资源 r ～ w。当前的资源所属关系如下。

（1）进程 A 已得到资源 r，需要资源 s。

（2）进程 B 不占有任何资源，需要资源 t。

（3）进程 C 不占有任何资源，需要资源 s。

（4）进程 D 已得到资源 u 和 s，需要资源 t。

（5）进程 E 已得到资源 t，需要资源 v。

（6）进程 F 已得到资源 w，需要资源 s。

（7）进程 G 已得到资源 v，需要资源 u。

此时的资源分配如图 6-23（a）所示。可以看出，在进程 D、E、G 之间存在一个循环等待的环路，如图 6-23（b）所示，它们处于死锁状态。

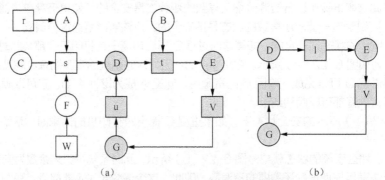

（a）   （b）

图 6-23　一个带有环路的资源分配图

也可以通过建立资源分配表和进程等待表，来随时检测系统对资源的分配是否构成环路。假定系统有 3 个进程 A～C，有 5 个同类型的资源 r～v，在某一时刻，资源的分配情况见表 6-1。这些分配都能够立即满足，因此不会出现进程等待资源的情形。

如果这时进程 A 提出申请资源 t。由于资源 t 已经分配出去了，若让进程 A 等待，会造成环路而形成死锁吗？为此，系统通过 t 去查资源分配表，看谁占用了资源 t。从资源分配表可知资源 t 分配给了进程 B，而进程 B 现在并不等待任何资源，因此，让进程 A 等待资源 t 不会构成环路。于是把它填入进程等待表中，见表 6-2。随后，进程 B 提出对资源 s 的请求。仍然用相同的方法，反复查看资源分配表和进程等待表，结果是没有出现循环等待，因此又把进程 B 等待资源 s 的情况记录在进程等待表中，见表 6-3。

现在进程 C 提出申请资源 v。从资源分配表可知，资源 v 已经分配给了进程 A；查进程等待表可知，进程 A 在等待资源 t；从资源分配表可知，资源 t 已经分配给了进程 B；查进程等待表可知，进程 B 在等待资源 s；从资源分配表可知，资源 s 已经分配给了进程 C。至此，形成了一个环路，出现死锁，并且这个死锁涉及进程 A、B、C，以及资源 s、t、v，如图 6-24 所示。

表 6-1　资源分配表

资源	占用的进程
r	A
s	C
l	B
u	B
v	A

表 6-2　进程等待表

进程	等待的资源
A	t

表 6-3　进程等待表

进程	等待的资源
A	t
B	s
C	v

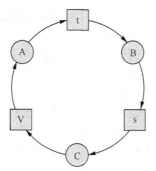

图 6-24　一种死锁的检测方法

　　检测出死锁，就要将其消除，使系统得以恢复。最为简单的解决办法是删除环中的一个或若干个进程，释放它们占用的资源，使其他进程能够继续运行下去。第 2 种可取的方法是临时把某个资源从它的占用者手中剥夺下来，给另一个进程使用。再有一种较为复杂的方法是周期性地把各个进程的执行情况记录在案，一旦检测到死锁发生，就可以按照这些记录的文件进行回退，让损失减到最小。

6.3.5　高级进程通信

　　在信号量上的 P、V 操作，可以看作是进程间的一种通信方式，它能告诉通信的对方缓冲区里是否可存数据、是否可取数据、是否可以读文件及是否可以对文件进行写操作等。不过，这种通信并不在进程间真正交换信息，而只是双方事先的一种约定。如果把这种通信方式直接提供给用户使用，不仅无法传递数据，不好理解，而且容易出错。因此，用 P、V 操作实现的通信，称为进程间的一种低级通信。

　　为了使进程之间能够真正交换数据，操作系统备有高级通信命令，提供给用户在程序一级使用。用户只要准备好参数，利用这些命令就能够在进程之间传递数据，无须考虑同步、互斥这些让人头疼的问题。

　　高级进程通信分成直接通信和间接通信两种方式。

1. 直接通信

　　直接通信的基本思想是消息发送者在自己的消息发送区里形成消息，然后申请一个消息缓冲区，把数据从消息发送区移入消息缓冲区中。通过发送命令，把这个消息缓冲区直接发送到消息接收者的消息队列里。接收者从自己的消息队列上摘下消息缓冲区，把里面的数据读到自己的消息接收区里，然后释放缓冲区。

　　为了实现直接通信，要涉及如下几个问题。

　　（1）系统中要开辟消息缓冲区，每个消息缓冲区的构成是：
- name——发送消息的进程名或标识。
- size——发送消息的长度。
- text——发送消息的正文内容。
- nPtr——下一个消息缓冲区的指针。

　　（2）系统要提供发送消息和接收消息的系统调用命令。比如发送命令为 Send，接收命令为 Receive。

　　（3）在进程的 PCB 中，要增设管理消息队列的有关内容，它们是：
- hPtr——消息队列的队首指针（每个进程的消息队列由其他进程发来的消息缓冲区组成，hPtr 总是指向第 1 个消息缓冲区）。

● MUTEX——在发送和接收中,Send和Receive都要对进程的消息队列进程操作,MUTEX是保证操作互斥的一个信号量,因此初值为1。

● SM——只有在消息队列上有消息时,接收进程才能进行接收,因此它必须与发送者取得同步。SM用于控制接收进程与发送进程取得同步,初值为0。运行过程中,SM的值就是在该进程消息队列上消息缓冲区的个数,也就是消息的个数。

有了这些支持后,系统中两个进程间进行直接数据传送的通信过程如图6-25所示。

在进程A要调用命令Send向进程B发送消息之前,首先在自己的存储空间里开辟一个消息发送区,里面记录接收者的名称、发送消息的长度以及发送的内容。这样,发送消息命令Send的工作步骤是:

（1）向系统申请一个消息缓冲区。

（2）填写消息缓冲区,并将消息发送区里的内容送入缓冲区。

（3）根据接收进程名B,找到它的PCB,把消息缓冲区链入它的消息队列队尾。

到此,进程A向进程B发送消息的过程就结束了。注意,第3步是把缓冲区链到进程B的消息队列,因此,首先要通过进程B的PCB中信号量MUTEX上的P操作,申请进入对它的消息队列进行操作的临界区才行,因为命令Receive也会用到这个队列。另外,在把缓冲区链入到进程B的消息队列中后,还要在它的SM信号量上做一个V操作,以便告诉进程B,现在消息队列上已经有消息缓冲区,可以接收消息了,如图6-26（a）所示。

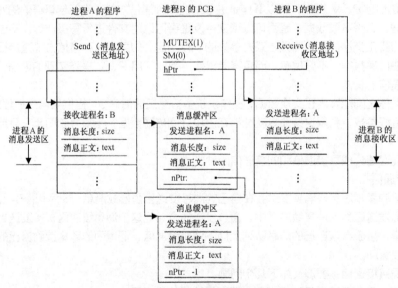

图6-25　进程间直接通信示意

在进程B接收消息之前,先在自己的存储区里开辟一个消息接受区,再发接收消息的命令Receive。该命令的工作步骤是:

（1）从消息队列上摘下第1个消息缓冲区。

（2）将消息缓冲区里的内容送入消息接收区。

（3）释放所占用的消息缓冲区。

要注意的是,在执行第1步之前,首先要通过在信号量SM上做的P操作,求得与发送者的同步。消息队列上根本没有消息缓冲区时,不能做任何的接收工作。随之,通过在信号量MUTEX上的P操作,申请进入消息队列的临界区。只有闯过这两关,才能从消息队列上摘下消息缓冲区,真正接收到消息,如图6-26（b）所示。

图 6-26　Send 和 Receive 的处理流程

2. 间接通信

间接通信是指通过信箱来传递消息，其基本思想是当一个进程希望与另一个进程进行通信时，就先创建链接这两个进程的信箱。这样，发送者就把消息投入与接收者相连的信箱，接收者就从信箱里接收所需要的消息。

信箱由"信箱头（或信箱说明）"和"信箱体"两部分组成，如图 6-27 所示。信箱头给出信箱大小（size——格子的个数及格子的尺寸）、存信件指针（inPtr——发送者按此指针往信箱体的格子里存放信件）、取信件指针（outPtr——接收者按此指针从信箱体的格子里取出信件）、空闲格子信号量（SI——存信件时通过它申请格子，初值为格子的个数 n）及信件格子信号量（SO——取信件时通过它记录信件数，初值为 0）等管理信息；信箱体用来存放一个个消息，每一个消息放在一个格子里。

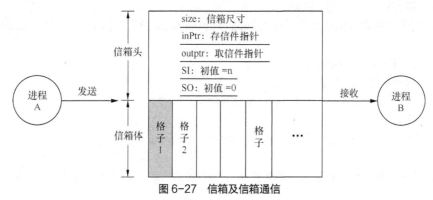

图 6-27　信箱及信箱通信

当采用间接通信方式时，系统除了要提供 Send、Receive 两个系统调用命令外，还要提供 Create（创建信箱）和 Release（撤销信箱）系统调用命令。

习题

一、填空

1. 信号量的物理意义是当信号量值大于零时表示＿＿＿＿＿；当信号量值小于零时，其绝对值为＿＿＿＿＿。

2. 所谓临界区是指进程程序中_____。

3. 用 P、V 操作管理临界区时，一个进程在进入临界区前应对信号量执行_____操作，退出临界区时应对信号量执行_____操作。

4. 有 m 个进程共享一个临界资源。若使用信号量机制实现对临界资源的互斥访问，则该信号量取值最大为_____，最小为_____。

5. 对信号量 S 的 P 操作原语中，使进程进入相应信号量队列等待的条件是_____。

6. 死锁是指系统中多个_____无休止地等待永远不会发生的事件出现。

7. 产生死锁的 4 个必要条件是互斥、非剥夺、部分分配和_____。

8. 在银行家算法中，如果一个进程对资源提出的请求将会导致系统从_____的状态进入_____的状态时，就暂时拒绝这一请求。

9. 信箱在逻辑上被分为_____和_____两部分。

10. 在操作系统中进程间的通信可以分为_____通信与_____通信两种。

二、选择

1. P、V 操作是_____。
   A. 两条低级进程通信原语   B. 两条高级进程通信原语
   C. 两条系统调用命令   D. 两条特权指令

2. 进程的并发执行是指若干个进程_____。
   A. 共享系统资源   B. 在执行的时间上是重叠的
   C. 顺序执行   D. 相互制约

3. 若信号量 S 初值为 2，当前值为 -1，则表示有_____个进程在与 S 相关的队列上等待。
   A. 0   B. 1   C. 2   D. 3

4. 用 P、V 操作管理相关进程的临界区时，信号量的初值应定义为_____。
   A. -1   B. 0   C. 1   D. 随意

5. 用 V 操作唤醒一个等待进程时，被唤醒进程的状态变为_____。
   A. 等待   B. 就绪   C. 运行   D. 完成

6. 若两个并发进程相关临界区的互斥信号量 MUTEX 现在取值为 0，则正确的描述应该是_____。
   A. 没有进程进入临界区
   B. 有一个进程进入临界区
   C. 有一个进程进入临界区，另一个在等待进入临界区
   D. 不定

7. 在系统中采用按序分配资源的策略，将破坏产生死锁的_____条件。
   A. 互斥   B. 占有并等待   C. 不可抢夺   D. 循环等待

8. 某系统中有 3 个并发进程，都需要 4 个同类资源。试问该系统不会产生死锁的最少资源总数应该是_____。
   A. 9   B. 10   C. 11   D. 12

9. 银行家算法是一种_____算法。
   A. 死锁避免   B. 死锁防止   C. 死锁检测   D. 死锁解除

10. 信箱通信是进程间的一种_____通信方式。
    A. 直接   B. 间接   C. 低级   D. 信号量

三、问答

1. 试说出下面监视程序 A 和计数程序 B 之间体现出一种什么关系，是"互斥"还是"同步"。为什么？

程序 A: 程序 B:
while(1)   while(1)
{   {
A1: 收到监视器的信号;   B1: 延迟半小时;
A2: COUNT=COUNT+1; B2: 打印 COUNT 的值;
}   B3：COUNT=0;
                   }

2. 模仿教材中的图 6-4，画出 COPY 和 PUT 之间的直接依赖关系。然后把两个图汇集在一起，体会它们 3 者之间正确的同步关系。再模仿教材中的图 6-8，分析能否用信号量及 P、V 操作来正确处理 GET、COPY 和 PUT 3 者之间的协同工作关系。

3. 在图 6-28（a）的 GET 里，是先安放 V(S1)，再安放 P(S2)的。能把它们两个的安放顺序颠倒过来变成图 6-28（b）吗？为什么？

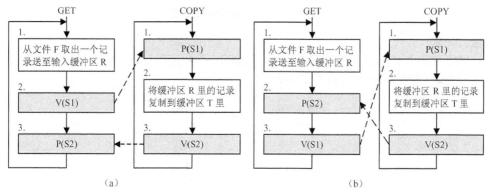

图 6-28　安放 V(S1)和 P(S2)的两种方法

4. 进程 A 和 B 共享一个变量，因此在各自的程序里都有自己的临界区。现在进程 A 在临界区里。试问进程 A 的执行能够被别的进程打断吗？能够被进程 B 打断吗？（这里 "打断"的含义是调度新进程运行，使进程 A 暂停执行。）

5. 信号量上的 P、V 操作只是对信号量的值进行加 1 或减 1 操作吗？在信号量上还能够执行除 P、V 操作的其他操作吗？

6. 系统有输入机和打印机各一台，均采用 P、V 操作来实现分配和释放。现在有两个进程都要使用它们。这会发生死锁吗？试说明理由。

7. 现有 4 个进程 A、B、C、D，共享 10 个单位的某种资源。基本数据如图 6-29 所示。试问如果进程 D 再多请求一个资源单位，所导致的是安全状态还是不安全状态？如果是进程 C 提出同样的请求，情况又会是怎样呢？

进程	最大需求	已有量
A	6	0
B	5	0
C	4	0
D	7	0

系统剩余数：10

（a）

进程	最大需求	已有量
A	6	1
B	5	1
C	4	2
D	7	4

系统剩余数：2

（b）

图 6-29　基本数据

8. 一个计算机有 6 台磁带机，有 n 个进程竞争使用，每个进程最多需要 2 台。那么 n 为多少时，系统才不存在死锁的危险？

9．考虑教材中的图 6-16（d）。如果进程 C 需要的是资源 S，而不是资源 R，这会引起死锁吗？如果是既要求资源 R 又要求资源 S，情况会怎样？

10．假定图 6-30 里的进程 A 申请最后一台磁带机，会引起死锁吗？

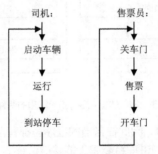

进程	磁带机	绘图仪	打印机	CD-ROM
A	3	0	1	1
B	0	1	0	0
C	1	1	1	0
D	1	1	0	1
E	0	0	0	0

（a）

进程	磁带机	绘图仪	打印机	CD-ROM
A	1	1	0	0
B	0	1	1	2
C	3	1	0	0
D	0	0	1	0
E	2	1	1	0

（b）

E [6 3 4 2]
（资源总数）

P [5 3 2 2]
（已分配数）

A [1 0 2 0]
（剩余数）

（c）

图 6-30　多种资源的分配问题

四、计算

1．在公共汽车上，司机和售票员的工作流程如图 6-31 所示。为了确保行车安全，试用信号量及其 P、V 操作来协调司机和售票员的工作。

司机：
启动车辆
↓
运行
↓
到站停车

售票员：
关车门
↓
售票
↓
开车门

图 6-31　司机与售票员

2．有一个阅览室共 100 个座位。用一张表来管理它，每个表目记录座号以及读者姓名。读者进入时要先在表上登记，退出时要注销登记。试用信号量及其 P、V 操作来描述各个读者"进入"和"注销"工作之间的同步关系。

3．今有 3 个并发进程 R、S、T，它们共享一个缓冲区 B。进程 R 负责从输入设备读入信息，每读出一个记录后就把它存入缓冲区 B 中；进程 S 利用缓冲区 B 加工进程 R 存入的记录；进程 T 把加工完毕的记录打印输出。缓冲区 B 一次只能存放一个记录。只有在进程 T 把缓冲区里的记录输出后，才能再往里存放新的记录。试用信号量及其 P、V 操作控制这 3 个进程间的正确工作关系。

4．假定有 3 个进程 R、W1、W2 共享一个缓冲区 B，B 中每次只能存放一个数。进程 R 从输入设备读入一个数，把它存放到缓冲区 B 里。如果存入的是奇数，则由进程 W1 取出打印；如果存入的是偶数，则由进程 W2 取出打印。规定进程 R 只有在缓冲区 B 为空或内容已经被打印后才能进行存放；进程 W1 和 W2 不能从空缓冲区里取数，也不能重复打印。试用信号量及其 P、V 操作管理这 3 个进程，让它们能够协调地正确工作。

5．在飞机订票系统中，假定公共数据区的单元 A_i（i=1，2，3，…）里存放着某月某日第 i 次航班现有票数。在第 j 个售票处，利用变量 R_j 暂存 A_i 里的内容。现在为第 j 个售票处编写代码，如图 6-32 所示。试问它的安排对吗？如果正确，试说明理由；如果不对，指出错误，并做出修改。

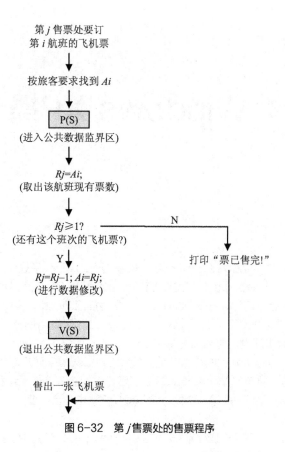

图 6-32　第 *j* 售票处的售票程序

第7章
实例分析：Windows XP操作系统

07

美国微软公司推出的 Windows 操作系统，有两条产品线：一条是个人用操作系统，另一条是商用操作系统。1985 年，Windows 1.0 诞生，它属于个人用操作系统产品系列。随后又有 Windows 2.0、Windows 3.0 等版本问世，一直到 2000 年 10 月推出 Windows Me。

1993 年，微软公司推出了 Windows NT 3.1，它属于商用操作系统产品系列。随后又有 Windows NT 3.5 等版本问世，直到推出 Windows NT 5.0（即 Windows 2000）。

2001 年 10 月，作为 Windows 2000 的升级和 Windows 95/98 的替代产品，微软公司把两条产品线汇合在了一起，发布了 Windows XP。它是一个把个人操作系统和商用操作系统融合为统一系统代码的 Windows 系统，是第一个既适合家庭用户，也适合商业用户使用的新型的 Windows 系统。

Windows XP 是一个多用户操作系统，是 Windows 系列产品中支持 64 位的第一个版本。Windows XP 采用客户/ 服务器模型（Client/Server model，C/S）体系结构，以实现多种操作系统环境。

本章从 Windows XP 的构造模型出发，主要介绍 4 个方面的内容：

（1）Windows XP 的微内核结构、线程及调度策略；

（2）Windows XP 的二级页表结构、虚拟地址的转换过程、页面调度的策略；

（3）Windows XP 的 I/O 请求包（IRP）和两级中断处理（ISR 和 DPC）；

（4）Windows XP 支持的 NTFS 文件系统及其基于日志文件的可恢复性技术。

7.1 Windows XP 的处理器管理

7.1.1 Windows XP 的结构

1."微内核"模式

当今，常用"客户/服务器（C/S）"模型来构造操作系统。方法是把操作系统分成若干个进程，每个进程完成单一的功能服务，比如完成内存分配的进程、完成创建进程的进程、完成显示输出的进程，等等。人们把这样的进程称为"服务器"，如内存服务器、进程服务器、显示服务器等，如图 7-1 所示。

在这种操作系统的管理和控制下，用户应用程序（即客户程序）为了请求所需要的服务，就向指定的服务器发消息。但发送的消息并不是直接抵达服务器，而是先被运行在核心态的操作系统内核俘获，再由它把消息传递给相应的服务器去进行处理。服务器执行完操作，仍然是通过内核，把回应的消息发还给用户。

可以看出，这时内核的主要功能，是在用户应用程序和运行在用户空间的各种服务（属系统程序）之间进行通信。用户应用程序和各种服务之间不会直接交互，必须通过内核的消息交换才能完成相互通信。

比如，假定图 7-1 中的用户应用程序发出请求，需要进行显示输出（用实线箭头表示）。内核俘获请求并加以分析后，将这个请求转发给用户态下的系统进程——显示服务器去处理（用实线箭头表示）。显示服务器处理完毕后，将结果传递给内核（用虚线箭头表示），然后由内核把结果返回给用户进程（用虚线箭头表示）。

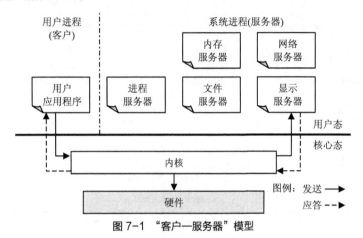

图 7-1 "客户—服务器"模型

传统的操作系统结构是一种水平分层的结构，如图 7-2（a）所示。"微内核"是基于 C/S 模型构造操作系统的一种新的模式，它用纵向分层结构代替传统的水平分层结构，如图 7-2（b）所示。

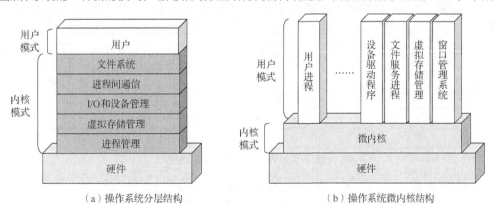

（a）操作系统分层结构　　　　　　　　　（b）操作系统微内核结构

图 7-2 操作系统的两种结构模式

微内核的基本原理，是把最基本的操作系统功能放在内核，把非基本的服务和应用程序在内核之外构造，并在用户模式下执行。虽然什么功能应该在操作系统微内核中，什么功能应该在微内核外，不同的设计有不同的划分，但共同的特点是只把最为关键的进程管理、内存管理及进程通信等功能组成系统的内核，而把设备管理程序、文件系统、虚拟存储管理、窗口系统等功能放在内核之外。

用微内核模式构造操作系统，便于系统功能的扩充。因为增加新的服务是增加到用户空间中的，而不是修改内核。即使内核真正需要变动，由于内核本身很小，因此所要做的修改也会很少。所以说，这种结构的操作系统有如下优点。

（1）能够跟上先进计算技术的发展，具有可移植性和可扩展性。

（2）不需要做很多的改动，就能够从一种硬件平台移到另一种硬件平台，具有可移植性。

（3）系统功能的绝大多数服务都运行在用户态，而不是以内核进程的面目出现，这就使内核更具安全性和可靠性，即使某一种服务失败，也不会导致整个系统的崩溃或瘫痪。

2．Windows XP 的整体结构

Windows XP 是基于"微内核"这样的模式来构造和设计的，图 7-3 是它的整体结构示意，图中的粗线将 Windows XP 分为用户模式和核心模式两个部分。

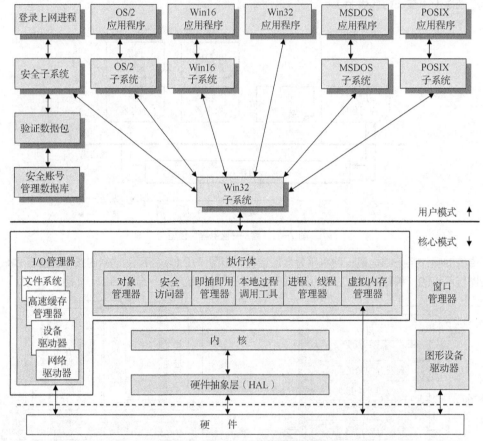

图 7-3　Windows XP 的整体结构

粗线的下方是 Windows XP 操作系统的核心，全部运行在统一的核心地址空间中。它由执行体、I/O 管理器、窗口管理器、图形设备驱动器、内核、硬件抽象层（HAL）等部分组成。

（1）执行体：Windows XP 的执行体提供一组服务。比如，虚拟内存管理器（VM），是执行体中管理虚拟地址空间、物理内存分配和页面调度的部分；进程管理器提供创建。

（2）删除和使用进程、线程和作业等服务。

I/O 管理器负责跟踪装入了何种设备驱动程序，管理 I/O 请求中使用的缓冲等。

（3）内核：Windows XP 的内核由操作系统的最低级功能组成，比如完成线程的调度、中断和异常处理，低级处理器同步等。内核上面的执行体、I/O 管理器等，要调用内核中的功能来完成进一步的工作；内核常驻内存，永远不会被对换出内存；内核可被中断，但永远不会被其他进程抢先。

（4）硬件抽象层：硬件抽象层（HAL）是一个软件层，它把执行体、内核等与硬件分隔开来，隐蔽操作系统上层与硬件的差异，从而使 Windows XP 能够适应多种硬件平台，以提高 Windows XP 的可移植性。

粗线的上方运行在用户模式下，由 3 个部分组成：最左边的一列是保护子系统，以便在访问 Windows XP 对象之前进行登录认证，提供各种安全功能；右边的上一行是各种类型的用户应用程序，比如 OS/2 应用程序、Win32 应用程序等；右边的下一行是环境子系统，比如 OS/2 子系统、POSIX 子系统、Win32 子系统等，它们被用来模拟出各种不同的操作系统。下面对环境子系统做一个介绍。

图 7-3 中的 OS/2 子系统、POSIX 子系统、Win32 子系统等，构成了 Windows XP 的环境子系统，它们都是建立在 Windows XP 执行体所提供的服务之上的用户态进程。用其他操作系统开发的程序，通过环境子系统，能在 Windows XP 中运行。

比如，OS/2 是 IBM 开发的一个操作系统。由于 Windows XP 的环境子系统中有 OS/2 子系统，因此用户给出的 OS/2 应用程序能够在 Windows XP 里得到正常的执行。

比如，POSIX 是基于 UNIX 操作系统制定的一种操作系统标准。由于 Windows XP 的环境子系统中，有 POSIX 子系统，使得遵照 POSIX.1 标准编写的 POSIX 应用程序，能够在 Windows XP 里得到正常的执行。

再比如，Win32 子系统是 Windows XP 中最重要的一个子系统。当用户运行一个 Win32 子系统不能识别的应用程序时，Win32 子系统就会去判断该应用程序的类型，并调用相应的子系统执行该应用程序。Win32 子系统管理着整个系统的键盘、鼠标和屏幕 I/O，其他环境子系统都要通过 Win32 子系统处理自己的输入和输出。也就是说，其他环境子系统必须把它们应用程序中的 I/O 重定向到 Win32 子系统，或把它们应用程序中的调用转换为 Win32 的调用。

3. Windows XP 的注册表

Windows XP 的注册表，是一个内部数据库，它包含着应用程序和计算机系统的全部配置信息、初始化信息，应用程序和文档文件的关联关系，以及硬件设备的说明、状态和属性。因此，注册表直接控制着 Windows XP 的启动、硬件驱动程序的安装及应用程序的运行，在整个系统中起到了核心的作用。

Windows XP 在启动时，就和注册表进行数据交换；即使在系统的工作过程中，也会不断地与注册表中保存的数据进行相互交换。也就是说，Windows XP 所做的任何操作，都离不开注册表的支持。图 7-4 给出了注册表与 Windows XP 各个部分之间的关系。

可通过 Windows XP 提供的工具 Regedit 来打开注册表编辑器。具体做法是：在【开始】菜单中单击【运行(R) ...】命令。在弹出的对话框中输入"Regedit"，然后单击【确定】按钮。打开的注册表编辑器，如图 7-5 所示。

注册表的结构与资源管理器中的目录结构类似，其中以"HKEY_"打头的结点称为根键。Windows XP 的注册表里有 5 个根键，里面存储的信息分别如下。

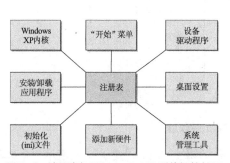

图 7-4 注册表与 Windows XP 系统间的关系

图 7-5 Windows XP 的注册表编辑器

（1）HKEY_CLASSES_ROOT：这里给出了 Windows XP 所支持的文件类型标识和基本操作标识，这些信息将确保使用资源管理器时，能够打开正确的程序。

（2）HKEY_CURRENT_USER：这里是计算机上所有用户配置文件的根目录，包括环境变量、桌面设置、网络连接、打印机和程序等信息。

（3）HKEY_LOCAL_MACHINE：这里是与本地计算机系统有关的信息，包括硬件和操作系统数据，针对该计算机的配置信息。

（4）HKEY_USERS：这里是所有用户的信息，包括动态加载的用户配置文件和默认的配置文件。

（5）HKEY_CURRENT_CONFIG：这里是本地计算机在系统启动时所用的硬件配置文件信息，用来配置某些设置，比如要加载的应用程序和显示时要采用的背景颜色等。

7.1.2 Windows XP 的进程和线程

1. Windows XP 的进程和线程概述

Windows XP 使用两类与进程相关的对象：进程和线程，每个进程用一个对象表示，一个进程必须至少包含一个执行线程，该线程还可以创建别的线程。图 7-6 给出了 Windows XP 进程对象和线程对象的通用结构。（注意："对象"是当前计算机编程领域里流行的一个新概念，应该在"面向对象的程序设计"课程中介绍。当前操作系统的设计，也非常有赖于面向对象的设计原则。这里只是借助于它，不去做详细的讲述。）

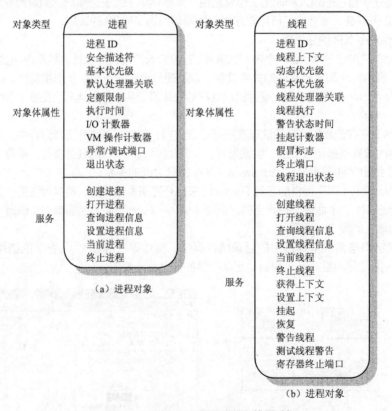

图 7-6　Windows XP 的进程和线程对象

从对象结构可以看出，任何对象都由属性和服务组成。"属性"也称"变量"，它表示一个对象所代表的事物的已知信息；"服务"多称为"方法"，通过外部对它的调用，可以获取对象的状态，更新某些属性值，或是作用于对象可以访问的外部资源。

表 7-1 和表 7-2 列出了 Windows XP 进程和线程对象各属性的定义。

Windows XP 的进程是系统中分配资源的基本单位，一个进程可以包含一个或多个线程。线程还可以创建新的线程。Windows XP 采用的是内核级线程实现办法，整个系统以线程为调度单位。这意味着在多处理机系统中，对同一个进程的多个线程，可以做到真正意义上的并行执行。

表 7-1　Windows XP 进程对象的属性定义

属性	定义
进程 ID	操作系统标识进程的唯一值
安全描述符	创建对象、可访问/使用对象或不可访问该对象的用户 ID
基本优先级	进程中线程的基本优先级
默认处理器关联	可运行进程中线程的默认处理器集合
定额限制	分页文件空间的最大值，用户空间可用处理器时间最大值
执行时间	进程中所有线程已耗费的执行时间总量
I/O 计数器	进程中线程已执行 I/O 操作的数量和类型
VM 操作计数器	进程中线程已执行的虚拟内存操作的数量和类型
异常/调试端口	进程中的一个线程异常时，用于发送消息的通信通道
退出状态	进程终止的原因

表 7-2　Windows XP 线程对象的属性定义

属性	定义
线程 ID	线程调用一个服务时，标识该线程的唯一值
线程上下文	定义线程执行状态的一组寄存器值和其他易丢失的数据
动态优先级	任何给定时刻线程的执行优先级
基本优先级	线程动态优先级的下限
线程处理器关联	可运行线程的处理器集合，它是该线程所属进程处理器关联的子集或全部
线程执行时间	线程在用户模式和内核模式下执行的时间总量
警告状态	线程是否要执行一个异步调用的标志
挂起计数器	线程执行被挂起但还未恢复的次数
假冒标志	允许线程代表另一个进程执行操作的临时访问标志（供子系统使用）
终止端口	线程终止时，用于发送消息的进程间通信通道（供子系统使用）
线程退出状态	线程终止的原因

2. Windows XP 线程的状态及状态变迁

Windows XP 里，进程仍然只有就绪、运行、等待（阻塞）3 种最基本的状态。但是线程则可以有 6 种可能的状态：就绪状态、备用状态、运行状态、等待状态、转换状态和终止状态，如图 7-7 所示（图中的云形框标注的是状态间发生变迁的原因）。

当使用系统调用 CreateThread() 创建一个线程时，该线程处于"初始化"阶段。由于这个线程实际上还只是在创建过程中，因此这里不把"初始化"作为一个线程的基本状态。一旦创建并初始化完毕，线程被系统所接纳和感知，其状态就成为就绪。

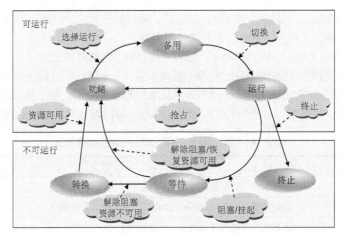

图 7-7　Windows XP 线程的状态及其变迁

（1）就绪。具有这种状态的线程，已经获得除去处理机所需的资源，因此可以被调度执行。Windows XP 微内核的处理机分派程序跟踪系统里的所有就绪线程，并按照优先级顺序对它们进行调度。

（2）备用。绝大多数现代计算机系统都属于单处理器系统，即只有一个 CPU。但是，Windows XP 支持对称多处理器系统（SMP），即该系统可有多个处理器，它们都运行同一个操作系统的复本，这些复本根据需要可以互相通信。

一个线程为备用状态，即它已经被选定为下一次在 SMP 的一个特定的处理器上运行。该线程在这个状态等待，直到那个处理器可用。如果备用线程的优先级足够高，正在那个处理器上运行的线程就有可能被备用线程抢占。否则，备用线程要等到正在运行的线程被阻塞或结束其时间片。要注意的是，SMP 中的每一个处理器上，只能有一个备用线程。

（3）运行。拥有处理器的线程，处于运行状态。一旦微内核实施进程或线程的切换，备用线程就进入运行状态并开始执行。执行过程将一直持续到处理器被剥夺、时间片到、请求 I/O、因等待某种资源而被阻塞或终止等情况出现。在处理器被剥夺、时间片到这两种情况下，该线程将回到就绪状态。

（4）等待。一个运行状态的线程，因为某一事件（如 I/O 操作）而被阻塞，则进入等待状态。当等待的条件得到满足，且它所需要的资源都可用，则根据优先级进入运行或就绪状态。

（5）转换。转换状态有点与就绪状态类似。当处于等待状态的线程所等待的条件已经得到满足、但它所需要的资源此时还不可能满足时，就转为转换状态。当该资源可用时，线程就由转换状态变为就绪状态。比如，某线程为了 I/O 操作而处于等待状态时，系统将它使用的某个页面淘汰出了内存。这样在 I/O 操作完成后，线程就因缺乏资源而变为转换状态。只有等到资源满足了，才能进入就绪状态。

（6）终止。一个线程执行完毕或者被另一个线程撤销，它就成为终止状态。一旦完成了善后的辅助工作，该线程就从系统中消失。

7.1.3　Windows XP 的线程调度

Windows XP 处理机调度的对象是线程，进程只是以资源和运行环境提供者的身份出现。Windows XP 实施的是一个基于优先级的、抢占式的多处理器调度策略。调度时，只是针对线程队列进行，并不去考虑被调度的线程属于哪一个进程。通常，一个线程可以安排在任何可用的处理器上运行，但也可以限制（或要求）只在指定的处理器（称为"亲合处理器"）上运行。

在系统运行的过程中，以下 4 种情况会引起对线程的调度。

（1）一个线程进入就绪状态。

（2）一个线程运行的时间片到时。

（3）一个线程的优先级被改变。

（4）一个运行线程改变它对亲合处理器的要求。

1. Windows XP 进程的优先级

在 Windows XP 里，进程可以有 4 种优先级：实时（Real-Time）、高（High）、普通（Normal）以及空闲（Idle）。这 4 种优先级的默认取值是：24、13、7/9、4。

（1）实时优先级主要适用于核心态的系统进程，它们执行着存储器管理、高速缓存管理、本地和网络文件系统，甚至设备驱动程序等。很显然，它们所执行的任务比较重要，必须具有很高的优先级。注意，这里提及的"实时"，与实时操作系统没有任何关系。

（2）高优先级是为一些必须及时得到响应的进程设置的。比如任务管理程序就是以高优先级运行的一个进程，一旦用户按下 Ctrl+Esc 组合键，或用鼠标单击屏幕左下角的"开始"按钮，系统就要立即将该进程唤醒，抢占 CPU 执行。

（3）用户进程创建时，都被默认赋予普通优先级。Windows XP 根据进程是在前台还是后台运行，给予 9 或 7 的优先级。系统运行中进行进程切换时，如果激活的是一个普通进程，并且是从后台变为前台，它的优先级就由 7 升为 9，新成为后台的进程的优先级由 9 降为 7。这样做的原因是让前台进程有较高的优先级，以便能够更容易地响应用户的操作。

（4）空闲优先级是专为系统空闲时运行的进程设置的。比如执行屏幕保护程序的进程就是一个典型的例子。在大多数情况下，屏幕保护程序只是简单地监视用户的操作。一旦用户在规定的时间内没有操作计算机，它就会立即投入执行，开始对屏幕进行保护。因此，具有空闲优先级的进程，是那些在计算机无事可做时才去做的进程的优先级。

2. Windows XP 线程的优先级

在 Windows XP 里，一旦线程被创建，它就继承所属进程的优先级。另外，在运行过程中，又会有自己的优先级。Windows XP 线程优先级的取值范围为 0～31，如图 7-8 所示。它们被分为 3 个部分。

（1）16 个实时线程优先级（16～31）。

（2）15 个可变线程优先级（1～15）。

（3）1 个系统线程优先级（0）。

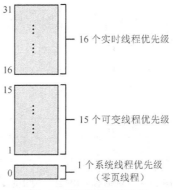

图 7-8 线程的优先级分布

Windows XP 的许多重要内核线程都运行在实时优先级上。在应用程序中，用户可以在一定范围内提高或降低线程的优先级。但只有当用户具有提高线程优先级的权限时，才能把一个线程的优先级提升到实时优先级。这是因为如果很多的用户线程具有了实时优先级，它们就可能会占用太多的运行时间，就可能会影响到那些关键的系统线程（如存储管理、缓存管理等）功能的执行。

取值为 0 的系统线程，是指那个对系统中空闲物理页面（即物理块）进行清零操作的所谓"零页线程"，其他线程不会取这个优先级。

一个进程只能有单个优先级取值，因此称其为基本优先级。一个进程里的线程，除了仍然有所属进程的基本优先级外，还有运行时的当前优先级。线程的当前优先级，随占用 CPU 时间的长短等因素，会不断地得到调整。

3. 线程时间的配额

线程时间的配额，就是所谓的时间片，它不是一个时间的长度值，而是一个配额单位的整数。每个线程都有一个代表本次运行最大时间长度的时间配额。由于 Windows XP 采用的是抢先式调度，因此一个线程有可能在没有用完它的时间配额时，就被其他线程抢先。

每次产生时钟中断，时钟中断服务程序就会从线程的时间配额中减少一个固定的值。一个线程用完了自己的时间配额后，系统一方面会判断是否需要降低该线程的优先级，另一方面就去查找是否有其他更高优先级的线程等待运行，并重新开始调度。

线程运行时的时间配额，是由用户在注册时指定的。注册项由 3 个部分构成："时间配额长度""前后台变化"及"前台线程时间配额的提升"。系统将根据这 3 个取值，来决定线程运行时的时间配额。

（1）时间配额长度。取值为 1，表示长时间配额；取值为 2，表示短时间配额；取值为 0 或 3，表示默认设置（比如规定默认为长时间配额，或规定为短时间配额）。

（2）前后台变化。取值为 1，表示要改变前台线程的时间配额；取值为 2，表示前后台线程的时间配额相同；取值为 0 或 3，表示默认设置（比如规定默认为改变前台线程时间配额，或规定为前后台线程的时间配额相同）。

（3）前后台线程时间配额的提升。该字段只能取值 0、1 或 2，形成对时间配额表的索引（在此不详细说明）。

4. 线程调度的管理

Windows XP 用一个所谓的"线程调度器就绪队列"、一个就绪位图、一个空闲位图来管理有关线程的调度，如图 7-9 所示。

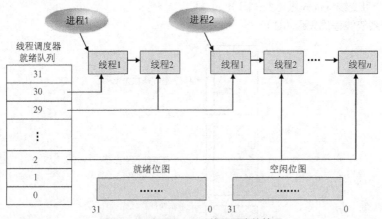

图 7-9　Windows XP 线程调度的管理

（1）线程调度器就绪队列。该表共有 32 个表项，每个表项按照线程的优先级，维持着一个具有该优先级的线程就绪队列。比如图 7-9 中，进程 1 有两个线程，进程 2 有 n 个线程。由于进程 1 的线程 1 的优先级为 30，因此它排在优先级为 30 的线程就绪队列里；进程 1 的线程 2 和进程 2

的线程 1 的优先级是 29，因此它们都排在优先级为 29 的线程就绪队列里；等等。由此可以看出，线程排在哪个就绪队列里，与它属于哪个进程没有关系。

（2）就绪位图。就绪位图（见图 7-9）由 32 个二进制位组成。Windows XP 用其中每位的取值，记录相应调度优先级就绪队列里是否有等待运行的线程存在。

（3）空闲位图。空闲位图（见图 7-9）由 32 个二进制位组成。Windows XP 用其中每位的取值，指示相应处理器是否处于空闲状态。

在线程调度管理时，设置就绪位图和空闲位图的目的主要还是提高多处理器系统在线程调度上的速度。

5. Windows XP 的线程调度

Windows XP 的调度单位是线程。在单处理器系统和多处理器系统中，所实施的线程调度是不同的。单处理器系统中的线程调度策略，采用严格的抢先式动态优先级调度，根据优先级和分配的时间配额来确定哪个线程占用处理器，并进入运行状态。多处理器系统中的线程调度，有更多的情况需要考虑，本书不涉及。

Windows XP 的线程调度应遵循以下原则。

（1）相同优先级的就绪线程排成一个先进先出队列，并按时间片轮转算法进行调度。

（2）当一个线程变为就绪状态时，它可能立即投入运行，也可能排到相应优先级队列的末尾等待。

（3）系统总是运行优先级最高的线程。

（4）当一个线程在属于自己的时间片里运行时，高优先级线程的到达会抢先执行，从而打断原先线程的执行。

（5）在多处理器系统中，多个线程可以并行运行。

在 Windows XP 里，可以有下面 4 种发生线程调度的情形。

（1）主动切换。由图 7-7 可知，系统中的一个线程，可能会因为等待某一事件、I/O 操作、消息等，自己放弃处理器进入等待状态。这时，Windows XP 采用主动切换的调度策略，使就绪队列里的第 1 个线程进入运行状态。

（2）抢先。当一个高优先级线程由等待变为就绪状态时，正处于运行状态的低优先级线程就被抢先。抢先可能出现在两种情况：一是处于等待状态的高优先级线程所等待的事件出现，二是一个线程的优先级被提升。在这两种情况下，Windows XP 都将会确定当前运行线程是否继续运行，是否要被高优先级线程所抢先。在抢先线程完成运行后，被打断的线程有权优先重新得到处理器，它将使用原先剩余的时间配额。

（3）时间配额用完。当一个处于运行状态的线程用完了它的时间配额时，Windows XP 首先要判定是否需要降低该线程的优先级，是否需要调度另一个线程进入运行状态。

如果确定要降低刚用完时间配额的线程的优先级，就要让一个新的线程进入运行状态。最合适的对象是那样的线程，它的优先级高于那个刚用完时间配额的新设置优先级的就绪线程。

如果不降低刚用完时间配额的线程的优先级，并且有优先级相同的其他就绪线程存在，Windows XP 就在相同优先级的就绪队列里选择下一个线程投入运行，刚用完时间配额的线程则被排到该就绪队列的末尾（分配给它一个新的时间配额，并将它的状态由运行改为就绪）。如果当时没有相同优先级的就绪线程可以运行，那么这个刚用完时间配额的线程将得到一个新的时间配额继续运行。

（4）终止。当一个线程在自己的时间配额里运行完毕，它的状态就由运行变为终止。这时系统将重新调度另一个就绪线程运行。

6. 线程优先级的升与降

前面已经提及，一个线程在时间配额使用完后，其优先级一般都会降低，以便给别的线程投入运行的机会。优先级会一直降下去吗？是否有下限？什么时候提升？这是需要解决的问题。

在下面列出的 5 种情况下，Windows XP 会提升一个线程的当前优先级。

（1）某 I/O 操作完成后，Windows XP 将提升等待该操作完成的线程的优先级，以使这个线程能够有更多的机会立即开始处理获得的 I/O 结果。

（2）所等待的事件或信号量到来后，Windows XP 将提升该线程的优先级，以使受阻塞的线程能够有更多的机会得到处理器的时间。

（3）前台线程在等待结束后，Windows XP 将提升该线程的优先级，以使它能有更多的机会进入运行状态，提高交互操作的响应时间。

（4）图形用户接口线程被唤醒后，Windows XP 将提升该线程的优先级，以便能够提高交互操作的响应时间。

（5）提高处理器饥饿线程的优先级。所谓"处理器饥饿"，是指在就绪队列里长期等待而一直没有得到运行机会的那种线程。Windows XP 专门有一个系统线程，定时检查是否存在这样的线程（比如，它们在就绪队列里已经超过了 300 个时钟中断间隔，相当于 3～4s）。如果有，就把该线程的优先级一下子提升到 15，分配给它长度为正常值两倍的时间配额。在它用完这个时间配额后，其优先级立即衰减到它原来的基本优先级。

线程优先级的提升，是以其基本优先级为基点的，而不是基于线程的当前优先级。如图 7-10 所示，在等待结束后，一个线程的优先级得到了提升。之后，只运行一个时间配额，然后线程的优先级就会降低一级，再运行一个时间配额。这样的运行和降低过程不断地进行下去，直到它的优先级抵达原来的基本优先级。当然，在这个过程当中，也会产生在时间配额用完前被更高优先级线程抢先的情形。

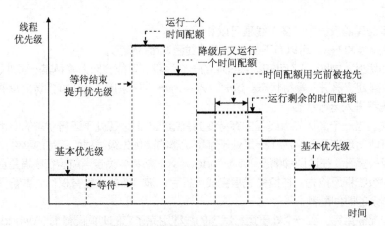

图 7-10　线程优先级升降过程示意

综上所述，Windows XP 采用的是基于优先级的、可抢先的调度策略来调度线程的。一个线程投入运行后，就会一直运行下去，直到被具有更高优先级的线程所抢先，或者时间配额用完、请求 I/O、终止等情况发生。进行调度时，系统从高到低审视队列，直到发现一个可执行的就绪线程。如果没有找到，就会去执行空闲线程。

在线程的时间配额用完时，如果它是属于可变型的，那么它的优先级会下降。不过，优先级绝不会降到它的基本优先级之下。当可变型线程从等待状态解脱时，其优先级会被提升。这样的降低或提升，会使系统中的各种线程获得更好的服务。

7.1.4　Windows XP 的同步机制

Windows XP 提供了线程间的同步机制，并且是以对象结构的形式出现的。各种同步对象都要利用等待函数，因此这里将先介绍等待函数，然后再介绍各种同步对象。要注意，从本质上讲，这些同步对象的功能是相同的，只是适用的场合及各自的效率有所不同罢了。

1. 等待函数

Windows XP 提供两个同步对象的等待函数。

（1）WaitForSingleObject：在指定时间内等待指定的对象为可用。

（2）WaitForMultipleObjects：在指定时间内等待多个对象为可用。

当线程调用等待函数时，该函数会检查要求等待的条件是否已得到满足。如果条件不满足，那么等待函数就会使调用的线程阻塞自身的执行，进入等待状态。在处于等待条件满足的时候，该线程不会占用处理器的时间；在等待的条件满足后，等待函数才会返回。

2. 同步对象

Windows XP 提供有"互斥""信号量""事件" 3 种基本的同步对象，表 7-3 是对它们的简单描述。

表 7-3　Windows XP 的基本同步对象

对象类型	定义
互斥对象	提供互斥能力，等同于是初值为 1 的信号量
信号量对象	管理可以使用一个资源的线程数的计数器
事件对象	通知发生了一个事件

（1）互斥对象。互斥对象 Mutex 是 Windows XP 中用来实现线程互斥的对象，它相当于一个用于互斥的信号量。由于互斥对象在任何时刻只能被一个线程使用，因此可用来协调线程间对共享资源的访问。比如，为了避免两个线程同时对某共享内存进行写操作，就可通过调用 CreateMutex() 函数，为该共享内存创建一个对应的 Mutex 对象。在线程要求访问该内存之前，必须先调用 OpenMutex() 函数，以获得访问权。如果调用该函数时请求的 Mutex 对象已被另一个线程所占用，那么该请求就会被阻塞，直到占用该 Mutex 对象的线程调用 ReleaseMutex() 函数释放该互斥对象时，提出请求的线程才会被唤醒继续执行。

（2）信号量对象。Windows XP 的信号量对象是一个计数信号量，相当于用来管理有若干数量的某种资源的信号量，它可以在多个进程中被线程共享。

（3）事件对象。事件对象相当于是一个"触发器"，可以用来通知一个或多个线程某事件的发生。关于事件对象，Windows XP 里提供的 API 函数有：

- CreateEvent：创建一个事件对象。
- OpenEvent：得到一个已创建的事件对象，以方便对事件对象的后续访问。
- SetEvent/PulseEvent：设置指定事件对象为可用对象。
- ResetEvent：设置指定事件对象为不可用状态。

Windows XP 还提供有另一种同步对象：临界区对象。这种对象同样也是一种实现同步的机制。不同的是，临界区对象只能用在单个进程的线程里。其实，上面提及的互斥对象、信号量对象、事件对象，也都可以用于单个进程的应用程序中，只是临界区对象对互斥同步提供了更高的效率罢了。

7.2　Windows XP 的存储管理

7.2.1　Windows XP 进程的空间布局

Windows XP 对虚拟内存的管理，是执行体中的虚拟内存管理器（VM）的任务，它实现虚拟地址空间的管理、物理内存的分配及页面的调入和调出。

Windows XP 采用的是 32 位的虚拟地址结构。因此，每一个用户进程最大的虚拟地址空间可以是 2^{32} = 4GB。对于这个空间，默认的布局是每个用户进程占有其中的 2GB，作为自己的私有地址空间，余下的 2GB 是所有进程共用的操作系统地址空间。Windows XP 的高级服务器和数据中心服务器支持一个引导选项，允许把用户的地址空间扩大到 3GB，只留下 1GB 作为所有进程共用的系统地址空间，以便满足某些应用程序对大内存空间的特殊要求。图 7-11 给出 Windows XP 默认的虚拟地址空间，它由 4 个区域组成。

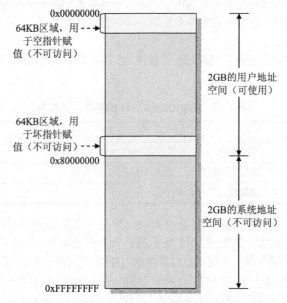

图 7-11 Windows XP 默认的虚拟地址空间布局

（1）0x00000000～0x0000FFFF：用于帮助程序员捕获空指针赋值。

（2）0x00010000～0x7FFEFFFF：可以使用的用户地址空间，这个空间被划分成页，内容可装入内存。

（3）0x7FFF0000～0x7FFFFFFF：用户不能访问的保护页，该页使操作系统能够很容易地检查出越界指针的访问。

（4）0x80000000～0xFFFFFFFF：系统地址空间，存放各执行程序、微内核和设备驱动程序等。

7.2.2 Windows XP 的地址变换机构

1. 虚拟地址的划分

Windows XP 是通过请求分页式的方式，向用户提供虚拟存储的。在 Windows XP 中，物理内存中划分的块被称为"页帧"（有时也称为"页框"），每个页帧的尺寸为 4KB。这就是说，虚拟地址空间里一页的尺寸也是 4KB。

由于 Windows XP 的虚拟地址结构是 32 个二进制位，每页尺寸为 4KB。因此，在 32 位的虚拟地址里，应该用 12 个二进制位来表示页内的位移量（2^{12} = 4KB），用剩余的 20 位表示页号。页号的作用是指明一个页表项在页表中的具体位置，所以也常把页号称为页表索引。这样，Windows XP 向每个用户提供的虚拟地址空间，最多时可以拥有 2^{20} 个页面，即每个页表中会有 2^{20} 个页表索引项，它们被用来记录虚拟地址空间中的页与物理内存里的页帧之间的对应关系。

Windows XP 的每个页表索引项需要用 4 字节来表述。因此，2^{20} 个页表索引项需要花费 4MB 的存储量。我们知道，实施分页式存储管理的最大优点，是可以把连续的用户空间经过分页，存放在不连续的内存页帧里。现在一个进程的页表就要占用内存中 4MB 这么大的连续空间。显然，这不利于内存空间的有效利用，是让人无法接受的。

理想的做法是对 4MB 大小的一张页表再分页，把大的页表分成若干个尺寸为页帧大小的小页表。这样一来，每个用户的虚拟地址空间就不只有一张页表，而被划分为多个页表，它们都是一个页帧大小；这些页表无须占用连续的内存区域，而是可以存放在不连续的页帧里。如果把以前的一张页表称为一级结构，现在就成了二级页表结构。

这样的做法带来了问题：以前根据虚拟地址里的页表索引（即页号），就可以直接找到所需要的页表项，实现从页到页帧的转换。而现在，则需要分成两步走：首先，要确定应该使用哪一个（小）页表来进行地址变换；再去确定应该用该页表中的哪一个表项来实现页到页帧的转换。

先解决第 2 个问题。由于一个页面的尺寸为 4KB，所以 4MB 大小的页表最多可以划分成 1 024 个（小）页表。这 1 024 个（小）页表里，每一个都有 1 024 个页表项。因此在原先的 20 位页号里，必须要划分出 10 位（2^{10}=1 024），来表示（小）页表里的各项，作为（小）页表里页表项的索引。

再解决第 1 个问题。由于原先的页表最多可以划分成 1 024 个（小）页表，要检索它们，也需要用 10 位来形成这 1 024 个（小）页表的索引，即页目录索引。

图 7-12 给出了 Windows XP 虚拟地址的划分情况：一个虚拟地址被划分成 3 个部分：页目录索引、页表索引、页内位移量。要注意，其中的页表索引，就是（小）页表的索引。

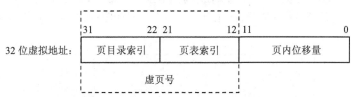

图 7-12　Windows XP 虚拟地址的构成

2. 页目录索引与页目录项

每个进程都有一个页目录索引，通过它能够获得该进程所有（小）页表的位置。进程的页目录索引地址应该存放在进程控制块中，当系统实施进程间的切换时，就从新调度到的进程的进程控制块中得到页目录索引的地址，并加载给 CPU 内部的一个专用寄存器——页目录寄存器。地址变换部件总是根据这个专用寄存器里的当前内容，去完成具体的地址变换。

页目录索引由一个个页目录项（PDE）组成。每个页目录项为 4 个字节长，记录了进程一个（小）页表的状态和位置。如前分析，每个进程最多可以有 1 024 个（小）页表，所以页目录索引里最多有 1 024 个页目录项，正好放在一个内存页帧里。

要注意，只有当系统实施进程间的切换时，页目录寄存器的内容才会被重新加载。在系统实施同一进程里线程间的切换时，不会发生页目录寄存器重新被加载的情形。这是因为同一进程的诸线程共享一个地址空间，它们使用的是同一个页目录索引。

3. 页表索引与页表项

Windows XP 中，每一个进程最多可以有 1 024 个页表，由它们完成具体的地址变换。由于每个用户进程最大的虚拟地址空间 4GB 里，私有地址空间为 2GB，余下的 2GB 是所有进程共用的系统地址空间，因此 1 024 个页表被分为两部分：进程页表和系统页表。进程页表完成对私有地址空间变换地址的任务，系统页表实现对共享的系统地址空间变换地址的任务。

无论是进程私用的进程页表，还是大家共用的系统页表，都是由一个个页表项（PTE）组成。

每个页表项为 4 个字节长，记录了该页表项对应的页帧号（PFN），以及描述该页帧的使用状态和保护限制的一些标志位，如图 7-13 所示。

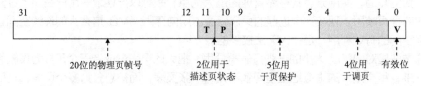

图 7-13　Windows XP 的页表项结构

可以把图 7-13 中的内容分为以下 4 个部分。

（1）12~31 位：记录页帧号。

（2）0、10、11 位：记录页帧的使用状态。比如，第 0 位是有效位（V），该位取值 1 时页帧号为有效；取值 0 时页帧号为无效，引起缺页中断。比如，第 11 位是转换位（T），该位取值 0，表示该页帧有效；取值 1，表示该页帧已位于内存的备用链表或修改链表中，不是有效页帧（见后面的讨论）。

（3）5~9 位：用于页保护。

（4）1~4 位：用于调页。

4．虚拟地址的变换过程

至此，可以看到 Windows XP 的虚拟地址变换采用的是多级页表结构：每个进程有一个页目录索引，里面包含 1 024 个大小为 4B 的页目录项（PDE）；每个 PDE 指向一页，包含 1 024 个大小为 4B 的页表项（PTE）；每个 PTE 指向一个 4KB 的物理内存页帧。这种多级页表结构，如图 7-14 所示。

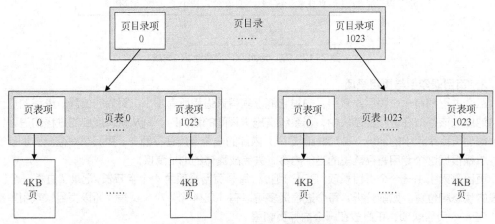

图 7-14　Windows XP 的多级页表结构

Windows XP 的虚拟地址变换过程如图 7-15 所示。

（1）每当进程切换时，操作系统将该进程的页目录索引地址置入页目录寄存器中。于是，该寄存器指向这个进程的页目录索引。

（2）由虚拟地址中给出的页目录索引，指出页目录项（PDE）在页目录索引中的位置，从中得到当前所需页表的位置。于是，就可以从该进程的页表集合里，挑选出进行地址转换所需要的页表。

（3）由虚拟地址中的页表索引，指出所选页表里的页表项（PTE）位置，在这一页表项中，应该记录有虚拟页面在内存的位置。

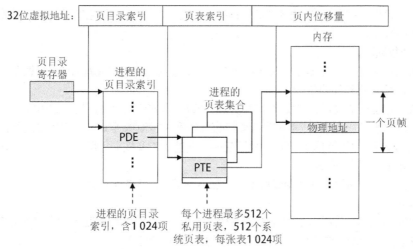

图 7-15　虚拟地址的变换过程示意

（4）如果页表项是有效的（即图 7-13 中的 V 位取值 1），那么页表项中记录的页帧号（PFN）是真实的，虚拟页面就在这个物理页帧中；如果页表项是无效的（即图 7-13 中的 V 位取值 0），就会由此引起缺页中断，需要从磁盘中调入所需要的页面。

（5）当页表项为有效时，就根据虚拟地址中的页内位移量，找到所需数据在物理页帧中的位置，完成对它的地址重定位。

在页目录和页表的支持下，Windows XP 每一次的虚拟地址变换都要经历两次访问内存：先是查找页目录，找到页表；接着在页表中找到需要的页表项。很显然，这将极大地影响到系统的性能。为此，Windows XP 还有支持快速地址变换的所谓"快表"。在 Windows XP 里，快表被称为翻译为后备缓冲器（translation-lookaside buffer，TLB）。TLB 由若干个快速寄存器组成一个向量，存储单元里包含了大多数最近用过的虚拟页号到页帧号的映射，这些单元能被同时读取，并与目标值比较。所以，TLB 会使得虚拟地址到物理地址的转换速度非常快，减少了对内存的访问时间。

7.2.3　Windows XP 对内存的管理

1．进程的工作集概念

对于虚拟存储管理来说，不需要也不可能把一个进程地址空间中的所有页面同时装入内存。不难看出，如果分配给每个进程的物理页帧的数量很小，那么内存中拥有的进程数虽然多，但缺页率还是会很高；另外，一个进程在一个很短的时间间隔里所访问的页面，大多会聚集在一个较小的范围里（这是所谓的"局部化"原理）。

正是基于这样的一些考虑，Windows XP 在创建一个进程时，就在内存中分配给它一定数量的页帧私用，存放运行所需要的页面。我们称这些页面为该进程的"工作集"，并对其采用"可变分配，局部置换"的管理策略。

系统对进程工作集是这样进行管理的。

（1）新进程装入内存时，将根据应用类型、程序要求等原则，分配一定数量的页帧，作为它的默认工作集，并把所需要的页面和一些后续相邻页面一起填满工作集中的页帧。

（2）在进程执行过程中，其工作集的大小可以动态调整，但调整范围只能局限在默认最小和最大尺寸之间。

（3）当发生缺页时，就从产生缺页的进程工作集中选择一个页面用于替换。

（4）不断地对进程页帧的分配情况进行评估，增加或减少分配给它的页帧数，以提高系统对内存整体的使用性能。

2. 页帧数据库

Windows XP 的 VM 管理器，是通过一个叫"页帧数据库"的数据结构，来管理内存中的各个页帧，跟踪它们的使用情况的。

页帧数据库是一个数组。该数组拥有的元素个数，是整个内存储器拥有的页帧的个数。也就是说，数组元素的下标，恰好对应着内存各页帧的页帧号。"页帧数据库"的名字由此而得。数据库的每一个元素记录相应页帧的使用情况：是否空闲、所处状态及被谁占用等。在任何时刻，一个内存的页帧必定属于下面 6 种状态之一。

（1）有效：一个进程正在使用该页帧，它在系统某个进程的工作集里。因此，必定有一个有效的页表项指向它。

（2）空闲：页帧处于空闲，没有被当前任何一个页表项引用，但里面可能含有不确定的数据（为此，在将这些页帧分配给进程使用前，有可能需要清零初始化）。

（3）清零：页帧不仅处于空闲，并已被清零初始化（空闲页帧内可能会有原先的数据，为防止用户"偷"读该页帧中的残留内容，有时不能直接将空闲页帧分配出去，而需要将初始化过的"白"页帧分配给用户）。

（4）备用：已从某进程的工作集中撤除，原先页表中的页表项已被设置为无效，但"页帧号"没有变，仍然指向该页帧。它里面的内容在写入磁盘后再未被修改过。因此，这是页帧的一种过渡状态：一方面，可以将它另行分配给别的进程使用（当然有可能需要先进行初始化）；另一方面，若有必要，原先的进程仍可以直接再次使用它里面的内容。

（5）修改：已从某进程的工作集中撤除，原先页表中的页表项已被设置为无效，但"页帧号"没有变，仍然指向该页帧。它里面的内容在写入磁盘后又被修改过。因此，这也是页帧的一种过渡状态：一方面，可以将它另行分配给别的进程使用（当然这时先要将它写入磁盘，然后初始化）；另一方面，若有必要，原先的进程可以直接再次使用它里面的内容。

（6）坏死：该页帧产生奇偶校验错，或者其他硬件错误，不能再参与分配。

在页帧数据库的每一个元素里，除了记录页帧的状态和使用情况外，还设有"页表项地址""前向指针""后向指针"等，以便指向与它有关的进程页表表项和形成各种链表。

这样，系统通过进程页表表项里的"页帧号"，就可以知道该页与内存中的哪一个页帧相对应；由页帧数据库元素里的页表项地址，就可以知道这个页帧与哪个进程的哪一个页表里的表项相对应。图 7-16 给出了进程页表与页帧数据库之间的关系。

比如，图 7-16 进程 1 的一个页表项，其标志位 V = 1，U = 0。这表明该页表项中"页帧号"里记录的页帧号是有效的，虚拟空间里的这页现在确实就存放在该页帧中。又比如，图 7-16 进程 2 的一个页表项，其标志位 V = 0，U = 1。因此，表示该页表项"页帧号"里虽然记录有页帧号，但该页帧号是无效的。不过该页帧里的内容仍然存在、可用，页帧数据库中与该页帧对应元素中的"页表项地址"，仍反映出该页帧与进程 2 这个页表表项的联系。

3. 页帧的各种队列

除了处于"有效"状态的页帧外，Windows XP 把页帧数据库中处于其他不同状态的元素，由指针组成 5 个链表，每个链表都以 NULL 标记结束，如图 7-17 所示。

要说明的是，处于清零状态和空闲状态的页帧，其在页帧数据库中的相应元素中只有前向指针；处于备用状态和修改状态的页帧，其在页帧数据库里的相应元素中既有前向指针，又有后向指针。不过在图 7-17 里，全都以前向指针说明其关系，略去了有关的后向指针。

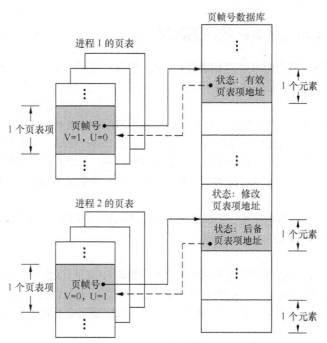

图 7-16　页表与页帧号数据库的关系示意

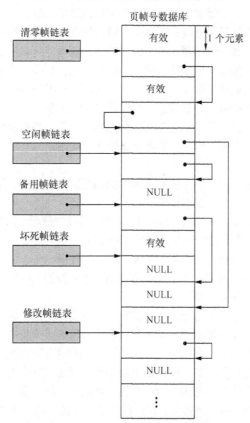

图 7-17　页帧数据库中的各种链表

7.2.4　Windows XP 的页面调度

Windows XP 在实施请求页式存储管理时，制定了 3 种策略：取页策略、置页策略和换页策略，以求在不同场合决定如何实施具体的页面调度。

1. 取页策略

取页策略是指决定什么时候把一个页面从磁盘调入内存。Windows XP 采用的是请求调页法和集群法相结合的形式，从而把所需要的页面装入内存。当线程产生缺页中断时，系统不仅把所需的页装入，也把它附近的一些相邻页一起装入。之所以这样做，是因为程序通常都只在地址空间中一个很小的区域里执行。预先装入一群虚拟页面，会降低缺页中断发生的几率。这也正是程序执行局部化原理的具体应用。

缺页中断时装入一群虚拟页面，会减少访问磁盘的次数。对于缺页时读取页面数的规模，取决于物理内存的大小，以及读取页面的性质。

2. 置页策略

当缺页中断时，系统必须确定把虚拟页面放入到物理内存的什么地方。这就是置页策略。

如图 7-17 所示，页帧数据库的各种链表中，位于坏死帧链表里的页帧是不能再行分配的。可选的内存页帧应该都从清零帧链表、空闲帧链表、备用帧链表和修改帧链表中得到。为此，具体做法如下。

（1）在要求存储分配时，如果需要的是一个清零的页帧，那么系统首先试图从清零帧链表中得到一个可分配的页帧；如果这个链表为空，则从空闲帧链表中选取一帧，并将其清零初始化；如果空闲帧链表也为空，就改为从备用帧链表中选取一帧，并将其清零初始化，以此类推。

（2）如果所需要的并不是一个清零页帧，那么首先去查看空闲帧链表；如果空，则去查看备用帧链表。在决定要把备用帧链表中记录的一帧分配出去之前，必须从页帧数据库的元素回溯，找到进程页表里相关的表项（它的状态是 V = 0，U = 1，如图 7-16 所示），清除其里面的"页帧号"，以断绝这个页表项与该页帧的联系。这样，才能保证分配的安全。

（3）如果必须要把一个处于修改状态的页帧分配出去，那么首先要将该页帧的内容写入磁盘，然后将它链接到备用帧链表中去，这样才能将它正确地分配出去。

3. 换页策略

如果线程产生缺页中断，内存已经没有空闲的页帧可供分配使用，系统就要决定把内存中的哪个页面调换（淘汰）出去。这就是换页策略。

前面已经提及，Windows XP 在创建进程时，就在内存中分配一定数量的页帧（称为进程工作集）给它，以保证其运行的需要。Windows XP 实施的是一种可变式的工作集策略，即根据所管理物理内存的数量，为进程规定最小工作集和最大工作集的规模。

运行过程中，对各进程共享的操作系统虚拟空间中可分页的代码和数据，也都分配一个系统工作集，并且也规定了它可取的最小值和最大值。

如果内存不太满的话，系统就会允许进程拥有尽可能多的页面作为大的工作集。但如果进程要求的页面数超过了规定的工作集最大值，就只能从进程自己的工作集中移出一页，腾出空间装入新的页面。在单处理机系统中，Windows XP 对进程工作集使用的是最近最久未用（LRU）换页算法。

系统初始化时，每个进程默认的工作集最小值和最大值都被认定为相同。缺页中断发生时，先检查进程的工作集大小和系统当前空闲内存的数量。如果有可能，系统允许进程把自己的工作集规模增加到最大值（如果有足够的空闲页帧，也可以超过这个最大值）。但如果内存紧张，就只能在工作集内进行页面替换，而不是增加工作集中的页面。

当进程不得不从工作集中淘汰一个页面时，如果该页面未被修改过，就将该页链入备用帧链表；

如果页面读出后又被修改过，则把它链入到修改帧链表。

当撤销一个进程时，它的所有私用页面都被链入到空闲帧链表中。

图 7-18 给出了内存中页帧状态的变化。

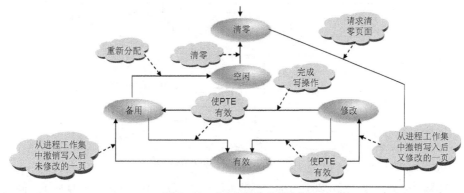

图 7-18　内存页帧状态的变化

要说明的是，图中所谓"使 PTE 有效"，含义是从该元素回溯，找到进程页表中相关的页表项，将它的标志位 V 设置成 1，表明有效。这样，原来在页帧里的页面内容，就可以重新加以利用了。

7.3　Windows XP 的设备管理

7.3.1　Windows XP 设备管理综述

1. Windows XP 的 I/O 系统结构

Windows XP 的 I/O 系统是 Windows XP 执行体的组件，它接受来自用户态和核心态的 I/O 请求，然后以不同的形式把它们传送到 I/O 设备。具体来说，它负责创建代表 I/O 请求的 I/O 请求包（IRP），把包定位给不同的设备驱动程序，在完成 I/O 操作时，向调用者返回结果。图 7-19 给出了有关组件的示意，它们由 I/O 系统服务、I/O 管理程序及各种驱动程序（文件系统的和设备的）等组成。具体包括以下 4 方面。

（1）用户态下的用户和系统应用程序，通过应用程序的编程接口（API），进入执行体。

（2）"I/O 系统服务"组件是处于核心态下的系统调用的集合，它们把用户对 I/O 的请求传递给 I/O 管理程序，使之能够最终完成下层的 I/O 处理。

（3）"I/O 管理程序"组件的作用是把应用程序和系统组件连接到各种虚拟的、逻辑的和物理的设备上。它并不真正去实施对 I/O 请求的处理，而是把用户态的读写转化为代表 I/O 操作的 I/O 请求包（IRP），并把 IRP 传送给相应的驱动程序（文件系统的或设备的）。在 I/O 操作完成后，清除这个 IRP。

（4）"驱动程序"组件为各种类型的设备提供一个 I/O 接口，它从 I/O 管理器接受 IRP，执行指定的操作。在完成操作后，负责把 IRP 传回 I/O 管理程序，或者通过 I/O 管理程序，再把 IRP 传送到另一个驱动程序，以求得到更进一步的 I/O 处理。

2. I/O 请求包

I/O 请求包（IRP）是 Windows XP 的 I/O 系统用来存储处理 I/O 请求所需信息的地方。当线程程序中出现一个有关的系统调用时，I/O 管理程序就为这个请求构造一个 IRP，代表在整个 I/O 进展过程中系统要做的各种操作。

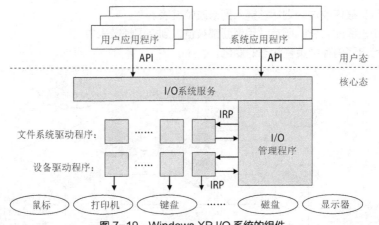

图 7-19 Windows XP I/O 系统的组件

　　IRP 由两个部分组成：固定部分（称作标题）和一个 I/O 堆栈，如图 7-20 所示。固定部分存放着诸如 I/O 请求的类型（读或写等）和大小（读/写数据的个数）属于同步请求还是异步请求、指向输入/输出缓冲区的指针，以及随着请求处理过程的进展而变化的状态等信息。I/O 堆栈由多个堆栈存储单元组成，所含单元数是不定的，且与处理这一请求所涉及的驱动程序数目有关，每一个单元里存放着一个处理该 IRP 时要涉及的驱动程序。在 I/O 管理器构造好 IRP 后，就把它排到提出请求 I/O 的线程相关联的队列中，形成 IRP 队列。

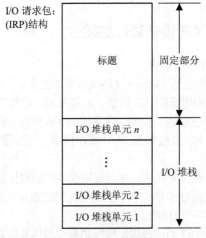

图 7-20 IRP 的结构

　　整个 I/O 处理过程都是通过"包"来进行驱动的：IRP 从一个组件移动到另一个组件，并激活该组件的工作，最终完成所需要的 I/O 操作。因此，IRP 是在每个阶段控制 I/O 操作的关键数据结构。

3. Windows XP 主要的设备驱动程序

　　Windows XP 支持多种类型的驱动程序，比如有接受访问文件 I/O 请求的文件系统驱动程序（主要指大容量的磁盘、磁带、网络设备）；有各种设备（打印机、显示器、键盘、鼠标等）的驱动程序；也有与即插即用（Plug and Play，PnP）管理器、电源管理器有关的设备驱动程序等。但它们都包含一组处理 I/O 请求时用于不同阶段的程序。下面对其中的 5 种主要设备驱动程序做简要介绍。

　　（1）添加设备程序。用于支持即插即用（PnP）管理器的操作，提供识别并适应计算机系统硬件配置变化的能力。为了应用 PnP 技术，首先设备及其驱动程序都必须支持 PnP 标准。在系统运行时，PnP 管理器自动识别安装的设备，检查设备的变化。它会跟踪设备所使用的资源和可能要使用的资源。

比如，PnP 管理器将按照如下方式，处理系统中发生的设备动态配置情况。首先，它从总线驱动程序那里获得设备链表，对设备的驱动程序发送一个 add-device 请求。PnP 管理器计算出最佳的资源分配方案，向设备驱动程序发送一个 start-device 请求，并为设备分配资源。如果一个设备需要重新配置，那么 PnP 管理器会发送一个 query-stop 请求，用于请求驱动程序暂停设备。如果驱动程序可以暂停设备，那么就去完成还未做的操作，阻止新操作的执行。接着，PnP 管理器发送一个 stop 请求，用另一个 start-device 请求来重新配置设备。

（2）一组功能调用程序。实现驱动程序提供的主要功能，比如打开、关闭、读取、写入等。在 I/O 管理器根据 I/O 请求生成一个 IRP 后，就是通过这些功能调用程序来执行具体的 I/O 操作的。

（3）启动 I/O 程序。驱动程序通过自己的启动 I/O 程序，来实现系统与设备之间的数据传输工作。

（4）中断服务程序（ISR）。在设备发出中断时，经过内核中断调度程序的识别，会把控制转给相应的中断服务程序。在 Windows XP 中，为了提高系统的并行工作能力，防止因中断服务程序占用较长的处理器时间，引起不必要的阻塞，对中断服务程序的设计做了如下的安排：把中断服务程序所要完成的功能一分二，一部分执行尽可能少的关键性操作，仍然称其为中断服务程序（ISR），并让它运行在高中断请求级上；让余下的中断处理部分运行在低中断请求级上，称为延迟过程调用程序（DPC）。

（5）延迟过程调用程序（DPC）：这是 ISR 功能的延续，完成大部分中断处理的善后工作。比如完成对 I/O 的初始化，启动排在设备 I/O 等待队列里的下一个 I/O 操作等。因此，延迟过程调用程序（DPC）运行在低中断请求级上。

7.3.2 Windows XP 的 I/O 处理

在 Windows XP 中，一个 I/O 请求会经过若干处理阶段。根据请求是针对单层驱动程序的设备，还是针对要经过多层驱动程序才能到达的设备，I/O 请求所经过的处理阶段是有所不同的。另外，在 Windows XP 中，所发出的 I/O 请求，还可以指定是同步 I/O 还是异步 I/O，同步和异步的处理也是不一样的。

1. 驱动程序的分层

Windows XP 对不同的设备，采用不同的驱动程序分层结构。对于简单的面向字符的设备（如鼠标、显示器、键盘、打印机），大都使用单层设备驱动程序结构来完成用户的 I/O 请求，即 I/O 管理程序直接把 I/O 请求发送给有关的设备系统驱动程序进行处理，如图 7-21（a）所示。

然而，大容量的设备（比如磁盘、磁带等）总是使用多层驱动程序结构，如图 7-21（b）所示。I/O 请求先是由 I/O 管理程序发送给文件系统驱动程序。经过这一层处理后，才由 I/O 管理程序发送给设备驱动程序，由它最后完成 I/O 请求。

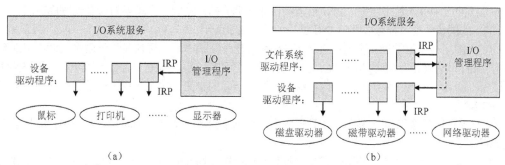

图 7-21 Windows XP 的 I/O 驱动程序分层结构

在有些环境下，还可以在文件系统驱动程序和设备驱动程序之间，添加一层新的驱动程序。Windows XP 采用这种一层叠在一层之上的分层结构，便于驱动程序设计的模块化，也有利于系统功能的扩充。

2. 同步 I/O 操作和异步 I/O 操作

通常，人们熟悉的 I/O 操作都是同步的。所谓"同步 I/O 操作"，即是指用户线程发出一个 I/O 请求后，将该请求交给 I/O 系统去处理，自己则处于等待服务完成的状态。I/O 管理器接受请求后，通过调用相应的设备驱动程序完成数据处理，并将结果传输给等待线程。于是，线程又可以投入运行了。在采用同步 I/O 操作方式时，I/O 操作完成在先，控制返回线程在后。因此，整个同步 I/O 操作的处理过程，如图 7-22（a）所示。其中的虚线表示越过中断处理程序。

鉴于现代处理器运行速度惊人的快，并且极大地快于 I/O 设备。因此，如果总是让发出 I/O 请求的线程程序等待设备处理完数据后，才往下执行，就有可能造成处理机时间的浪费。从这一点出发，Windows XP 的 I/O 系统也提供了异步处理 I/O 的能力，并成为它的一个特点。

所谓"异步 I/O 操作"，即是指在用户线程发出一个 I/O 请求，并把该请求交给 I/O 系统去处理的时候，发出请求的线程并不是处于等待处理完成的状态，而是在设备传输数据的同时，继续自己的其他工作。等到系统将该 I/O 处理完毕，再把结果传递给相应的线程。

比如，线程程序请求从磁盘文件上读入数据。就在磁盘驱动程序将文件上的数据读入到内存缓冲区的时候，线程程序可以利用这个时间在显示屏上画一个图形，这就是一个异步 I/O 操作。整个异步 I/O 操作的处理过程如图 7-22（b）所示。

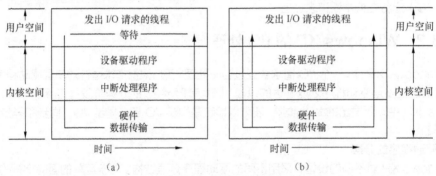

图 7-22　两种 I/O 方式

当然，在线程发出异步 I/O 请求后，绝对不能去访问任何来自该 I/O 操作的数据，直到设备驱动程序完成所要求的数据传输为止。

3. 单层驱动程序 I/O 请求的实现

为了理解 Windows XP 对单层驱动程序 I/O 请求的实现，假定用户线程以同步的方式，向打印机的写缓冲区中存入若干字符，打印机连接在计算机的并行端口，由单层打印驱动程序控制。这个 I/O 请求的同步处理过程可以划分成 6 步，如图 7-23 所示。

（1）图 7-23 第①步，表示在接受用户线程发出 I/O 请求后，环境子系统就会去调用 I/O 系统服务中的 NtWriteFile（file_handle, char_buffer）程序。其中，file_handle 表示 I/O 最终要使用的设备，char_buffer 表示从这个内存缓冲区取出所写的字符。这时，提出请求的用户线程将等待 I/O 的结束。

（2）图 7-23 第②步，表示 I/O 管理器为这个请求创建一个 IRP，并将它发送给打印机的设备驱动程序。

（3）图 7-23 第③步，表示打印机设备驱动程序在接到 IRP 后，一方面接收有关的 I/O 参数，另一方面就启动打印机，开始执行 I/O 操作。

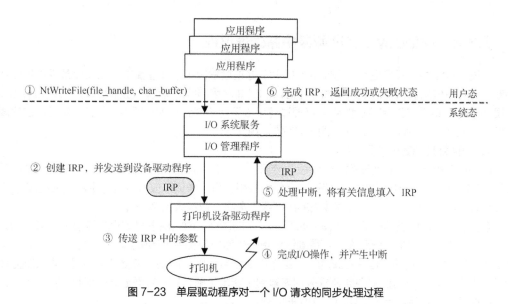

图 7-23　单层驱动程序对一个 I/O 请求的同步处理过程

（4）图 7-23 中第④步，表示 I/O 操作完成，打印机发出中断请求。

（5）图 7-23 中第⑤步，表示打印机设备驱动程序进行中断处理，在将有关的结果存入 IRP 后，把 IRP 发送给 I/O 管理程序。

（6）图 7-23 中第⑥步，表示最终 I/O 系统服务完成这次请求，把执行结果和状态返回给用户，撤销相应的 IRP。至此，处于等待的线程又可以参与处理器调度了。

如果采用的是异步 I/O 操作，那么这个处理过程如图 7-24 所示。即在打印机设备驱动程序接收到 IRP 后，不是直接对它进行处理，而是将接收到的 IRP 排入设备请求队列。之后立即将"I/O 未完成"的状态信息逐层返回，直到应用程序为止。这样，设备开始一个个处理请求队列里的 IRP，而应用程序则可以按照自己的异步安排，继续去做其他工作，两者并行执行。

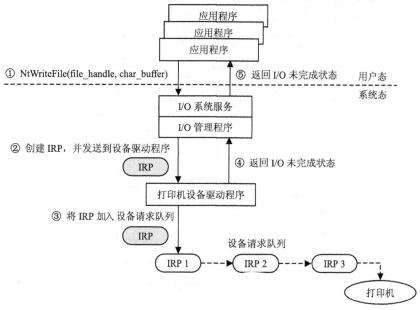

图 7-24　单层驱动程序对一个 I/O 请求的异步处理过程

7.3.3　Windows XP 两级中断处理过程

在图 7-24 中，只是提及在打印机完成 I/O 处理后发出中断处理请求，以及设备驱动程序处理中断，将有关信息填入 IRP 的粗略情况（图 7-24 的④和⑤）。其实，由前面知道，Windows XP 的设备驱动程序把 I/O 完成后的中断处理过程分成了两个部分：中断服务（ISR）和延迟过程调用（DPC）。因此，本小节就来讲述这两个方面的问题。

1. 中断处理的第一阶段 ISR

图 7-25 给出了中断处理的第一阶段的示意。Windows XP 在系统中维持着一张 "中断分配表"，该表以中断源的中断请求级（IRQL）作为索引，每个表项存放着相应的中断服务程序（ISR）入口地址（图 7-25 中，表示电源故障的中断级别最高，依次级别降低）。

在打印机发出中断信号请求处理（如图 7-25 的①处）时，由于打印机是连接在计算机的并行端口上，所以通过查中断分配表，可得到该设备的中断服务程序（ISR）入口地址（如图 7-25 的②处）。由前面所述的驱动程序组成可知，这个中断服务程序应该在设备驱动程序里。中断服务程序（ISR）执行完毕，一方面把中断请求级别恢复到中断发生前，另一方面把一个 DPC 排入 DPC 队列，以在适当时机得到运行（如图 7-25 的③处）。

2. 中断处理的第二阶段 DPC

图 7-26 给出了中断处理的第二阶段示意，它实际上是图 7-25 的继续。

从中断分配表可以看出，"调度/DPC"的中断请求级低于 ISR。当系统降低中断请求级并低于 "调度/DPC"时，如果这时 DPC 队列不空，于是执行排在前面的 DPC，产生一个软件中断，请求系统服务（如图 7-26 中的④处）。通过查中断分配表，得到相应设备的 DPC 程序入口地址（如图 7-26 中的⑤处）。执行了 DPC 程序，表明整个中断处理结束。于是，启动排在打印机设备请求队列里的下一个 I/O 请求（如图 7-26 中的⑥处）。至此，DPC 将控制转到 I/O 管理程序，把 I/O 操作的处理结果发送给用户，同时清除相关的 IRP。

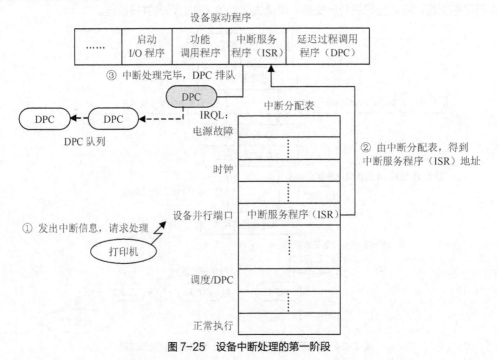

图 7-25　设备中断处理的第一阶段

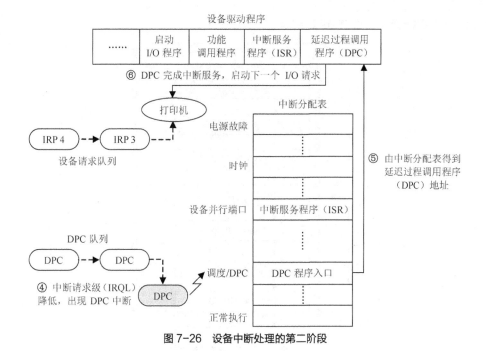

图 7-26　设备中断处理的第二阶段

7.4　Windows XP 的文件管理

7.4.1　Windows XP 文件系统综述

追溯历史，MS-DOS 操作系统采用的是文件分配表（File Allocation Table，FAT）文件系统。由 16 位的 FAT 文件系统（常记为 FAT16）前进到 FAT32，克服了前者的很多缺点，如可以支持 4GB 的大硬盘分区了，可以提供较好的访问保护了，等等。但是计算机应用在日新月异地发展，从现代计算机对文件系统提出的要求来看，FAT 文件系统具有的功能和性能，还是显得不堪重负。于是出现了一种全新的 NTFS（New Technology File System 的缩写）文件系统，它具有更好的容错性和安全性，更能够有效地支持客户/服务器应用。

Windows XP 既支持 FAT 文件系统，也支持 NTFS 文件系统。这里，将主要介绍 NTFS 文件系统。

1. Windows XP 的文件系统模型

从图 7-3 可以看出，Windows XP 的文件系统属于核心态，由 I/O 管理器负责处理所有设备的 I/O 操作。用户应用程序中的 I/O 请求，先要经过文件系统驱动程序，才能与设备驱动程序发生关系，完成所需要的输入/输出操作。图 7-27 给出了 Windows XP 文件系统的组成和结构模型。

（1）设备驱动程序：它位于 I/O 管理器的最低层，通过 HAL 完成对设备的 I/O 操作。

（2）中间驱动程序：它与设备驱动程序一起，为输入/输出提供更强的处理功能。比如，当发现 I/O 失败时，设备驱动程序只简单地返回出错信息，中间驱动程序可以在收到出错信息后，向设备驱动程序发出再次 I/O 的请求。

（3）文件系统驱动程序（FSD）：它的作用是扩展低层设备驱动程序的功能，实现从用户那里接收特定的文件系统（如 NTFS）的操作请求，并最终把 I/O 完成的结果返还给用户。这是与文件管理最为密切相关的部分，工作在核心态。

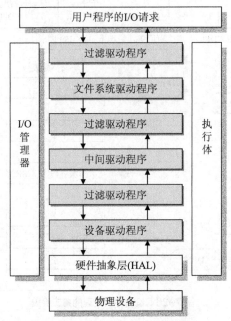

图 7-27　Windows XP 文件系统模型

（4）过滤驱动程序：它可以位于设备驱动程序与中间驱动程序之间，也可位于中间驱动程序与文件系统驱动程序之间，还可位于文件系统驱动程序与 I/O 管理器 API 之间。它用来检查和重定向 I/O 的完成。比如，一个网络重定向过滤驱动程序，可以截取对远程文件的操作，使其重定向到远程文件服务器上。

2. 磁盘的扇区、簇、卷

（1）扇区。扇区（sector）是磁盘中最小的物理存储单元，一个扇区中存储的数据量的字节数，总是 2 的幂，通常为 512 字节。

（2）簇。如果直接把磁盘上的扇区作为磁盘管理和读/写的单位，那将会大大加重系统 I/O 的负担，降低其工作效率。因此，NTFS 文件系统不与磁盘的单个扇区打交道，而是以"簇"为单位来划分和管理文件系统的磁盘存储空间的。

所谓"簇（cluster）"，是指同一磁道上若干个连续物理扇区的集合。簇的大小总是物理扇区的整数倍，而且通常是 2 的幂。比如，一簇含 1 个、2 个、4 个、8 个扇区等，这时相应簇的尺寸就是 512B、1KB、2KB 或是 4KB。一般地，小磁盘（存储量<= 512MB）默认簇的大小是 512 B；对于 1GB 的磁盘，默认簇的大小是 1KB；1GB～2GB 中间的磁盘，默认簇的大小是 2KB；大于 2GB 的磁盘，默认簇的大小是 4KB。

（3）磁盘卷。磁盘是一种可以随机存取的存储设备，这样的特性非常适合文件系统的实现。因此，磁盘是当今最常被用来实现文件系统的外部存储介质。

所谓"卷（volume）"，是指磁盘的逻辑分区，它可以是一个磁盘的一部分，也可以是整个磁盘，甚至可以横跨几个磁盘，每个卷可以有自己独立的文件系统。如图 7-28 所示，由于磁盘容量很大，它被分成了多个卷，其中逻辑盘（分区）C 和 D 使用的是 FAT 文件系统，逻辑盘 E 使用的是 NTFS 文件系统。

卷是磁盘的基本组成部分，是能够被格式化和单独使用的逻辑单元。把磁盘划分为若干个分区，主要的目的有三个：第一，便于磁盘初始化，以便格式化后存储数据；第二，通过分区，可以将不同的操作系统分隔开，以保证多个操作系统在同一个磁盘上能够正常运行；第三，便于更好地对磁盘进行管理，使磁盘空间得到充分利用。

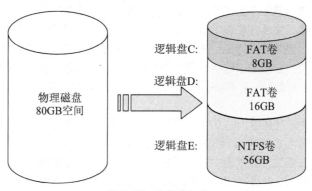

图 7-28　逻辑盘与卷

卷上簇的大小，是在对磁盘卷格式化时由格式化程序确定的。一经划定，簇就成为操作系统对磁盘存储空间进行分配和回收的基本单位了。文件系统直接通过簇来管理和使用磁盘空间，无须知道磁盘扇区到底有多大尺寸。表 7-4 给出了 NTFS 文件系统默认的簇大小。

表 7-4　NTFS 的簇大小

卷尺寸	每簇的扇区数	簇大小
≤512MB	1	512B
512MB～1GB	2	1KB
1GB～2GB	4	2KB
2GB～4GB	8	4KB
4GB～8GB	16	8KB
8GB～16GB	32	16KB
16GB～32GB	64	32KB
>32GB	128	64KB

3．传统的 FAT 文件系统

FAT 是一种传统的文件系统，它借助所谓的"文件分配表"来管理磁盘存储空间，创建和使用文件。由 FAT 管理的磁盘卷，通常被分为 5 个区域：引导区、文件分配表 1（FAT1）、文件分配表 2（FAT2）、根目录录、以及数据存储区。整个结构如图 7-29 所示。

（1）引导区：该区里存放的是引导程序，以及有关该卷的总信息（如扇区数、每个扇区的大小、文件分配表的大小、簇的尺寸等）。

图 7-29　FAT 卷的结构

当硬件电源打开时，Windows XP 的 PC 就开始启动，最先执行 ROM 里极短的 BIOS 程序。任务是从磁盘的引导区装入启动引导程序，并执行之。启动引导程序从引导区里得知文件系统格式的有关信息，知道操作系统在什么地方……如此一个接一个地执行，从而达到启动整个计算机系统的目的。

211

（2）文件分配表1和文件分配表2：文件分配表被用来记录普通文件和目录文件在该磁盘卷的数据存储区里占用的存储空间。由于它的重要性，每个磁盘卷上都安排有两个文件分配表，其内容完全相同。一个只是作为另一个的备份，以便必要时能够起到恢复的作用。

磁盘卷上有多少簇，文件分配表里就有多少个表项。文件系统利用文件分配表的表项，记录着其对应簇的使用情况。最为关键的是，在文件分配表里记录着一个文件使用了数据存储区里的哪些簇，并形成该文件的文件分配链。这样，在文件的目录中只要存放分配给它的第一个簇的簇号，通过文件分配表中的文件分配链，就能够得到它在数据存储区中占用的所有簇的簇号。图7-30给出了文件分配链的示意。

比如在图7-30中，左边给出的文件A的目录里，记录着分配给它的首簇号为6。用6去查文件分配表中对应于簇号为6的表项。那里面存放的是8，意味分配给文件A的下一个簇的簇号为8。以此类推，最后用2去查文件分配表中对应于簇号为2的表项。那里面存放的是NULL，意味文件A的文件分配链到此结束。在图7-30右边，给出了文件A的文件分配链中所有的簇（里面是它的簇号），以及这些簇的排列顺序。

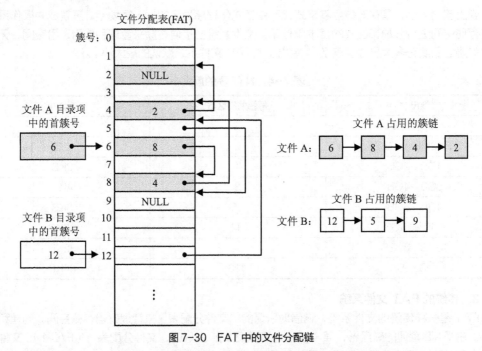

图7-30　FAT中的文件分配链

（3）根目录区：用于存放该卷根目录下各子目录或文件相应的目录项内容。

（4）数据存储区：是具体存放文件以及子目录内容的区域，它占据了整个卷的绝大部分存储空间。

不同的FAT文件系统，用来表示簇号的二进制位数是不一样的。早先，用12个二进制位表示簇号的FAT文件系统，被命名为FAT12。由此可以引申：该磁盘卷最多只能有 2^{12}（= 4 096）个簇。

除FAT12外，还有FAT16文件系统。FAT32是新定义的基于FAT模式的文件系统。由于将文件分配表所管理的簇的簇号标识，从16位扩充到了32位，所以称其为FAT32文件系统。FAT32解决了FAT16在文件系统容量上存在的问题，可以支持4GB的大硬盘分区。但是由于FAT表的大幅度扩充，会使文件系统的工作效率下降。

7.4.2　Windows XP 的 NTFS 文件系统

1. NTFS 卷的布局

NTFS 与 FAT 文件系统一样，也是以簇作为磁盘空间分配和回收的基本单位。一个文件总是占用存储空间里的整数个簇。NTFS 文件系统，按照簇的尺寸来划分文件的虚拟空间，这样形成的顺序号，称为虚拟簇号（VCN）；把整个卷中所有的簇从头到尾进行顺序编号，称为逻辑簇号（LCN），如图 7-31 所示。

在图 7-31 中，文件 A 被划分成需要 7 个簇的磁盘存储空间（第 7 簇只占用多半）。NTFS 把虚拟第 0 簇分配存放在逻辑第 11 簇里，把虚拟第 1 簇分配存放在逻辑第 15 簇里，依此类推。这种分配，完全反映在图 7-31 中间所示的 VCN 和 LCN 的对应关系上。只要建立起了一个文件 VCN 和 LCN 的对应关系（犹如分页存储管理中的页表），那么即便是把文件存储于磁盘上的不连续簇里，只要用 LCN 乘以簇的尺寸，就立即可以得到该簇在卷上的物理位移量，进而得到簇的物理磁盘地址。

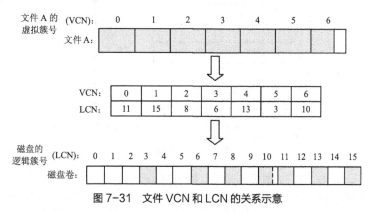

图 7-31　文件 VCN 和 LCN 的关系示意

图 7-32 给出了一个 NTFS 卷的布局，它由 4 个区域组成：分区引导扇区、主文件表、系统文件区、文件存储区。

（1）分区引导扇区。NTFS 文件系统中的任何一个磁盘卷，开始的一些扇区为分区引导扇区（虽然称其为扇区，但它却可能需要 16 个物理扇区那么长），在它的里面包含卷的布局信息，文件系统的结构，以及有关的引导启动信息和代码。

（2）主文件表。主文件表（MFT）是 NTFS 卷结构的核心，是 NTFS 最重要的系统数据，它包含了该卷中所有文件和文件夹（目录）的信息，以及有关可用而未分配空间的信息。本章主要介绍 NTFS 文件系统，因此有关主文件表等内容，将在 7.4.3 小节中介绍。

图 7-32　NTFS 卷的布局

（3）系统文件区。这是存放重要文件的地方，主要有以下内容。

● MFT2：这是关于 MFT 的镜像，用来保证失败时仍可访问 MFT。

● 日志文件：记录系统运行中所做事务处理的诸步骤列表，以便系统崩溃后，可以通过日志记录把文件系统的数据结构加以恢复。

● 簇的位图：反映出哪一簇正在被使用的情况。

● 属性定义表：定义该卷所支持的属性类型，指明它们是否可被索引，以及在系统恢复操作中它们是否可被恢复。

（4）文件存储区。这是存放一般文件（如用户文件）的地方。

2. Windows XP 的两种文件系统驱动程序

由于 Windows XP 是一个网络操作系统，因此它的文件系统驱动程序（FSD）可分为本地 FSD 和远程 FSD 两种。前者允许用户访问自己计算机（本地）上的文件和数据，后者允许用户通过网络访问远程计算机上的文件和数据。

（1）本地 FSD。本地 FSD 的结构如图 7-33 所示。NTFS 型的文件系统，其卷的第一个扇区是启动扇区，由它来确认卷上文件系统的类型，确定该文件系统主文件表（MFT）所在的位置，并对卷实施各种一致性检查。因此，当用户应用程序访问某个卷时，通过 I/O 管理器调用本地的 FSD，来完成对卷的识别。随后，FSD 通过设备驱动程序，将用户对卷的 I/O 请求转交给物理设备，并具体完成。

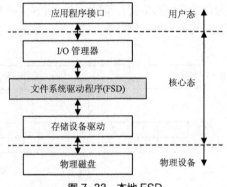

图 7-33　本地 FSD

（2）远程 FSD。远程 FSD 由两部分组成：客户端的 FSD 与服务器端的 FSD，如图 7-34 所示。客户端的 FSD 在接收到来自应用程序的 I/O 请求后，将其转换为互联网文件系统（CIFS）的协议命令，通过核心内的远程 FSD（重定向器），完成与服务器端的远程 FSD（服务器）间的通信。服务器端 FSD 的监听网络命令在接到互联网文件系统协议命令后，就把它转交给服务器端的本地 FSD 处理，从而实现用户对远程计算机上数据的访问。

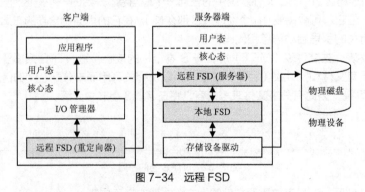

图 7-34　远程 FSD

7.4.3　NTFS 的主文件表

1. MFT

图 7-32 给出了 NTFS 磁盘卷的大致结构。主文件表（MFT）是 NTFS 的核心数据所在，它包含了卷中存储的所有文件的信息，是 NTFS 卷的管理控制中心。

MFT 是一个数组，是一个以数组元素为记录构成的文件。MFT 中每个元素的长度是一定的，都是 1KB。在 NTFS 文件系统中创建一个文件时，就会在 MFT 存储区里开辟一个 1KB 大小的元素，用于记录该文件的有关信息。也就是说，只要是存于 NTFS 卷上的文件，在 MFT 里都会有一个元素与之对应。由于 MFT 本身也是一个文件，因此在 MFT 中也有一个元素与 MFT 这个文件相对应。

MFT 数组开头的 16 个元素，是专门预留用来记录 NTFS 的 16 个特殊文件的，它们被统称为"元数据文件"。在这 16 个元数据文件的后面，才是普通文件和目录文件。16 个元数据文件的名字都以"$"开始，表 7-5 列出了它们的文件名及其含义。

下面简要地对 MFT 元数据文件做一个介绍。

（1）MFT 中的第 1、2 个元素是有关 MFT 自己的记录。由于 MFT 的重要性，系统专门为 MFT 准备了一个备份，那就是第 2 个元素（$MftMirr），它是 MFT 前 16 项的一个副本。

（2）MFT 的第 3 个元素是关于日志文件的（$LogFile）。在系统运行时，NTFS 会随时在日志文件中记录影响 NTFS 卷结构的操作，以便系统一旦陷于失败时，NTFS 卷能够得以恢复。关于日志文件的作用，后面会有进一步的讲述。

（3）MFT 的第 4 个元素是关于卷文件的（$Volume）。在它的里面包含有卷名、NTFS 的版本等信息。

（4）MFT 的第 5 个元素是关于属性定义文件的（$AttrDef）。其中列出了该卷能够支持的文件属性。关于文件属性，下面将会涉及。

（5）MFT 的第 6 个元素是关于根目录的（$\）。其中保存了该卷根目录下所有文件和子目录的索引。

（6）MFT 的第 7 个元素是关于位图的（$Bitmap）。位图里的每一位记录着卷中一簇的使用情况，表明该簇是空闲还是已分配。

（7）MFT 的第 8 个元素是关于引导文件的（$Boot）。其内容为系统的引导程序代码。

（8）MFT 的第 9 个元素是关于坏簇文件的（$BadClus）。该文件记录了卷中所有已损坏的簇号，防止对其分配使用。

表 7-5　MFT 的元数据文件元素

元素号	文件名	含义
0	$Mft	MFT 本身
1	$MftMirr	MFT 前 16 项的副本
2	$Logfile	日志文件
3	$Volume	卷文件
4	$AttrDef	属性定义文件
5	$\	根目录
6	$Bitmap	位图文件
7	$Boot	引导文件
8	$BadClus	坏簇文件
9	$Secure	安全文件
10	$UpCase	大写文件
11	$Extended metadata directory	扩展元数据目录
12～15		预留未用
>15		其他用户文件和目录

（9）MFT 的第 10 个元素是关于安全文件的（$Secure）。

（10）MFT 的第 11 个元素是关于大写文件的（$UpCase）。在该文件里，包含一个大小写字符转换表。

（11）MFT 的第 12 个元素是关于扩展元数据目录的（$Extended metadata directory）。

（12）MFT 的第 13~16 个元素是预留的，目前没有使用。

2. MFT 的元素结构

MFT 中的每个元素，是由一系列的（属性，属性值）对组成。在 MFT 的第 5 个元素$AttrDef 里面，列出了该卷能够支持的所有文件属性。表 7-6 列出的是 NTFS 卷上最常用的属性名及其含义。并不是所有的属性都会出现在每个 MFT 元素中，有的属性是每个 MFT 元素所必须包含的，比如"标准信息（$STANDARD_INFORMATION）""文件名（$FILE_NAME）"等；有的属性则是可选的。

表 7-6　NTFS 文件和目录属性类型

属性类型	说明
标准信息	包括访问属性（只读、读/写等）、文件创建时间或最后一次被修改的时间、有多少目录指向该文件（链接数）
属性表	组成文件的属性列表，以及放置每个属性的 MFT 文件记录的文件引用。当所有属性都不适合一个 MFT 文件记录时使用
文件名	一个文件或目录必须有一个或多个名字
安全描述符	确定谁拥有这个文件，谁可以访问它
文件数据	文件的内容。一个文件有一个默认的无名数据属性，并且可以有一个或多个命名的数据属性
索引根	用于实现文件夹
索引分配	用于实现文件夹
卷信息	包括与卷相关的信息，诸如版本信息和卷的名字
位图	提供在 MFT 或文件夹中正在使用的记录的映像

当属性值能够直接存放在 MFT 的元素里时，称其为"常驻属性"。比如，前面提及的标准信息、文件名等，都属于是 MFT 元素的常驻属性。由于常驻属性的属性值就在 MFT 元素内，所以 NTFS 只需访问磁盘一次，就可以立即获得该属性的取值。

大文件或大目录中包含的属性，显然有时用一个 MFT 元素放不下。如果一个属性（比如文件数据属性）太大，不能存放在只有 1KB 的 MFT 元素中。那么，NTFS 就会在 MFT 之外（即在图 7-32 里所标示的"文件存储区"里）给它们分配存储区域。这样的存储区域，称为一个"扩展（extent）"。若后来该属性值又增加了，NTFS 就会再分配给它一个扩展使用。属性值存储在扩展中而不是在 MFT 元素中的属性，被称为"非常驻属性"。图 7-35（a）给出了 MFT 上对应于一个小文件的元素样式，图 7-35（b）给出了 MFT 上对应于一个小目录的元素样式。

图 7-35　小文件、小目录的 MFT 元素样式

7.4.4　NTFS 的文件和目录结构

1. NTFS 文件的结构

在 NTFS 文件系统中，文件的物理结构是采用索引式的。具体地说，如果一个文件很小，文件的内容就直接存放在相应的 MFT 元素中。但如果文件很大，在 1KB 的 MFT 元素里存放不下，就在 MFT 中形成一张索引表，记录分配给该文件的磁盘簇（也就是前面提及的"扩展"）。

前面已经说过，NTFS 文件系统按照簇的尺寸为文件的虚拟空间顺序编号，称为"虚拟簇号"（VCN）；把整个卷中所有的簇从头到尾顺序编号，称为"逻辑簇号"（LCN）。当文件很大时，MFT 中的索引表就是用来反映 VCN 与 LCN 之间的对应关系的。

比如在图 7-36 中，某文件的尺寸为 11 簇，因此它们的虚拟簇号 VCN 是 0～10。如果在磁盘上分配给文件的逻辑簇号 LCN 分别是 1262～1265、1364～1365、1746～1750，那么在 MFT 里，索引表就有 3 个表项。

这样，当用户对某文件有 I/O 请求时，通过查找该文件 MFT 元素中的文件索引表，从中得到 VCN 号所对应的 LCN 号，并计算出真实的簇物理地址后，就可以启动设备完成具体的输入/输出任务了。

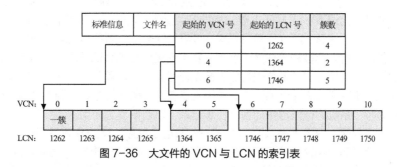

图 7-36　大文件的 VCN 与 LCN 的索引表

2. NTFS 目录的结构

在 NTFS 系统中，一个小目录的 MFT 元素将对所含的文件名及子目录名进行排序，然后保存在索引根（$\）属性中。

对于一个大的目录，其 MFT 元素没有足够的空间来存储大目录的文件名索引。这时，一部分索引仍在 MFT 的索引根属性中，另一部分则只有出现在扩展中。这种扩展被称为"索引缓冲区"。NTFS 把索引根和索引缓冲区维系在一起，形成一棵所谓的 B$^+$树。索引根属性中除了包含 B$^+$树当前的第一级文件名，还包含指向下一级索引缓冲区（里面是子目录及文件）的指针。

从《数据结构》课程可以知道，B$^+$树是一种动态式的平衡树。当插入或删除一个文件时，NTFS 将会按照文件名所在的位置，对这棵树的形状自动进行调整，以保持树的平衡性。正是因为这样，用 B$^+$树来组织磁盘上的文件，可以使查找一个文件时所需的磁盘访问次数减到最少，从而提高系统的工作效率。由于平衡树、B$^+$树等概念已经超出了操作系统的研究范围，在此就不深入讨论了。

7.4.5　NTFS 对可恢复性的支持

1. "可恢复性"的含义

在创建新文件时，会改变文件系统的目录结构。就文件系统而言，虽然文件和目录的数据最终都是存储在磁盘上，但为了加快访问的速度，在系统运行的过程中，它们的部分内容有可能会暂时保存在内存，等到适当时机再对磁盘进行刷新（或回写）。不难看出，内存中的这部分信息，比起磁盘中的就显得更加"新"一些。这样的处理过程，在通常情况下是不会有问题的。但是，如果计算机突然崩溃，问题就产生了：可能会引起数据的丢失或不一致。

又比如，打开文件 A 后，它的文件目录会被复制到内存，形成打开文件表。在运行过程中，文件 A 的内容若从原来的 4KB 增加到了 6KB，其具体长度暂时还只记录在打开文件表的相应目录项里。如果在文件没有关闭（因此打开文件表里相应目录项还没有回写）前，系统突然崩溃，打开文件表将不复存在，与文件 A 相关的目录修改内容也会丢失。这样，当崩溃后恢复系统时，就出现了"存储在磁盘里的文件实际长度是 6KB，磁盘目录里保存的文件长度数据却仍然还是 4KB"的情况。这种错误当然是不应该发生和存在的。

所谓文件系统"可恢复性"的含义是指：由于突然断电或软件故障等原因，系统崩溃后重新致力于恢复时，能够确保磁盘卷结构上记录的数据不丢失、不受到损坏、不会出现不一致。"基于事务的日志文件"技术，是 NTFS 来达到"可恢复性"的手段之一。

Windows XP 的基于事务的日志文件技术，即是把改变文件系统的操作当作一个事务来处理。它在磁盘上维护一个日志文件，对改变文件系统数据结构的事务中的每一个子操作，在没有记录到磁盘卷之前，都先记录在日志文件里。这种"先记日志后操作"的原则，保证了在相应日志记录没有写到磁盘之前，不会对数据项实施真正意义上的更新。

2. NTFS 的日志文件及日志文件服务程序

前面已经提及，MFT 的第 3 个元素是所谓的"日志文件（$LogFile）"。在系统运行时，NTFS 会随时在日志文件中记录下影响 NTFS 卷结构的各种操作，以便万一系统陷于崩溃时，NTFS 卷能够得到尽可能的恢复（注意，所恢复的只是文件系统卷的数据，而不是恢复用户的数据）。图 7-37 给出了日志文件的结构，它被划分成两个区域：重启动区域和无限记录区域。重启动区域里存储重新启动时所需要的相关信息。在系统失败后进行恢复时，NTFS 就将从这个地方读取必要的信息。由于它的重要性，所以在日志文件的这个区域里安排有两个相同的副本：副本 1 和副本 2。无限记录区域用于随时存放系统运行过程中的各种日志记录，以备恢复时使用。

日志文件服务程序（LFS）是 NTFS 中的一组核心态程序，NTFS 正是通过 LFS 来管理和访问日志文件，来完成对日志文件的打开（open）、写入（write）、向前（prev）、向后（next）、更新（update）等操作的。比如在系统初启时，NTFS 通过 open 打开日志文件；当需要恢复时，NTFS 通过 prev 从无限记录区域读取日志记录，重做已在日志文件中记录的、系统失败时还没有来得及写到磁盘上的所有事务；NTFS 通过 next 从无限记录区域读取日志记录，撤销或是退回系统崩溃前没有完全记录在日志文件中的事务。

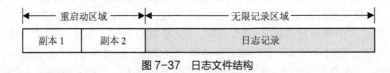

图 7-37　日志文件结构

LFS 通过 write，向无限记录区域里写入一个个事务记录。区域里的每个记录，都用一个逻辑序列号（LSN）加以标识。记录的逻辑序列号是循环使用的。因此，在无限记录区域中，似乎可以存放无限多个日志记录。

3. 日志文件中的记录类型

日志文件中可以存放多种类型的记录，最为主要的有："更新"记录、"检查点"记录、"事务表"记录，以及"脏页表"记录。它们在系统的恢复过程中起到重要的作用。

（1）更新记录。在 NTFS 里，任何一个关于文件的事务操作，在执行时都是被分成几个子操作来实现的。比如，发创建文件的命令，至少需要做如下 3 个子操作。

● 在 MFT 里申请到一个元素，并进行初始化。
● 将文件名添加到索引中。

- 设置位图中的有关位。

因此，LFS 是按照事务的子操作往无限记录区域里写入更新记录的。也就是说，如果发的是创建文件命令，就要往无限记录区域里登记 3 条更新记录（它们有自己的 LSN）。在一条更新记录里，通常要含两类信息：重做信息和撤销信息，如图 7-38 中，CJa、CJb 和 CJc 是对应于创建文件命令的 3 条更新记录，每条里都包含"重做"和"撤销"两种信息。

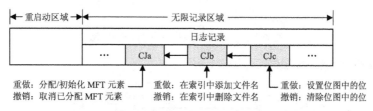

图 7-38　日志文件中的更新记录

所谓"重做信息"，指的是在恢复系统时，为了保证磁盘上记录的系统与恢复的系统保持一致，必须重新做一次的那种操作信息；所谓"撤销信息"，指的是在系统恢复时，只需将其撤销，而无须重新做的那种操作信息。至于恢复时是使用更新记录中的重做信息还是撤销信息，则要由系统发生崩溃的具体时间来定。

（2）检查点记录。除了在日志文件里安排更新记录外，NTFS 间隔一定的时间就往日志文件的无限记录区域里登记一条所谓的"检查点记录"，以便系统恢复时，能够借助它来确定日志文件中需要使用哪些更新记录中的重做信息或撤销信息。图 7-39 是日志文件中安插了检查点记录后的情况。

图 7-39　日志文件中的检查点记录

（3）事务表记录。"事务表"是系统运行时在内存中维持的一张表，用来跟踪已经启动但还没有提交的事务。NTFS 在往日志文件里登记检查点记录前，会通过调用 LFS 在日志文件里存储事务表的一个当前副本，成为事务表记录。由于事务表记录跟踪的是那些启动了但还没有提交的事务，因此在系统恢复时，必须根据它从磁盘删除这些事务的子操作。

（4）脏页表记录。"脏页表"也是系统运行时在内存中维持的一张表，用来跟踪已经提交了的事务。NTFS 在往日志文件中登记检查点记录前，会通过调用 LFS 在日志文件里存储脏页表的一个当前副本，成为脏页表记录。由于脏页表记录跟踪的是那些提交了的事务，因此在系统恢复时，必须根据它来刷新磁盘。

4. 可恢复性的实现

为了实现可恢复性，在重新启动时，NTFS 将对磁盘上的日志文件进行 3 次扫描：分析扫描、重做扫描、撤销扫描。

所谓"分析扫描"，即是在系统崩溃时的日志文件的两个检查点之间进行扫描，把居于其中的脏页表记录和事务表记录复制到内存，加以分析，确定进行重做扫描和撤销扫描的开始位置。

所谓"重做扫描"，即是根据分析扫描确定的重做位置，按照更新记录中的重做信息，完成对事务子操作的重做。

所谓"撤销扫描"，即是根据分析扫描确定的撤销位置，按照更新记录里的撤销信息，完成对事务子操作的撤销。图 7-40 给出了分析扫描的示意。

通过这样的 3 次扫描，NTFS 可以在系统崩溃或读盘失败后，使磁盘上记录的文件系统与恢复的文件系统保持一致。要强调的是，NTFS 使用的恢复过程，只是恢复文件系统的数据结构，而不是恢复用户文件的具体内容。也就是说，用户不会因为系统崩溃而丢失应用程序的卷或目录/文件结构，但不能保证用户的数据不丢失。

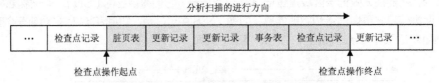

图 7-40　系统恢复过程中的分析扫描示意

支持可恢复性涉及的主要组件如图 7-41 所示。

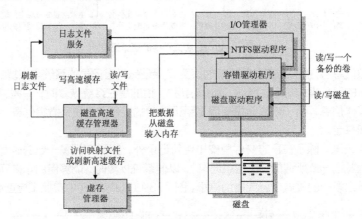

图 7-41　支持 NTFS 可恢复性的主要组件

（1）I/O 管理器：提供了应用程序访问 I/O 设备的框架，负责为进一步的处理分发合适的设备驱动程序。它实现了所有的 Windows I/O API，以及 NTFS 驱动程序、容错驱动程序、磁盘驱动程序等，用来处理 NTFS 中最基本的打开、关闭、读、写等功能。

（2）日志文件服务：维护一个关于磁盘写的日志。这个日志文件用于在系统失败时，恢复一个 NTFS 格式的卷。

（3）高速缓存管理器：在第 3 章介绍存储器的层次结构时，曾提及过高速缓冲存储器（cache memory）。那是指一个容量比内存小很多，存取速度却比内存快很多的存储器，位于内存和处理器之间。那种高速缓冲存储器借助局部性原理，达到提高内存平均存取时间的目的。Windows XP 的磁盘高速缓存，有别于高速缓冲存储器，它是内存中为磁盘扇区专门开辟的缓冲区，里面存放当前用到的磁盘扇区的副本。请求对一个扇区进行 I/O 时，Windows XP 先检测该扇区是否在高速缓存。如果存在，则该请求就可以通过这个高速缓存来满足；如果不存在，则先把被请求的扇区从磁盘读到磁盘的高速缓存中，再对高速缓存去做所需要的 I/O 请求。不难看出，设置高速缓存能够提高系统对磁盘 I/O 处理的能力。

（4）虚存管理器：把用户进程地址空间中的虚拟地址映射到内存中的物理页帧，以实现正确的 I/O 访问。

习题

一、填空

1. 一个操作系统的可扩展性，是指该系统_____的能力。

2. 在引入线程的操作系统中，线程是进程的一个实体，是_____中实施调度和处理机分派的基本单位。

3. 一个线程除了有所属进程的基本优先级外，还有运行时的_____优先级。

4. 在 Windows XP 中，具有 1～15 优先级的线程称为_____线程。它的优先级随着时间配额的用完，会被强制降低。

5. Windows XP 在创建一个进程时，在内存里分配给它一定数量的页帧，用于存放运行时所需要的页面。这些页面被称为是该进程的"_____"。

6. Windows XP 采用的是请求调页法和_____法相结合的取页策略，从而把页面装入内存的页帧里。

7. 分区是磁盘的基本组成部分，是一个能够_____的逻辑单元。

8. MFT 是一个数组，是一个以数组元素为_____构成的文件。

9. 只要是存于 NTFS 卷上的文件，在 MFT 里都会有一个_____与之对应。

10. 在 Windows XP 的设备管理中，整个 I/O 处理过程都是通过_____来驱动的。

二、选择

1. 在引入线程概念之后，一个进程至少要拥有_____个线程。
   A. 4   B. 3   C. 2   D. 1

2. 在 Windows XP 中，只有_____状态的线程才能被切换成运行状态，占用处理器执行。
   A. 备用   B. 就绪   C. 等待   D. 转换

3. Windows XP 是采用_____来实现对线程的调度管理的。
   A. 线程调度器就绪队列表
   B. 线程调度器就绪队列表、就绪位图
   C. 线程调度器就绪队列表、就绪位图、空闲位图
   D. 线程调度器就绪队列表、空闲位图

4. 在 Windows XP 里，一个线程的优先级，会在_____时被系统降低。
   A. 时配额用完   B. 请求 I/O   C. 等待消息   D. 线程切换

5. 在单处理器系统，当要在进程工作集里替换一页时，Windows XP 实施的是_____页面淘汰策略。
   A. FIFO（先进先出）   B. LRU（最近最久未用）
   C. LFU（最近最少用）   D. OPT（最优）

6. 在页帧数据库里，处于下面所列_____状态下的页帧才可以变为有效状态。
   A. 初始化   B. 备用   C. 空闲   D. 修改

7. 当属性值能够直接存放在 MFT 的元素里时，称其为_____。
   A. 非常驻属性   B. 常驻属性   C. 控制属性   D. 扩展属性

8. 在 NTFS 文件系统中，文件在磁盘上存储时的物理结构是采用_____的。
   A. 连续式   B. 链接式   C. 索引式   D. 组合式

9. 在 Windows XP 的设备管理中，I/O 请求包（IRP）是由_____建立的。
   A. 用户应用程序   B. 文件系统驱动程序
   C. 设备驱动程序   D. I/O 管理器

10. Windows XP 处理机调度的对象是_____。
    A. 进程   B. 线程   C. 程序   D. 进程和线程

三、问答

1. 用"客户—服务器"模型构造操作系统的含义是什么？

2. 何为操作系统的"微内核"设计模式？

3. 用微内核模式构造的操作系统，为什么具有可扩展性、可移植性及更好的安全性和可靠性？

4. 为什么说 Windows XP 的注册表在整个系统中起到核心作用？

5. 什么是对称多处理器系统（SMP）？

6. 何为"处理机饥饿"线程？为何要极大地提升它的优先级？

7. 何为"置页策略"？Windows XP 具体是怎么做的？

8. 为什么要把一个磁盘划分为若干个分区？

9. 什么是 NTFS 文件系统中的 VCN 和 LCN？

10. 在 NTFS 中是如何实现其可恢复性的？

11. Windows XP 为什么采用两级中断处理方式？

12. 高速缓冲存储器和 Windows XP 的磁盘高速缓存有什么区别？

四、计算

1. 若 FAT12 在 Windows XP 中，簇的尺寸被限制在 512B 与 8KB 之间。试问该 FAT 文件系统的卷的最大尺寸为多少？

2. FAT16 文件系统的簇号应该用多少个二进制位标识？如果一簇的尺寸最大为 16KB，那么这种卷的尺寸最大为多少？

第 8 章
实例分析：Linux操作系统

在计算机操作系统的发展过程中，UNIX 操作系统起到了极其重要的作用。但自从它成为商品以来，源代码受到了版权的保护。于是，昂贵的价格和庞大、复杂的规模，使普通用户对 UNIX 望而却步，难以接受和使用。

1991 年，一个名叫 Linus Torvalds 的芬兰学生，按照 UNIX 的设计思想，开发出了一个实用的 UNIX 内核，起名为 Linux。他将其放置在互联网上，完全免费地向人们提供该系统的内核源代码。由此宣告了 Linux 时代的到来。

因此，可以这么说：Linux 操作系统实质上是 UNIX 的变种，它继承了 UNIX 多任务、多用户等特性。Linux 完全开放的做法，吸引了无数爱好者勇敢地投身其中，在它上面尽情地施展着自己的才华。一时间使得 Linux 能够不断地得到修正和完善，越来越受到人们的青睐。

本章主要从 Linux 管理的角度出发，讲述以下 4 个方面的内容：

（1）Linux 进程的 3 种调度策略及消息队列；

（2）Linux 的多级页表地址转换机制；

（3）Linux 的文件系统 Ext2 和虚拟文件系统 VFS；

（4）Linux 对字符设备和块设备的管理。

8.1　Linux 的处理机管理

8.1.1　Linux 的进程

1. Linux 进程的两种运行模式

在 Linux 里，一个进程既可以运行用户程序，又可以运行操作系统程序。当进程运行用户程序时，称其为处于"用户模式"；当进程运行时出现了系统调用或中断事件，转而去执行操作系统内核的程序时，称其为处于"核心模式"。因此，进程在核心模式时，是在从事着资源管理及各种控制活动；进程在用户模式时，是在操作系统的管理和控制下做自己的工作。

与此相对应，为了确保运行正确，在 Linux 里处理机就具有两种运行状态：核心态和用户态。在核心态，CPU 执行操作系统的程序；在用户态，CPU 执行用户的程序。这两种运行状态，会在一定时机根据需要进行转换。

在 Linux 里，把进程定义为"程序运行的一个实例"。进程一方面竞争并占用系统资源（比如设备和内存），向系统提出各种服务请求；另一方面进程是基本的调度单位，任何时刻只有一个进程在 CPU 上运行。Linux 内核里没有针对线程的数据结构和特别的调度算法，Linux 系统只是把线程视为与其他进程共享某些资源的进程。

在 Linux 里，各个进程有确定的生命周期：如通过系统调用 fork 进行创建，通过系统调用 exec 运行一个新的程序，通过系统调用 exit 终止执行。

2. Linux 进程实体的组成

Linux 中，每个进程就是一项任务（task），一般具有以下 4 个部分。

（1）进程控制块（在 Linux 里，也称为进程描述符，下面统一采用"进程描述符"这个称谓）。

（2）进程专用的系统堆栈空间。

（3）供进程执行的程序段（在 Linux 里，称为"正文段"）。

（4）进程专用的数据段和用户堆栈空间。

每当产生一个新的进程，系统就会为其分配总量是 8KB 的空间（也就是两个连续的内存块），用于存放进程描述符和组成系统堆栈，如图 8-1 所示。在进程由于系统调用而进入 Linux 的内核时（这时 CPU 被切换成核心态），就会使用为其开辟的系统堆栈空间。

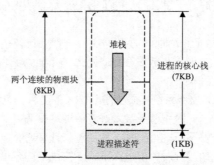

图 8-1　进程描述符和核心栈的存放空间

Linux 在内核存储区里开辟一个名为 task 的指针数组，它的长度为 NR_TASKS（即该数组有 NR_TASKS 个元素）。由于是指针数组，所以在数组元素里，存放的是已创建进程的进程描述符所在存储区的地址。也就是说，每一个数组元素都指向一个已创建进程的进程描述符。因此，通过这个数组，可以找到当前系统中所有进程的进程描述符。通常，NR_TASKS 被定义为 512，即 NR_TASKS 这个符号常量限定了 Linux 中可以并行工作的进程数量。这样的管理结构如图 8-2 所示。

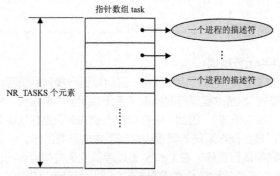

图 8-2　Linux 对进程描述符的管理

3. Linux 的进程控制块——进程描述符

在 Linux 中，进程描述符是一个结构类型的数据结构：task_struct。它虽然很大，但可以把所记录的进程信息分成若干个部分。下面列出几项主要内容。

（1）进程标识（pid）。Linux 中的每一个进程都有一个唯一的标识号，它是一个 32 位的无符号整数。

（2）进程状态（state）。Linux 中的每一个进程，可以处于 5 种不同的状态：可运行、可中断、不可中断、暂停及僵死（或称终止）。

（3）进程调度信息，包括调度策略（policy）、优先级别（priority 和 rt_priority）、时间片（counter）等。

（4）接收的信号（*sig）。

（5）进程家族关系。指明进程与它的父进程及子进程的连接关系。

（6）进程队列指针。为了便于管理，Linux 在每一个进程描述符中，都设置了 prev_task（向前指针）和 next_task（向后指针）两个指针字段，将处于同一状态的所有进程用一个双向链表连接在一起，形成一个进程队列。

（7）CPU 的现场保护区。

（8）与文件系统有关的信息。

4．Linux 的进程状态

如前所述，在 Linux 的进程描述符中有专门记录进程所处状态的字段。Linux 的进程可以有 5 种不同的状态，图 8-3 给出了 Linux 的进程状态，以及状态间变迁的原因。

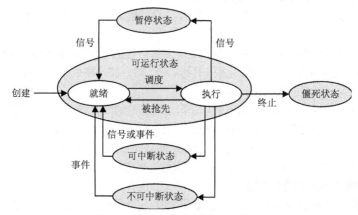

图 8-3　Linux 的进程状态及其变迁

（1）可运行状态（TASK_RUNNING）。具有该状态的进程，表明已经做好了运行的准备。这个状态实际上包含两个状态，进程要么在 CPU 上运行（为执行状态），要么已经做好准备，随时可以投入运行（为就绪状态）。

（2）可中断状态（TASK_INTERRUPTIBLE）。运行中的进程由于等待某些条件而处于阻塞状态，直到那些条件出现而被唤醒。这些条件可以是等待一个 I/O 操作的完成、等待某种资源被释放，或等待一个信号的到来等。

（3）不可中断状态（TASK_UNINTERRUPTIBLE）。这是另外一种阻塞状态。处于这种状态的进程不能被信号中断，而要等待硬件条件的到来。

（4）暂停状态（TASK_STOPPED）。运行进程由于接收到一个信号（比如 SIGSTOP、SIGSTP 等），执行被暂时停止。处于这种状态的进程，只能由来自另一个进程发来的信号改变成就绪状态。

（5）僵死状态（TASK_ZOMBIE）。进程已经被终止，正在结束中。

5．进程的创建与撤销

Linux 中的每个进程，都有一个创建、调度运行、撤销死亡的生命期。在 Linux 系统初启时，自动建立起系统的第一个进程——初始化进程。之后，所有的进程都由它及它的子孙进程所创建。因此，Linux 系统中的各个进程，相互之间构成了一个树形的进程族系。

在 Linux 中，除了初始化进程外，其他进程都是用系统调用 fork() 和 clone() 创建的。调用 fork()

和 clone() 的进程称为父进程，新创建的就是子进程。创建一个进程时，主要做的事情是在内存中分配一个空间，成为进程描述符（task_struct）和进程的核心栈；将该空间的地址填入指针数组 task 的一个空闲表目中，该数组元素的下标就是该进程的标识（pid）；然后对父进程使用的资源加以复制或共享。

在创建进程时，使用系统调用 fork() 和 clone() 的区别是，前者是创建的子进程把父进程的所有资源都继承下来，而后者是子进程只是有选择地继承父进程的资源。

创建的子进程要执行自己的程序时，需要通过系统调用 exec() 来完成。

撤销一个进程是系统调用 exit() 的事情。它要做的工作是释放进程占用的所有资源，将进程的状态改为 TASK_ZOMBIE。等到把进程的 task_struct 释放，该进程就最终从系统里消失了。

8.1.2　Linux 的进程调度

在 Linux 中，存在两类进程：实时进程和普通进程，前者的优先级要高于后者。如果一个实时进程处于可运行状态，那么它将先得到执行。作为一种通用的操作系统，Linux 采用最为一般的调度策略，对普通进程采取优先级调度策略，对实时进程采取先进先出和时间片轮转调度策略。

1. Linux 进程描述符中与调度有关的字段

如前所述，Linux 进程描述符中，有 4 个字段与进程调度有关，它们是：policy、priority、rt_priority 和 counter。

（1）policy：调度策略字段，它的取值规定了对该进程执行什么样的调度策略。

（2）priority：进程的优先级，指明进程得到 CPU 时，被允许执行时间片的最大值。

（3）rt_priority：实时进程的优先级。

（4）counter：时间片计数器，指出进程还可以运行的时间片数。最初，它被赋为 priority，以后每个时钟中断，counter 就减 1，减到 0 时，就会引起新的调度。

在 Linux 中，进程可以通过系统调用 sched_setscheduler() 来设定自己所希望使用的调度策略，可以通过系统调用 sys_setpriority() 来改变进程的优先级。

2. Linux 的 3 种进程调度策略

Linux 进程描述符中的 policy 字段，可以取 3 个值：SCHED_FIFO、SCHED_RR 及 SCHED_OTHER，下面分别给予说明。

（1）SCHED_FIFO——实时进程的先进先出调度策略。

Linux 的 SCHED_FIFO 调度与通常的 FIFO（或 FCFS）调度有所区别。通常的 FIFO 是一种非抢占式的调度策略，即一旦 CPU 被分配给某个进程，该进程就会保持占用 CPU，直到释放（程序执行终止或请求 I/O 等）为止。但 Linux 的 SCHED_FIFO 调度是一种抢占式的调度策略。原则上，在把 CPU 分配给一个进程之后，该进程就会保持占用 CPU，直到释放为止。但如果在此期间内有另外一个具有更高优先级（即 rt_priority）的 FIFO 进程就绪，就允许它把 CPU 抢夺过来投入运行。如果有多个进程都具有最高优先级，就选择其中等待时间最长的进程投入运行。

于是，Linux 里的 SCHED_FIFO 调度策略适合实时进程，它们对时间的要求较高，每次运行所需要的时间却较短。

（2）SCHED_RR——实时进程的轮转调度策略。

Linux 的 SCHED_RR 调度，也与通常的 RR 调度有所区别。通常的 RR 调度定义一个时间片，并为就绪队列里的每一个进程分配一个不得超过一个时间片间隔的 CPU 时间。但 Linux 的 SCHED_RR 调度是一种抢占式的调度策略。分配给进程一个时间片后，如果在此期间，有另外一个更高优先级的 RR 进程就绪，就允许它抢夺过 CPU 投入运行。如果有多个进程都具有最高优先级，就选择其中等待时间最长的进程投入运行。可见，Linux 的 SCHED_RR 调度策略适合于每次运行需要时间较长的实时进程。

图 8-4 给出了 Linux 中 SCHED_FIFO 和 SCHED_RR 的区别。假定 4 个进程 A、B、C、D，它们的优先级如图 8-4（a）所示，并都做好了运行的准备。又假定一个进程运行时，不会有更高优先级的进程到来，也不会有任何事件请求等待。图 8-4（b）给出了实施 SCHED_FIFO 调度策略时的进程调度顺序。开始调度时，由于 D 的优先级最高，因此它最先投入运行，直到终止。接着，应该运行进程 B，因为尽管 B 和 C 有相同的优先级，但 B 在系统中的等待时间比 C 长（它排在前面）。B 运行结束后，调度进程 C 运行，最后是运行进程 A。

图 8-4（c）给出了实施 SCHED_RR 调度策略时的进程调度顺序。首先当然是运行进程 D，它在运行一个时间片后回到就绪队列。但因为它的优先级总是最高，因此仍然调度它运行，并直至结束。接下来，进程 B 和 C 有相同的优先级，因此它们一个时间片、一个时间片地轮转执行（图中表示它们各自都只要两个时间片），直到运行结束，最后运行进程 A。

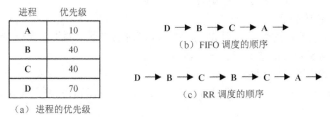

（a）进程的优先级

（b）FIFO 调度的顺序

（c）RR 调度的顺序

图 8-4　Linux 实时调度的例子

（3）SCHED_OTHER——非实时进程的轮转调度策略。

SCHED_OTHER 是基于动态优先级的轮转调度策略，它适合于交互式的分时应用。在这种调度策略里，进程的动态优先级是用所谓的优先数来表示的：优先数越小，相应的优先级越高。操作系统用下述两种方法来改变进程的优先数（从而改变优先级）。

● 对于核心态进程，系统根据进程等待事件的紧急程度，为它设置一个小的优先数，以便它进入就绪队列时，能有一个较高的优先级，得到优先调度。

● 对于用户态进程，系统将定时重新计算每个进程的优先数。计算方法有赖于一个进程的原始优先数，也有赖于它已经使用 CPU 的历史情况。

3. Linux 的进程等待队列

正在运行的进程，可以因为某种原因而转入可中断及不可中断这两种状态。当所要求的事件发生时，进程才被解除，等待唤醒。在处理各种等待时，Linux 把等待队列和所等待的事件联系在一起。需要等待事件的进程根据等待的事件进入不同的等待队列。为了构成一个等待队列，要用到 wait_queue 结构。该结构很简单，包含如下两项内容。

（1）next：指向下一个 wait_queue 节点。因此，Linux 里面的每一个等待队列都是由 next 链接而成的单链表。

（2）task：指向进程 task_struct 结构的指针。

于是，在 Linux 里，因某种原因而形成的各种等待队列，都具有如图 8-5 所示的样式。

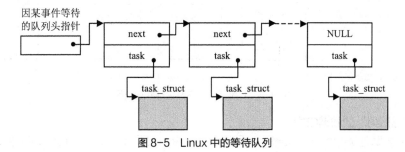

图 8-5　Linux 中的等待队列

8.1.3 Linux 进程间的通信——消息队列

Linux 为进程间的通信提供了多种机制，比如有消息队列、信号、信号量、管道及共享存储区等。信号用于一个进程向另一个进程发出通知：有某个事件发生；信号量用于进程间取得同步；消息队列、管道、共享存储区，都用于在进程之间传递数据。本节只介绍 Linux 的消息队列。

消息队列是进程间的一种异步通信方法。所谓"异步"，即发送消息的进程在消息发出之后，不必等待接收进程做出反应，就可以去做其他的事情了。在进程间通信之前，首先要建立消息队列。有了消息队列，进程就可以向（或从）消息队列发送（或接收）消息了。消息在消息队列里，按照到达的顺序排成队。类型相同的消息，先进入队列的先被接收。Linux 对消息的长度没有限制。消息队列使用完毕后，应该予以释放（即删除）。

1."消息"的数据结构

Linux 中的每个消息由两个部分组成：消息头和消息缓冲区。消息头是一个 struct msg 型的数据结构，消息缓冲区是具体存放消息的一个内存区域。

消息头的组成有以下几个部分。

（1）*msg_next：这是一个指针，指向下一个消息头，从而形成消息队列。如果是最后一个消息，则 msg_next 为 NULL。

（2）msg_type：消息的类型。

（3）msg_stime：消息发送的时间。消息在消息队列里是以 FIFO（先进先出）的顺序排队，所以队列中消息的 msg_stime 值是单调非递减的。

（4）msg_ts：消息的尺寸。Linux 限定一条消息的容量不得超过 4KB。

（5）*msg_spot：指向消息缓冲区，从而建立起了消息头和消息正文之间的联系。实际上，Linux 总是紧接着消息头为消息缓冲区分配存储空间，因此 msg_spot 正好指在消息头 msg 末尾之后的位置。图 8-6（a）是一个消息的结构示意（注意，图中为了突出消息头和消息缓冲区是两个概念，并未将 msg_spot 指向 msg 后面的位置）。

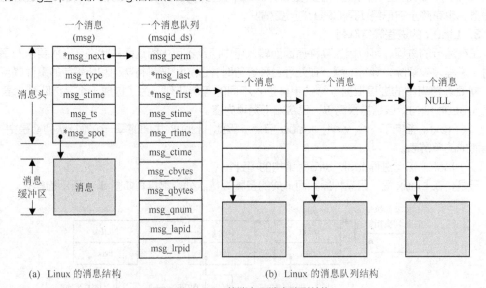

图 8-6 Linux 的消息及消息队列结构

2."消息队列"的数据结构

Linux 消息队列是 struct msqid_ds 型的数据结构，如图 8-6（b）所示，其主要内容如下。

（1）msg_perm：表示哪一个进程可以读/写该消息队列。

（2）*msg_first：指向消息队列里第一个消息的消息头。

（3）*msg_last：指向消息队列里最后一个消息的消息头。

（4）msg_stime：记录消息被送入消息队列的最后时间。

（5）msg_rtime：最后一次从消息队列里读出（即被接收）消息的时间。

（6）msg_ctime：最近一次修改消息队列的时间。

（7）msg_cbytes：记录消息队列中当前所有消息的总字节数。

（8）msg_qbytes：消息队列中允许存储的所有消息的最大字节数。通过与 msg_cbytes 的比较，就能够确定是否还有空间可以容纳新的消息。

（9）msg_qnum：记录消息队列中当前有的消息个数。

（10）msg_lapid 和 msg_lrpid：记录最后发送消息的进程标识和最近一次接收消息的进程标识。

另外，还有下述两项在图 8-6（b）没有列出。

（1）wwait：等待往消息队列上写消息的进程队列。如上所述，msg_qbytes 限制了所有消息的最大字节数。因此，在队列中的消息已经达到最大容量时，要想发送消息给这个队列的进程必须等待，直到队列中有了空间可以容纳。wwait 队列正是为收留那些等待进程而设置的。

（2）rwait：当消息队列空且有一个进程又在那里读消息时，就只能等待。这就是在 msqid_ds 队列里设置 rwait 队列的原因。

这里提及的 wwait 和 rwait 等待队列，就具有如图 8-5 所示的结构，wwait 和 rwait 就是这两个等待队列的头指针。

3. "消息队列表"的数据结构

进程间借助消息队列来传递数据，因此系统中可以建立多个消息队列。Linux 是通过"消息队列表"来管理所有消息队列的。

Linux 的消息队列表是一个 struct msgque 型的数据结构，它是一个指针数组，数组中的每一个元素指向一个消息队列，最多可以同时维持 128 个消息队列。这样，在 Linux 中，有关消息管理的诸数据结构之间的逻辑关系如图 8-7 所示。

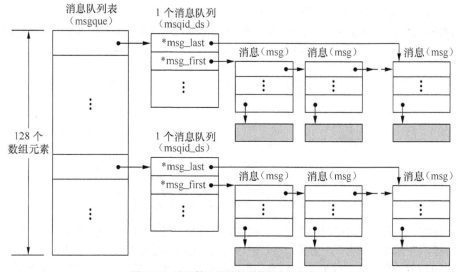

图 8-7　消息管理诸数据结构间的逻辑关系

4．有关消息队列的系统调用

（1）创建一个新的消息队列：newque()。

该系统调用首先从消息队列表 msgque 里寻找一个空的表项，以便能够建立一个新的消息队列。在找到空表项后，申请一个 msqid_ds，将其地址填入表项。该表项的下标，就是新消息队列的标识。

（2）删除一个消息队列：freeque()。

该系统调用的最主要功能，是把所要删除的消息队列所使用的 msqid_ds，以及在消息队列表 msgque 里占用的表目释放。

（3）向一个消息队列发送一条消息：msgsnd()。

进程在使用该系统调用时，必须提供消息队列的标识，即它在消息队列表 msgque 里占用元素的下标值。通过该下标，查到所需要的消息队列（msqid_ds）。然后申请消息头（msg）及消息缓冲区，把要发送的消息复制到消息缓冲区里，填写消息头，将其排入消息队列中。

（4）从一个消息队列中接收一条消息：msgrcv()。

该系统调用根据消息队列在消息队列表 msgque 中的下标，找到消息队列，并在队列里得到需要的消息，随后将消息从队列里移出，复制到用户指定的区域。

8.2　Linux 的存储管理

Linux 向用户提供的虚拟存储管理，类似于请求分页式存储管理。但又由于地址结构所致，而具有自己的特点。这样的存储管理策略，使进程的虚拟地址空间更具灵活性，更能提高存储的利用率。

8.2.1　Linux 的虚拟存储空间

1．虚拟存储空间的划分

虚拟存储空间的大小，是由系统提供的地址结构决定的。在 Linux 中，虚拟地址用 32 个二进制位表示。这意味系统向每个进程提供的虚存空间，最多可以高达 $2^{32}B= 4GB$。Linux 的内核把这样的 4GB 空间划分为两个部分：最高的 1GB 用于内核本身，称为"系统空间"，并为所有的进程共享；较低的 3GB 供进程使用，称为"用户空间"。这种虚拟地址空间的结构如图 8-8 所示。

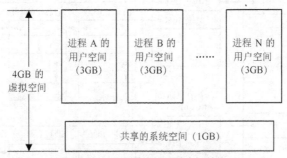

图 8-8　Linux 的虚拟地址空间结构

由于任何一个进程都有自己的正文段、数据段、堆栈段等。Linux 就按照这种用户认可的逻辑单位，把虚拟空间划分成若干个分区，然后进行分页。这种做法的特点如下所述。

（1）进程每一个分区段位于一个连续的虚拟空间里，那里出现的内容，其特性是相同的（如都是程序或都是数据等）。因此，位于一个分区里所有的页面，都具有相同的访问权限（如程序都只能为"执行"，数据可以"读写"），所以有利于对它们分别实行存储保护和共享。

（2）虚拟空间在各个分区之间可以不连续。即进程所用的虚拟地址并不一定是连成一片的，可以有空洞存在。

2. 多级页表的地址转换

如前所述，由于 Linux 的虚拟地址是 32 位，因此向用户提供的最大虚拟空间可以达到 4GB。又由于其内存块的长度是 4KB（这当然也是虚拟地址空间中页面尺寸的大小），因此一个虚拟地址空间，最多可以有 2^{20}（4GB/4KB=2^{20}）个页面。这也就是说，一个用户虚拟地址空间的页表，最多要用一百万个表项来记录页面与物理块的对应关系。显然，把这么大的一个页表放在连续内存区里的做法是不可取的，不利于存储空间的利用。

为此，Linux 在对虚拟地址空间进行分页时，采用两级页表的机制：先是对虚拟地址空间进行分页，形成页表；再对页表进行分页，形成页表的页表。这样一来，不仅虚拟地址空间里的页可以存放在内存的不连续块中；页表中的页也能够存放在不连续的内存块里，从而提高了内存的利用率。这就是所谓的多级页表结构。这种"页表的页表"，被称为页表索引。

比如在分页式存储管理时，内存块的长度是 4KB，那么一个 32 位的虚拟地址里，原先要用 20 位表示页号 p，用 12 位表示页内的位移量 d。Linux 采用二级分页式存储管理时，页内位移量 d 仍旧占用 12 位，把 20 位的页号 p，细分为 10 位的"页表索引号"p1 和 10 位的"页号"p2，如图 8-9（a）所示。这意味着 32 位的虚拟地址空间，最多可以划分为 2^{20} 个页面，它的页表就有 2^{20} 个表项；如果每个表项占用 4B，这个页表就占用 4MB 大小的存储空间，可以被划分成 1 024 个页面；为这 1 024 个页面建立一个索引，从而形成了有 1 024 个表项的页表索引，如图 8-9(b)所示。

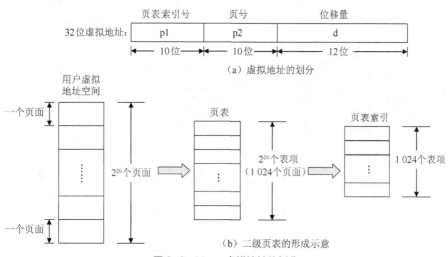

图 8-9 Linux 虚拟地址的划分

这样，在知道了一个虚拟地址后，就可以根据地址的前 10 位先去查页表索引，以便得知该索引所对应的页表放在哪一个内存块。然后由地址中间的 10 位去查这个页表，得到该页所对应的内存块的起始地址。最后，与位移量 d 相加后，就得到最终所需要的物理地址。整个地址转换的过程如图 8-10 所示。

当虚拟地址用 64 位表示时，虚拟地址空间的页面更多，用二级索引后的页表仍然很大。因此，Linux 还可以提供三级页表式的分页式结构。这时的做法实际与二级页表的做法一样，只是再增加了一级：第 1 级为页表索引，第 2 级为页表中间索引，第 3 级才是页表。毋庸置疑，三级页表式的分页式结构，其地址变换将更为复杂，速度会降低。

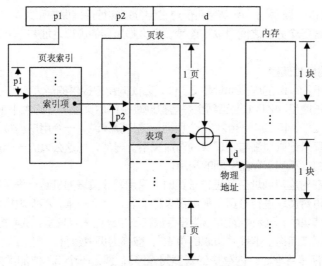

图 8-10   Linux 的二级页表式地址转换

8.2.2   管理虚拟存储空间的数据结构

Linux 进程的各个分区可以是不连续的，因此形成了若干个离散的虚拟区间。为了对它们加以管理，定义了 vm_area_struct 型及 mm_struct 型数据结构。vm_area_struct 用于管理进程的每一个虚拟区间；mm_struct 用于管理进程的整个虚拟空间、页表索引和页表。因此，一个进程可以有多个 vm_area_struct 型数据结构，但只有一个 mm_struct 型数据结构。它们之间的关系如图 8-11 所示。

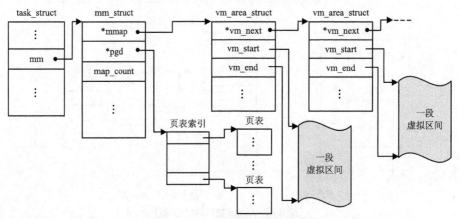

图 8-11   Linux 虚存管理的数据结构

1. 管理分区虚拟区间的数据结构 vm_area_struct（VMA）

一个进程虚拟存储空间中的每一个虚拟区间，都对应着一个 vm_area_struct，通常被缩写为 VMA。进程的每个 VMA，都代表着它的虚拟地址空间中的一个连续区间。一个进程的两个 VMA 绝对不会重叠。这种管理方式，使得两个 VMA 之间可以不连续，使得在两个 VMA 中可以实行不同的存储保护模式。比如，一个可以是只读的，另一个可以是读写的。vm_area_struct 里的主要内容有以下几部分。

（1）vm_start：给出该 VMA 的起址（也就是最小地址）。

（2）vm_end：给出该 VMA 的末址。

（3）*vm_next：一个进程的所有 VMA，通过该指针连接成一个链表。

2. 管理 VMA 的数据结构 mm_struct

一个进程所有的 VMA，都由 mm_struct 来管理。mm_struct 里的主要内容有以下几部分。

（1）*mmap：是进程 VMA 链表的头指针。

（2）*pgd：指明该进程页表索引的位置。

（3）map_count：记录该进程拥有的 VMA 的数量。

由图 8-11 可知，在进程的进程描述符 task_struct 里，有一个字段 mm 指出进程的 mm_struct 在哪里。这样，从进程描述符 task_struct，就可以找到 mm_struct；从 mm_struct，就可以找到各个 VMA 和页表索引及页表。由此，也可以看出，进程描述符对于进程而言是多么重要：找到了进程描述符，就获得了一个进程的所有信息。

8.2.3 管理内存空间的数据结构

在 Linux 存储管理中，内存块（长度为 4KB）是进行存储分配和释放的单位。系统设置了一张存储分块表 mem_map，它的每一个表项是 mem_map_t 型结构，对应着一个内存块，记录着该块的有关信息。mem_map_t 里的主要内容有以下几个部分。

（1）list：双向链表队列，它把不同性质的内存块链接成队列。

（2）count：使用该块的进程数。被多个进程共享时，数值大于 1。

（3）age：该块的使用频率。页面淘汰时，值越小，被淘汰的可能性越大。

为了记录内存各块的使用情况，Linux 设置了位示图 bitmap，如图 8-12（a）所示。某位为 1，表示对应块空闲；为 0，表示对应块正在使用。

但是，Linux 并不是用 bitmap 来进行存储分配和释放的，而是通过所谓的"空闲区队列表"：free_area。在空闲区队列表里，Linux 按照不同的方式，形成最多 11 个空闲区队列，如图 8-12（b）所示。

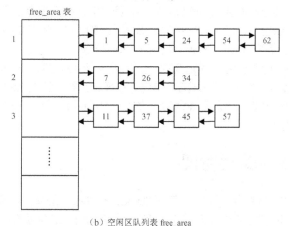

图 8-12　Linux 的空闲区队列表

为了说明各个空闲区队列的组成，假定现在内存的使用情况如图 8-12（a）的位示图所示。在那里，由 8 个字节组成位示图，因此管理着总共 64 个内存块。取值为 1 的位是空闲块，取值为 0 的位是已使用块。还假定位示图中各位的编号，从 1 开始，并且就是内存中各块的逻辑编号。

空闲区队列表 free_area 的第 1 项，维持的是由独个空闲块连接在一起形成的双向链表。比如，图 8-12（a）位示图的第 1、5、24、54 和 62 都是独个空闲块，把它们的 mem_map_t 连接在一起，就形成了空闲队列 1。空闲区队列表 free_area 的第 2 项，是把两个连续空闲块（形成一个空闲区）连接在一起形成的双向链表。比如，图 8-12（a）位示图中的第 7、8，26、27 和 34、35 都是两个连续空闲块组成的空闲区，把它们起始块的 mem_map_t 连接在一起，就形成了空闲队列 2。空闲区队列表 free_area 的第 3 项，是把 4 个连续空闲块（形成一个空闲区）连接在一起形成的双向链表。比如，图 8-12（a）位示图中的第 11、12、13、14，27、28、29、30，45、46、47、48 和 57、58、59、60 都是 4 个连续空闲块组成的空闲区，把它们起始块的 mem_map_t 连接在一起，就形成了空闲队列 3……总之，Linux 的做法是，后一个队列里的每个空闲区里连续空闲块的块数，是前一个队列里连续空闲块块数的 2 倍。或者说，是以 2 的次幂递增。

8.2.4　内存区的分配和页面淘汰策略

进程提出存储请求或释放时，都要与空闲区队列表 free_area 进行交往。Linux 是采用所谓的"伙伴（Buddy）"算法，来进行内存区的分配和释放的。

当进程提出存储请求时，Linux 并不是按照要求的内存块的数目去进行分配的，而是将大于或等于这个数目的最小 2^n 个内存块分配出去。比如，要求 3 个内存块，就分配 $2^2 = 4$ 块；要求 16 个内存块，就分配 $2^4 = 16$ 块；等等。

因此，系统总是按照进程所需连续存储块的申请数量，到空闲区队列表 free_area 中能够满足要求的最小空闲区队列里查找。当队列不空时，就把第 1 个空闲区分配出去。如果该队列为空，就继续查找下面的队列（其空闲区的尺寸为上一个队列的 2 倍）。当它里面有空闲区时，就把该空闲区一分为二：一个分配出去给进程使用；余下的一半，排到它上面的空闲区队列中去。

由于分配时是按照满足要求的最小 2^n 个内存块进行的，因此存储释放时，当然就将释放的区域连接到相应尺寸的空闲区队列里去。不过，还应该考虑空闲区的合并，以便能够得到更大的空闲区。做法是如果队列里有与所释放空闲区相邻接的空闲区存在，就应该把它们合并，然后排到该队列后面的空闲区队列里去。

当发生缺页中断，要把所需要的页面调入内存，而此时内存又没有空闲的区域时，就需要考虑把已经在内存的页面淘汰出去。Linux 采用的是称为"时钟（clock）"的算法。该算法主要涉及存储分块表 mem_map 的表项 mem_map_t 里面的 age 字段。

每当一个内存块被访问时，它的 age 就加 1。另外，Linux 定时地对所有内存块进行扫描，如果它的 age 不为 0，就对其的 age 进行减 1 操作。这样，当要淘汰页面时，就认为 age 值越大的块，其中的页面使用的频率就越高。而 age 为 0 的块里的页面是"老"页面，已经很长时间没有被访问过了，是淘汰的对象。

8.3　Linux 的文件管理

Linux 不仅有自己的文件系统 Ext2，它还能够支持多种不同的文件系统。也就是说，Linux 通过软件的方式，隐去各种不同文件系统的实现细节，把它们各自的管理和操作都纳入一个规范的框架之中，使用户可以通过统一的操作界面，对不同文件系统中的文件进行操作。这种统一的操作界面，就构成了 Linux 中所谓的"虚拟文件系统"——VFS。

本节先介绍 Linux 的文件系统 Ext2，把它作为多种文件系统的代表。然后讲述 Linux 所提供的虚拟文件系统 VFS，以及它和 Ext2 的关系，以求对 Linux 的文件管理有一个整体了解。

8.3.1 Linux 文件系统的构成

Linux 最初借用的是一个叫 Minix 的操作系统的文件系统。由于 Minix 只是一个适用于教学的操作系统，在设计和功能上都存在着不足，因此到了 1992 年，就出现了专门为 Linux 设计的文件系统，那就是 Ext，通常称之为"扩展文件系统"（Extended File System）。1993 年，Ext 有了自己的一个新版本：Ext2。一段时间以来， Ext2 由于具有功能强大、使用灵活等特点，很快得到了人们的认可和广泛使用。现在，Ext 的最高版本是 Ext3。

就在 Linux 配置了自己的文件系统 Ext 时，其整个系统的设计也向前迈了一大步——引入了虚拟文件系统（VFS）。所谓"虚拟文件系统"，也就是基于多种不同的文件系统（比如 Minix、Windows NT 的文件系统 NTFS、DOS 的文件系统 MSDOS 等），Linux 用软件的方法，隐去它们各自的实现细节，抽象出一组标准的有关文件操作的系统调用（如 read()、write()等）。把这样的系统调用提供给用户后，他们就可以使用统一的界面，去完成对不同文件系统中文件的操作了。

有了虚拟文件系统之后，Linux 就可以支持多种不同的文件系统了。这时的文件系统可以看作是由两级构成：上面是用户面对的虚拟文件系统 VFS，内核则是各个不同的文件系统。VFS 接收来自用户对文件操作的请求，通过各种系统调用，把那些抽象的功能转换成具体的操作，然后加以完成。图 8-13 给出了 Linux 的 VFS 与具体文件系统关系的示意。

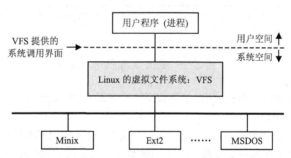

图 8-13　Linux 的 VFS 与各文件系统之间的关系

8.3.2 Ext2 对磁盘的组织

1．Ext2 的文件类型

按照文件所含的内容，Ext2 把文件分成以下 3 类。

（1）普通文件。指通常意义下的磁盘文件，即存放用户和系统的有关数据和程序的那些文件。它们都被视为无结构、无记录概念的字符流，文件的长度可以动态增减。

（2）目录文件。由文件的目录项组成的文件称为"目录文件"。这种文件在形式上与普通文件相同，只是系统将其解释成目录。一般地，一个文件的目录项（也就是文件控制块）应该包含文件名称、文件长度、文件类型、文件在辅存的位置、文件的存取权限等信息。不过在 Ext2 中，为了加快对文件目录的搜索，便于文件共享，把文件控制块的内容划分成了两个部分：一个称为该文件的索引节点（即 Linux 意义下的文件控制块），简记为 inode，其中存放着这个文件的长度、文件类型和访问权限、文件在辅存的位置、共享信息等内容；另一个仍被称为文件目录项，其中只包含文件名和这个文件索引节点的编号。图 8-14 给出了 Ext2 文件目录项的格式。

Linux 目录项的组成：

文件名	inode 编号

图 8-14　Ext2 文件目录项的格式

不难看出，在 Ext2 这个文件系统里，是由文件名去查文件目录，由文件目录中的目录项得到与该文件关联的 inode 编号，由这个编号得到文件的索引节点，最后从节点里面得到该文件的有关信息。

（3）特别文件。在 Ext2 里，把块存储设备（如磁盘）和字符设备（如键盘、打印机）等都视为文件。不过它们只有文件目录项和相应的索引节点 inode，并不占用实际的物理存储块。因此，有时也称它们为设备文件。

2. Ext2 对磁盘的组织

Ext2 中，无论是普通文件还是目录文件，都存储在磁盘上。另外，每个文件的 inode 节点也存储在磁盘上。Ext2 把磁盘的分区或软盘视为一个文件卷，把其上相邻磁道的物理块称为所谓的"块组"。因此，一个文件卷上可能有多个块组。在一个块组上，可以存放普通文件的信息、目录文件的信息、文件的 inode 节点，当然还应该存放对块组的管理信息（比如该块组中块的尺寸、块的数目，哪些块是空闲的、哪些块是已分配的等）。图 8-15 给出了文件卷的组织结构。下面将从右往左，逐一对各种区域的用途做出解释。

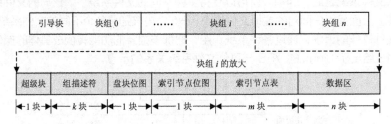

图 8-15　Ext2 块组的组织结构

（1）数据区。块组中的"数据区"，是存放文件（普通文件、目录文件等）具体信息的地方，它占用了块组中最多的盘块。

（2）索引节点表。如前所述，在 Ext2 中，任何文件都有自己的索引节点，即是一般所说的文件控制块。这些索引节点的集合，就称为"索引节点表"。因此，块组中的索引节点表，也就是存放在该块组里的所有文件的文件控制块的集合。

Ext2 中，每个索引节点里给出相应文件的如下一些信息：

- 文件类型和访问权限（i_mode）；
- 文件主的标识（i_uid）；
- 以字节为单位的文件长度（i_size）；
- 文件占用的盘块数（i_blocks）；
- 文件索引表（i_block[ ]）。

其中，我们要给予关注的是 i_block[ ]。它是一个数组，用来形成文件在磁盘上存储时的索引表。在后面介绍 Linux 文件的物理结构时，会对它的具体作用做出解释。

（3）索引节点位图。索引节点位图是用来管理块组中的索引节点的，它占用一个盘块。位图中的某位为 0，表示索引节点表中的相应节点为空闲；为 1，表示索引节点表中的相应节点已经分配给某个文件使用。因此，索引节点位图中位的数目，决定了索引节点表中索引节点的个数，也就是该块组中能够容纳的文件个数。而索引节点位图中位的编号，就是那个文件相应的 inode 节点的编号。

比如，在图 8-16 里，用 16 个二进制位组成一个索引节点位图。那么索引节点表里，就应该容纳 16 个索引节点表项，可以用它们记录 16 个文件的有关信息。当新建一个文件时，Ext2 要做的事情是：第一，在索引节点位图里寻找当前取值为 0 的位，把它改为取值 1；第二，把索引节点表里与这一位对应的表项，分配给这个新建文件使用；第三，把这个索引节点的 inode 编号填入该文件的目录中；第四，把新建文件的有关信息填入这个索引节点中。

（4）盘块位图。盘块位图是用来管理块组中数据区里的盘块的。在块组中，盘块位图自己占据一个盘块。盘块位图中的某位为 0，表示数据区中的相应盘块为空闲；为 1，表示数据区中的相应盘块已经分配给某个文件使用。因此，盘块位图中位的数目，决定了块组中盘块的个数，也就是该块组中能够有多少盘块用来存放文件内容。

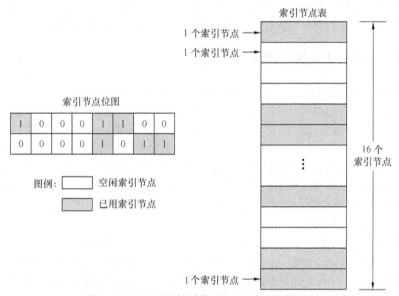

图 8-16　Ext2 索引节点位图与索引节点表的关系

由于盘块位图被局限在一个盘块里，如果假定 b 是一个盘块所含字节的个数，那么每个块组中最多可以有 $8{\times}b$ 个盘块。又假定 s 为文件卷里盘块的数目，那么该文件卷的块组数约为 $s/(8{\times}b)$。显然，b 越小，s 就越大。也就是说，文件卷中盘块越小，块组的数目就越大。

（5）组描述符。每个块组都有一个组描述符，用于给出有关这个块组整体的管理信息。组描述符中包含如下的一些信息。

- 盘块位图所在块的块号（bg_block_bitmap）。
- 索引节点位图的块号（bg_inode_bitmap）。
- 索引节点表第一个块的块号（bg_inode_table）。
- 块组中空闲块的个数（bg_free_blocks_count）。
- 块组中空闲索引节点的个数（bg_free_inodes_count）。
- 块组中目录的个数（bg_used_dirs_count）。

组描述符里给出的，都是涉及该块组的一些重要信息。当新建一个文件时，首先应该从 bg_free_blocks_count 和 bg_free_inodes_count 里得知有没有空闲的磁盘块，以及有没有空闲的索引节点。如果本组里面没有了，就谈不上在这里分配的问题了；如果有，才可以从 bg_block_bitmap、bg_inode_bitmap 和 bg_inode_table 里得到空闲的索引节点及空闲的磁盘块，才能满足文件对存储的请求。

（6）超级块。每个具体的文件系统（比如 Minix、Ext2 等）都有自己的超级块，用来描述这个文件系统的信息。因此，超级块是一个文件系统的核心。每个块组里虽然都有一个超级块，不过通常只用块组 0 里的超级块，其他块组里的超级块只是作为备份而已。超级块中包含如下的一些信息。

- 文件卷的尺寸（s_blocks_count）。
- 块尺寸（s_log_block_size）。
- 块组中的块数（s_blocks_per_group）。
- 索引节点的尺寸（s_inode_size）。
- 每个块组中的索引节点数（s_inode_per_group）。

综上所述，超级块涉及的是文件系统的总体信息，组描述符涉及的是一个块组的总体信息，盘块位图用于管理一个块组数据区中拥有的盘块，索引节点位图用于管理一个块组中拥有的索引节点，索引节点表是一个块组中所有索引节点的集合，数据区是一个块组中所有可分配给文件使用的盘块的集合。Linux 正是通过这样一层一层的关系，来实现对磁盘存储区的管理的。

8.3.3　Ext2 文件的物理结构

在把文件存储到磁盘上时，Ext2 采用的是索引式结构，即通过该文件 inode 节点里的数组 i_block[ ]，建立起文件的逻辑块号与相应物理块号之间的对应关系，形成文件存储的索引表。该数组总共有 15 个元素，每个元素为一个索引项。利用这 15 个元素，可以形成 4 种不同的索引类型：索引项 i_block[0]~i_block[11]为直接索引，由它们直接给出文件数据存放的磁盘物理块号；索引项 i_block[12]为一次间接索引；索引项 i_block[13]为二次间接索引；索引项 i_block[14]为三次间接索引。由此可知，Ext2 中文件的物理存储，呈多级索引的形式。这样，Linux 可以根据文件的大小，通过使用 inode 节点里的这张存储索引表，形成不同规模的文件。

1. 小型文件的索引结构

当一个文件的长度为 1~12 个磁盘块时，在 Ext2 里就称为小型文件。这时，用文件 inode 节点里数组 i_block[ ]的前 12 个元素 i_block[0] ~i_block[11]，直接给出文件数据存放的磁盘块号。于是，文件逻辑块号 0~11 与物理块号间的对应关系就由它们直接索引得到，如图 8-17（a）所示。

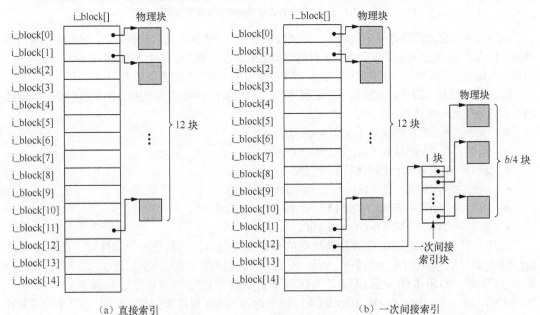

（a）直接索引　　　　　　　　　　　　　　（b）一次间接索引

图 8-17　Ext2 小型、中型文件的索引结构

2. 中型文件的索引结构

当一个文件的长度超过 12 个磁盘块时，在 Ext2 里就称为中型文件。这时，除了需要用到文件 inode 节点里数组 i_block[ ]的前 12 个元素，直接给出 12 个磁盘块外，还需要使用它的第 13 个元素 i_block[12]，形成一次间接索引，如图 8-17（b）所示。

在图 8-17（b）里，由 i_block[12]给出一个物理块，这块并不存放文件的数据，而是利用它形成新一级索引。Ext2 里，用 4 个字节放一个磁盘块号。因此在这个盘块里，可以放 $b/4$ 个磁盘块号（其中 b 表示磁盘块所含字节数）。这样一来，文件逻辑块号 0~11 与物理块号间的关系，仍然由直接索引得到，但逻辑块号 12~（$b/4$+11）与物理块号间的关系，则要由一次间接索引得到。

3. 大型和巨型文件的索引结构

当一个文件所需磁盘块数超过 $b/4$+12 时，就成为一个 Ext2 的大型文件。这时除了用到 i_block[0]~i_block[11]外，还要用到 i_block[12] 形成一次间接索引，再要用到 i_block[13]形成二次间接索引，如图 8-18 所示。

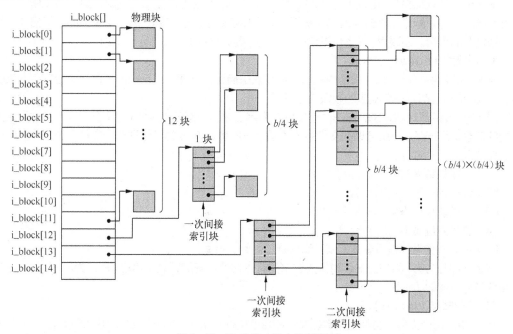

图 8-18　Ext2 的大型文件索引结构

在图 8-18 里，i_block[0]~i_block[11]直接给出文件数据存放的 12 个磁盘块号。然后如图 8-17（b）那样，利用 i_block[12]指向一个磁盘块，由它提供 $b/4$ 个磁盘块的索引，从而使文件总共达到 $b/4$+12 个磁盘存储块。但这还不够，又利用 i_block[13]指向一个磁盘块，由它指向 $b/4$ 个磁盘块，每个都是一个索引。这样，通过这 $b/4$ 个索引、每个指向 $b/4$ 个磁盘块，就又可以得到($b/4$)×($b/4$)个磁盘块。于是，Ext2 的大型文件最多可以拥有的磁盘块数是($b/4$) × ($b/4$)+($b/4$)+12。

当一个文件所需的磁盘块数大于($b/4$)×($b/4$)+($b/4$)+12 个时，就成为 Ext2 的巨型文件了。这时除了要用到 i_block[0]~i_block[11]外，还要用到 i_block[12]、i_block[13]和 i_block[14]，以形成三次间接索引。由于巨型文件要经过多次间接索引，会使系统的查找速度大大降低。有关巨型文件的索引结构和它拥有的规模，这里就不具体解释了。

8.3.4　虚拟文件系统 VFS 的数据结构

犹如虚拟存储器并不真正存在一样，由于 Linux 的 VFS 是虚拟的，因此它不是一个实际的文件系统，磁盘上并没有一个 VFS 存在。Linux 的 VFS 随系统的初启而建立，随系统的关闭而消失。

为了管理所有安装的文件系统，VFS 通过使用描述整个 VFS 的一组数据结构，以及描述实际安装的文件系统的数据结构（如前面已经提及的 Ext2 的超级块、组描述符、盘块位图等），来处理实际文件系统之间的各种差别，达到管理的目的。

VFS 向用户提供一个统一的文件系统界面，实现从抽象功能到具体操作的转换。比如，VFS 向用户提供关于更改文件名称的系统调用 sys_rename()，并能够根据当前使用的文件系统，确定是去调用 Ext 中的 ext_rename()，还是调用 Ext2 里的 ext2_rename()。这种转换，也是通过数据结构来完成的。

每一个文件系统都有自己的组织结构、管理模式，以及各种操作。这表明，图 8-13 所示的诸文件系统之间的差异是巨大的。因此，真正要隐蔽掉它们之间的差异，展现出统一的使用格式，是一件很复杂的事情。在这里，介绍 VFS 中的一些主要数据结构。

1. 超级块（super_block）

与 Ext2 文件系统一样，VFS 也是通过超级块来描述和管理文件系统的，每一个已安装的文件系统，在 VFS 里都有一个相应的超级块存在。

对于 VFS 的超级块来说，它由两个部分的内容组成：一部分是 VFS 为了管理一个文件系统所需要的信息，另一部分是所管理的文件系统的超级块信息。VFS 为了管理一个文件系统所需要的信息，包含以下主要内容。

（1）超级块链表指针（s_list）。

（2）设备标识符（s_dev）。

（3）数据块尺寸（s_blocksize）。

（4）文件系统类型（s_type）。

（5）指向文件系统根目录的索引节点指针（s_mounts）。

有了这部分内容，再加上安装时拼接过来的具体文件系统的超级块信息，就成为 VFS 对一个文件系统进行管理的超级块。

2. 索引节点（inode）

VFS 中的每个文件（当然包括数据文件和目录文件等），都有一个唯一的索引节点。VFS 的索引节点由两部分内容组成：一部分是 VFS 为了管理一个文件所需要的信息，另一部分是所管理的文件的索引节点信息。VFS 为了管理一个文件所需要的索引节点信息，包含以下的主要内容。

（1）所在设备的标识（i_dev）。

（2）索引节点编号（i_ino）。

（3）文件主的标识（i_uid）。

（4）文件尺寸（i_size）。

（5）文件块的尺寸（i_blksize）。

（6）文件的块数（i_blocks）。

（7）文件类型和访问权限（i_mode）。

（8）引用该文件的进程数（i_count）。

有了这部分内容，再加上拼接过来的具体文件的索引节点信息，就成为了 VFS 对一个文件进行管理的索引节点。

3. file 结构

在 VFS 中，打开一个文件时就形成一个相应的 file 结构，里面存放的主要信息如下。

（1）文件当前的读/写位置（f_pos）。

（2）文件的打开模式（f_mode）。

（3）指向文件操作表的指针（f_op）。

（4）指向 VFS 中该文件的索引节点指针（f_inode）。

这里，f_mode 记录的是有关"只读""只写""读写"等文件属性；f_op 指向文件操作表（file_operations），里面包含可对文件进行操作的程序入口。

4. files_struct 结构

files_struct 结构用于管理一个进程当前打开文件的信息。它里面最重要的是一个指针数组 fd_array[ ]。fd_array[ ]里共有 32 个元素。每当进程打开一个文件时，就在这个数组里申请一个元素。该元素的下标，是所打开文件的标识；该元素的内容，指向 VFS 为该文件形成的 file 结构。在进程的 task_struct 结构里，有一个指针 file 指向 files_struct 结构。图 8-19 反映了 task_struct 结构、files_struct 结构、file 结构以及 file_operations 结构之间的关系。

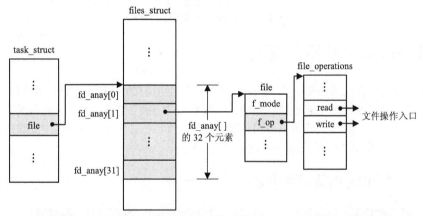

图 8-19　task_struct、files_struct、file、file_operations 结构之间的关系

5. vfsmount 结构

在 VFS 里，提供有 vfsmount 型数据结构，其主要内容如下。

（1）设备名（mnt_devname）。

（2）设备标志（mnt_flags）。

（3）设备 I/O 操作时的信号量（mnt_sem）。

（4）指向超级块的指针（mnt_sb）。

（5）链表指针（mnt_next）。

VFS 中，每一个 vfsmount 结构里，存放一个已安装文件系统的有关信息。系统中所有的 vfsmount 结构，由字段 mnt_next 链接，形成一个 vfsmount 单向链表，是 Linux 系统中使用的已安装的文件系统链。该链表有以下 3 个指针。

（1）vfsmntlist：链首指针，它是整个文件系统最重要的指针。

（2）vfsmnttail：链尾指针。

（3）mru_vfsmnt：最近安装的文件系统指针。

图 8-20 给出了 vfsmount 单链表的组织形式。图中安装了两个文件系统，它们各自对应于 vfsmount1 和 vfsmount2，并且分别由自己的 mnt_sb 指向自己的超级块 super_block1 和 super_block2。

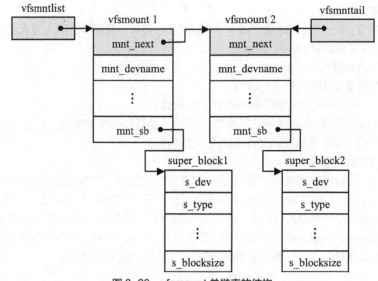

图 8-20　vfsmount 单链表的结构

8.4　Linux 的设备管理

在 Linux 里，I/O 设备都被当作文件来处理，称之为特别文件或设备文件。既然是"文件"，设备文件在文件系统里就有代表自己的索引节点。既然是"特别"文件，它们又与普通文件和目录文件不同。也就是说，进程访问设备文件时，不是通过文件系统去访问磁盘分区中的数据块，而是通过文件系统调用设备驱动程序，去启动硬件设备工作。

8.4.1　Linux 设备管理概述

硬件设备品种繁多，结构复杂，性能各异。每种物理设备都有自己的硬件控制器，以及多个状态控制寄存器。通过寄存器里的状态信息，完成对设备初始化、启、停和错误诊断等操作。

Linux 内核中，利用控制寄存器来控制硬件设备完成输入/输出任务的软件，叫作"设备驱动程序"，有时也称为"设备驱动器"。通过抽象，Linux 的虚拟文件系统 VFS 向用户提供使用设备的统一接口（比如打开 open()、读 read()、写 write()等）。在用户发出输入/输出请求后，首先进入文件系统，然后才找到相应的设备驱动程序，在指定设备上完成所要求的输入/输出。因此，文件系统是用户与设备之间的接口，一个进程要使用设备，要经过文件系统，再由设备驱动程序去控制物理设备，完成各种具体的操作。图 8-21 反映了这样的一种层次结构：进程位于应用层，设备位于最底层，中间是文件系统层和设备驱动层。

Linux 系统把硬件设备分成 3 类：字符设备、块设备、网络设备。

1. 字符设备（character device）

字符设备是以字符为存取单位的设备。在文件系统里，字符设备有自己的 inode 节点（比如/dev/tty1、/dev/lp0 等）。找到了字符设备的索引节点，就可以得到对应的设备驱动程序，实现对设备的访问。

2. 块设备（block device）

块设备是以"块"为存取单位的设备。通常，512 字节或 1 024 字节为一个块。一般地，系统中块的尺寸为 $2^n \times 512$ 字节（n 为正整数）。同字符设备相似，块设备也是通过其在文件系统里的节点而被访问。这两种设备间的不同，只是体现在内部数据管理方式上，而这些差异对于用户来说是透明的。

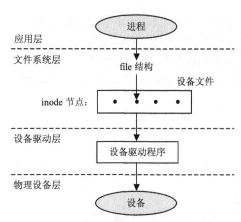

图 8-21　Linux 设备驱动的分层结构示意

3. 网络设备（net device）

网络设备是一种经过网络接口与主机交换数据的设备。在内核网络子系统的驱动下，网络接口完成对数据包的发送和接收。由于这种数据传输的特殊性，网络设备无法被纳入到文件系统进行统一管理。因此，在 Linux 的文件系统里，没有与网络设备相对应的索引节点。

由于字符设备和块设备是被纳入 Linux 的文件系统的，因此它们都有自己的索引节点。在索引节点的文件类型和访问权限（i_mode）字段里，把"文件类型"栏置为"字符"或"块"，由此表明它们不是普通文件，也不是目录文件，而是设备文件，由此也能够区分是块设备文件还是字符设备文件。设备的文件名由两部分组成：主设备号、次设备号。"主设备号"代表设备的类型，用其来确定需要的是哪一个设备驱动程序；"次设备号"代表同类设备中的序号，以便在相同设备之间进行区分。因此在请求设备进行输入/输出时，必须指定主设备号和次设备号，主设备号判定是执行哪个驱动程序，驱动程序再根据次设备号，决定控制哪台设备去完成所需要的 I/O 操作。

8.4.2　Linux 对字符设备的管理

在 Linux 中，打印机、终端等字符设备都是以字符特别文件的形式，出现在用户的面前。因此，用户对字符设备的读写，也是使用标准的系统调用，比如：打开（open）、读（read）、写（write）等。

Linux 为了对字符设备进行管理，设置了如下的一些数据结构。

1. device_struct 结构

每个已被初始化了的设备，Linux 都为其建立一个 device_struct 结构。该结构由以下两项组成。

（1）name：登记该设备的设备驱动程序名。

（2）*fops：指向该特别文件的文件操作表（file_operations）结构。在 file_operations 里面，都是可对文件进行操作的程序入口。

由一个 device_struct 结构，我们就可以知道该字符设备使用的是哪一个设备驱动程序，对该设备可以做哪些操作。

2. chrdevs 结构数组

chrdevs 是一个结构数组，它里面的每个元素，都是一个 device_struct 结构。

在整个系统初始化时，Linux 同时也会对各种字符设备进行初始化。具体的做法是在 chrdevs 数组里为设备申请到一个空的表目，将该设备驱动程序名填入 name 字段；将该设备的 file_operations 结构地址填入*fops 字段。然后，Linux 把 chrdevs 数组元素的下标视为这个字符设备的主设备号，填入该设备文件对应的 inode 节点里。

这样，从设备文件的 inode 节点，可以得到设备的主设备号；以设备的主设备号为索引，去查 chrdevs 数组，可以得到该设备的 device_struct 结构；由该设备的 device_struct 结构，可以知道应该执行什么驱动程序，以及对设备可以做哪些操作。

图 8-22 给出了字符设备文件的 inode 节点、device_struct 结构及 file_operations 结构之间的关系。

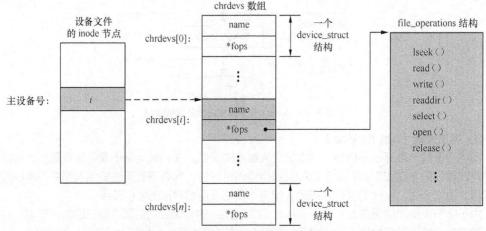

图 8-22　字符设备数据结构间的关系示意

在对字符设备进行具体的读、写前，先要用 open() 将其打开。在具体读、写时，要提供若干个参数。比如给出传输数据的长度（count），指明使用的缓冲区（*buff）。在要求设备输入（读）时，这个缓冲区用来暂时保存从设备读入的数据；在要求设备输出（写）时，这个缓冲区用来暂时保存即将写出的数据。

8.4.3　Linux 对块设备的管理

所谓的"块"，就是指在一次 I/O 操作中传输的一批相邻字节。在 Linux 中，一块的字节数必须是 2 的整数次幂，块的大小必须是磁盘扇区的整数倍。

1. 块设备管理的数据结构

为了对块设备本身进行管理，Linux 设置了如下的一些数据结构。其中，有的数据结构从形式上看，与字符设备的数据结构是类似的。

（1）device_struct 结构。对于每个已被初始化了的设备，Linux 都为其建立一个 device_struct 结构。该结构由下述两项组成。

● name：登记该设备的设备驱动程序名。

● *fops：指向该特别文件的文件操作表（block_device_operations）结构。在 block_device_operations 里面，都是可对文件进行操作的程序入口。

由一个 device_struct 结构，就可以知道该块设备使用的是哪一台设备驱动程序，对该设备可以做哪些操作。

（2）blkdevs 结构数组。blkdevs 是一个结构数组，它里面的每个元素都是一个 device_struct 结构。

在整个系统初始化时，Linux 同时也会对块设备进行初始化。具体的做法是在 blkdevs 数组里为设备申请到一个空的表目，将该设备驱动程序名填入 name 字段；将该设备的 block_device_operations 结构地址填入*fops 字段。然后，Linux 把 blkdevs 数组元素的下标视为这个块设备的主设备号，填入该设备文件对应的 inode 节点里。

这样，从块设备文件的 inode 节点，可以得到设备的主设备号；以设备的主设备号为索引，去查 blkdevs 数组，可以得到该设备的 device_struct 结构；由该设备的 device_struct 结构，可以知道应该执行什么驱动程序，以及对设备可以做哪些操作。

2. 对块设备输入/输出请求管理的数据结构

为了把将各块设备的 I/O 请求有效地组织起来，Linux 在内核里设置了多种数据结构，以完成对它们的管理。

（1）缓冲区与 buffer_head 结构。为了使块设备与内存间的数据流动在速度上能够匹配，减少内、外存传输的次数，Linux 在内存区开辟了一个缓冲池，它由若干个缓冲区组成。为了便于管理，Linux 把缓冲池中的每个缓冲区分成两个部分：一个是真正用于存放数据的部分，另一个是用于管理的部分。前者仍称为"缓冲区"，后者称为"缓冲区首部"。缓冲区首部是一个 buffer_head 结构，它与缓冲区之间保持一一对应的关系。buffer_head 结构里，存放着具体 I/O 的信息、对应的缓冲区地址、队列的指针。因此在组成请求队列时，也只需要 buffer_head 结构去排队。

（2）request 结构。对某一块设备的一个请求由 request 结构管理。其中有如下内容。

- *next：请求队列链表指针。
- rq_dev：设备号。
- cmd：请求的操作。
- sector：第 1 个扇区号。
- nr_sector：请求的扇区数。
- *bh：指向第 1 个缓冲区的 buffer_head 指针。
- *bhtail：指向最后一个缓冲区的 buffer_head 指针。

由此可知，通过 request 结构里的 next 指针，就可以把对某一块设备的所有请求组成一个单链表；通过 buffer_head，就可以把相同操作的请求链接在一起。图 8-23 给出了 request 结构与 buffer_head 结构之间的关系。

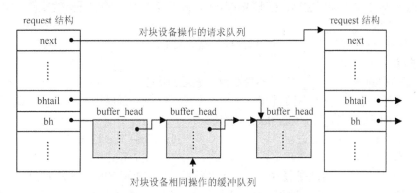

图 8-23　request 结构与 buffer_head 结构的关系示意

（3）blk_dev_struct 结构和 blk_dev 数组。对于每一个块设备的请求队列，Linux 都用一个 blk_dev_struct 结构来指示，它的里面至少有一个指针 request_queue，指向对某一个块设备的一个 I/O 请求队列。

Linux 把系统中所有的 blk_dev_struct 结构汇集在一起，组成名为 blk_dev 的数组，管理所有的 blk_dev_struct 结构。图 8-24 给出了它们之间的关系。

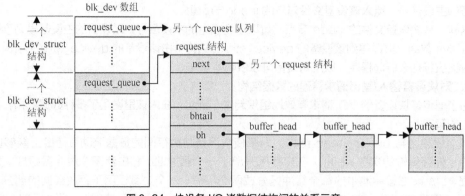

图 8-24　块设备 I/O 诸数据结构间的关系示意

习题

一、填空

1. Linux 中，可以同时并行工作的进程个数，由符号常量_____限定。通常，它被定义为512。

2. 在 Linux 中，进程调度被分为_____和非实时进程调度两种。

3. 当进程运行时出现了系统调用或中断事件，而要去执行操作系统内核的程序时，进程的运行模式就从用户模式转为_____模式。

4. Linux 存储管理的特点是采用在_____里进行分页的存储管理技术。

5. 采用在分区里分页的虚拟存储管理技术，有利于实行存储_____和共享。

6. Ext2 中块组里的索引节点位图，用来管理块组中的_____，它占用一个盘块。

7. Ext2 中块组里的盘块位图，用来管理块组中的_____，它占用一个盘块。

8. Linux 中的进程描述符，就是通常所说的_____。

9. Linux 内核中，利用控制寄存器来控制硬件设备完成输入/输出任务的软件，叫作设备驱动程序，有时也称为_____。

10. 网络是一种经过_____与主机交换数据的设备。

二、选择

1. 下面所列的名称中，_____不是 Linux 进程的状态。
   A. 僵死状态　　　B. 休眠状态　　　　　　C. 可中断状态　　　　D. 可运行状态

2. Linux 的 SCHED_RR 调度策略，适合于_____。
   A. 运行时间短的实时进程　　　　　　　　B. 交互式分时进程
   C. 运行时间长的实时进程　　　　　　　　D. 批处理进程

3. 下面列出的进程间通信方法中，_____不被用来在进程之间传递具体数据。
   A. 信号　　　　　　B. 消息队列　　　　　　C. 共享存储区　　　　D. 管道

4. Linux 在实行虚拟地址转换时，采用的是_____级页表结构。
   A. 1　　　　　　　B. 2　　　　　　　　　C. 3　　　　　　　　D. 4

5. 在 Ext2 中，下面的说法，_____是错误的。
   A. 每个文件都有一个 inode 节点　　　　　B. 目录文件有 inode 节点
   C. 特别文件有 inode 节点　　　　　　　　D. 打印机没有 inode 节点

6. 在 Linux 中，_____在文件系统中没有相应的 inode 节点。
   A. 网络设备　　　　B. 打印机　　　　　　　C. 终端　　　　　　　D. 磁盘

7. 按照文件的内容，Linux 把文件分成_____3 类。

    A．系统文件、用户文件、设备文件   B．一般文件、流式文件、记录文件

    C．目录文件、流式文件、设备文件   D．普通文件、目录文件、特别文件

8. 在 Linux 中，对于页表，下面的说法中_____是正确的。

    A．页表必须占用连续的内存空间

    B．页表必须全部在内存

    C．页表不必全部在内存，可以不占用连续的内存空间

    D．页表必须全部在内存，但可以不占用连续的内存空间

三、问答

1. 何为在分区里进行分页的虚拟存储管理技术？

2. Linux 采用的多级页表技术有什么优点？

3. 如书上图 8-12（a）所示的位示图里，如果现在第 36 内存块被释放，那么它是否应该和它前面的第 34、35 块及它后面的第 37、38、39、40 块合并成为一个大的空闲区？为什么？

4. 在 Ext2 中，若有一个分区大小为 8GB，盘块的尺寸是 4KB。试问，该文件卷最多有多少磁盘块？最多有多少个块组？

5. 试画出 Linux 巨型文件的索引结构图。

6. 模仿书上图 8-10，画出 Linux 的三级页表式地址转换过程图。

7. Linux 的每个进程都有若干个 VMA，且两个 VMA 可以不连续。即使两个 VMA 连续，它们也必须分开管理吗？为什么？

8. 试描述在 Linux 中，你如何能够根据给出的文件名称，找到该文件具体存放在磁盘的哪些磁盘块上。

9. 模仿书上图 8-22 所示的字符设备数据结构间的关系，画出块设备管理中 blkdevs 数组、device_struct 结构、block_device_operations 结构间的关系示意图。

四、计算

1. 如果在 Linux 里，某段小于 4MB，那么它虚拟空间的页表索引有多少表项？它有多少个页表？构成页表索引和页表，总共需要开销多少内存空间？

2. 假设页面的尺寸为 4KB，一个页表项用 4B。若要求用页表来管理地址结构为 36 位的虚拟地址空间，并且每个页表只占用一页，那么，采用多级页表结构时，需要几级才能达到管理的要求？

3. Linux 的空闲区队列表 free_area 总共可以有 11 个队列。试问，在第 11 个队列里排队的每一个空闲区里，包含有多少个连续的内存块？

4. Linux 的 Ext2 文件系统，其巨型文件最多可以有多少个磁盘块？

参考文献

[1]   陈莉君. Linux 操作系统内核分析[M]. 北京：人民邮电出版社，2000.

[2]   汤子瀛，哲凤屏，汤小丹. 计算机操作系统[M]. 西安：西安电子科技大学出版社，2001.

[3]   孟庆昌. 操作系统[M]. 北京：电子工业出版社，2004.

[4]   陈向群，向勇. Windows 操作系统原理：2 版[M]. 北京：机械工业出版社，2004.

[5]   SILBERSCHATZ A, GALVIN P, GAGNE G. 操作系统概念：6 版[M]. 郑扣根，译. 北京：高等教育出版社，2004.

[6]   张丽芬，李侃，刘利雄. 操作系统学习指导与习题解析[M]. 北京：电子工业出版社，2006.

[7]   范策，许宪成. 计算机操作系统教程：核心与设计原理[M]. 北京：清华大学出版社，2007.

[8]   STALLINGS W. 操作系统：精髓与设计原理：5 版[M]. 陈渝，译. 北京：电子工业出版社，2007.

[9]   孔宪君，王亚东. 操作系统的原理与应用[M]. 北京：高等教育出版社，2008.

[10] 刘腾红，骆正华. 计算机操作系统[M]. 北京：清华大学出版社，2008.

[11] BOVET D, CESATI M. 深入理解 Linux 内核：3 版[M]. 陈莉君，张琼声，张宏伟，译. 北京：中国电力出版社，2008.